编 委 会

高铁建设及运营维护系列教材

高速铁路信号系统

陈世明　安春兰◎主　编
甘方成　韦　芳◎副主编
李文雄◎主　审

中国铁道出版社有限公司
2025年·北　京

图书在版编目(CIP)数据

高速铁路信号系统/陈世明，安春兰主编.—北京：中国铁道出版社有限公司，2021.5(2025.12 重印)
高铁建造及运营维护系列规划教材
ISBN 978-7-113-27270-8

Ⅰ.①高… Ⅱ.①陈… ②安… Ⅲ.①高速铁路-铁路信号-信号系统-教材 Ⅳ.①U284

中国版本图书馆 CIP 数据核字(2020)第 174273 号

书　　名：高速铁路信号系统
作　　者：陈世明　安春兰

责任编辑：吕继函　　**编辑部电话：**(010)51873205　　**电子邮箱：**312705696@qq.com
封面设计：涂　波　曾　程
责任校对：苗　丹
责任印制：高春晓

出版发行：中国铁道出版社有限公司（100054，北京市西城区右安门西街 8 号）
网　　址：http://www.tdpress.com
印　　刷：北京铭成印刷有限公司
版　　次：2021 年 5 月第 1 版　2025 年 12 月第 4 次印刷
开　　本：787 mm×1 092 mm 1/16　**印张：**11.5　**字数：**290 千
书　　号：ISBN 978-7-113-27270-8
定　　价：33.00 元

序

随着改革开放，中国高速铁路得到了突破性进展。截至2020年底，全国铁路营业里程达到14.63万km，其中高铁超过3.79万km，占全球高铁总里程的三分之二以上，居世界首位。中国高铁在规划设计、工程建设、枢纽客站、列车控制、牵引供电、运营管理、安全保障和设备制造等领域取得了一系列自主创新成果，形成了完整的高铁技术体系和标准体系，以“安全、快捷、环保、节能”的技术优势走向世界，迈出从追赶到领跑的关键一步。作为中国高铁技术自主创新的坚定实践者，倍感荣幸和骄傲。

交通强国，铁路先行。世界铁路发展历史证明，高速铁路的发展是综合国力和技术创新能力的体现。作为世界上快速崛起的经济体，中国已拥有与之相适应的现代化高铁网络体系。从“四纵四横”到“八纵八横”，承载了更为宏远的历史使命，在推进经济社会发展的同时，不断践行“人民铁路为人民”的宗旨，增强了广大人民的获得感、幸福感！

高铁发展，人才为要。随着国内高铁运营里程的不断延续，实现高铁可持续、高质量发展，需要大批的高素质复合型、应用型高铁技术人才，迫切需要不断打造高铁文化和高铁品牌的“软实力”。肩负起高素质人才培养这一神圣使命，高校自然是理之所至、责无旁贷。

人才培养，教材先行。作为一所“以交通为特色，以轨道为核心”的高等学府，中国国家铁路集团有限公司与江西省、国家铁路局与江西省“双共建”高校，华东交通大学充分发挥在高速铁路方面学科优势，以国家目标和战略需求为导向，积极主动汇集学术造诣深、教学效果好的教师，吸收高铁工程一线的专业技术人员，推动高铁学术研究、教学经验与工程实践有机融合，共同打造“高铁建造及运营维护系列教材”，以实际行动助力我国高铁人才培养与文化建设，意义重大、影响深远。

“参天大树，必有其根；怀山之水，必有其源”。作为一名长期献身于铁路事业发展的科技工作者，对于“高铁建造及运营维护系列教材”的出版倍感欣慰，期待以此系列规划教材为起点，通过其深厚肥沃的知识土壤，为中国高铁孕育一批批支撑未来持续向上的高素质复合型、应用型人才，成为中国特色社会主义建设生生不息的高铁力量。

赵国堂

2021年1月于北京

本书配套课件

前　言

高速铁路信号系统是我国高速铁路实现列车间隔和速度自动控制、保障列车行车安全、提高运输效率的重要技术装备，被称为高速铁路的“大脑和神经中枢”，而高速铁路各信号子系统的分布协同控制是实现高可靠、高安全、高效率行车的前提。

本书从基本方法、基本理论、系统结构、相关接口和现场维护等方面对高速铁路信号系统技术进行介绍，重在强调知识的系统性、全面性。首先从整体上讲述高速铁路信号系统的功能，然后分别阐述各子系统在高速铁路信号系统中的作用和功能实现，最后重点讲述各子系统的工作原理、关键技术和相关技术规范，并从整体上介绍各系统之间的接口和协同运行原理。

全书共分六章。第一章介绍了高速铁路信号基础设备的结构、工作原理及维护；第二章讲述了计算机联锁系统的结构、接口和维护；第三章着重阐述了高速铁路闭塞设备的构成、工作原理、闭塞电路的原理及闭塞系统的维护；第四章介绍了 CTCS-2 级和 CTCS-3 级列控系统的工作原理及列控系统设备维护；第五章讲述了高速铁路调度集中系统的结构、接口及系统维护；第六章介绍了信号集中监测系统的功能、接口及实测案例分析。

本书由华东交通大学陈世明和安春兰任主编，华东交通大学甘方成和韦芳任副主编，厦门轨道交通集团有限公司李文雄任主审。其中，韦芳编写了绪论和第一章；甘方成编写了第二章和第六章；陈世明和安春兰编写了第三章；中国通号国际控股有限公司的白玉娟编写了第四章；黑龙江交通职业技术学院的朱小娟编写了第五章。

本书是编者在总结多年教学经验的基础上，参考已出版的同类优秀教材编写而成的，编写过程中得到了全路许多单位和同仁的支持和帮助，在此一并表示感谢。

由于作者水平有限，书中难免有遗漏和不当之处，敬请广大读者批评指正，以便编者对本书内容进行改进和完善。

编　者

2020 年 8 月

目　录

绪 论

高速铁路信号系统是集计算机技术、现代通信技术和控制技术为一体的行车指挥、列车运行控制和管理自动化系统，是高速铁路保障行车安全、提高运输效率的核心，被称为高速铁路的“中枢神经”。

一、世界高速铁路信号系统的现状

高速铁路信号系统通常被称为基于通信的列车控制系统(Communication Based Train Control System)或先进列车控制系统(Advanced Train Control System)。典型的高速铁路列车控制系统、主要有欧洲的 ERTMS/ETCS 系统、德国和西班牙高速铁路使用的 LZB 系统、法国 TGV 铁路使用的 TVM300 和 TVM430 系统、日本新干线的 ATC、意大利高速铁路的 9 码列车自动控制系统及瑞典铁路的 EBICA900 系统。

欧洲 ERTMS/ETCS 系统是为实现高速列车在欧洲铁路网内互通运营而制定的列车自动防护(Automatic Train Protection，ATP)系统和机车信号(Cab Signaling)技术规范。ERTMS/ETCS 技术规范具有开放性、互可操作性、互用性、兼容性和模块化等特点。ERTMS/ETCS 的低等级系统在原有设备的基础上，增加一些新的设备(模块)就能方便升级到更高的等级，原有的列控车载设备在高等级的系统中可以继续使用。

德国和西班牙高速铁路使用的 LZB 系统是德国铁路公司、西门子有限公司及劳伦茨公司合作研究的成果。LZB 系列是一种典型的连续式列车速度控制系统，利用铺设在钢轨之间每 100 m 交叉一次的轨道交叉环线实现车—地之间的双向信息传输和列车准确定位。不但能反映地面信号的显示，而且能自动控制列车的牵引和制动。

TVM 系列是法国 CSEE 公司研制的列车运行控制系统。TVM300 系统速度监督采用人控为主的阶梯控制方式。TVM430 系统是在 TVM300 基础上，开发的一种先进的列车速度控制系统。TVM430 系统采用了分段模式曲线控制方式，其地面设备采用了数字式的编码轨道电路，车载设备与 TVM300 系统方案相同，TVM430 系统采用大规模集成电路替代了 TVM300 的分离元件。

日本 DS-ATC 系统采用设备优先的制动控制方式。常规制动率减速曲线是事先通过理论计算得出的。车载控制设备沿着该减速曲线平滑地完成制动控制，能得到理想的速度变化，很好地执行间隔控制与计划运行曲线，有利于按图行车，乘车舒适度也好。减速曲线可以针对不同制动性能的车辆计算出来，非常适合多种类车辆并存运行的情况。此外采用了一次制动控制方式，列车能够按照适合于各自制动性能的制动模式曲线实施最佳运行，能够缩短运行间隔时间和提高列车速度。

意大利高速铁路采用最新型的ETR500高速列车，称之为“意大利欧洲之星”。意大利SASIB公司开发数字轨道电路DTC。DTC的特点是可以利用轨道电路实现列车与地面的双向通信。地对车传输安全信息，车对地传输非安全信息。车对地传输也是连续的，实现地面对列车的闭环控制。

此外，20世纪80年代至20世纪90年代初，不少国家提出了无线移动闭塞的方案，即：

(1)北美利用卫星定位的ATCS系统和ARES系统。

(2)日本CARAT(Computer and Radio Aided Train Control System)系统。

(3)法国ASTREE(Automatisation du Suivi en Temps Reel)系统。

(4)德国利用GSM/R移动通信的FZB系统。

现在高速铁路信号基本制式已成熟，信号设备的安全性也得到公认。欧洲ERTMS标准日趋完善，其系统需求规范已发展到SRS2.3.2。该标准得到世界各国的广泛认同，是高速铁路信号与控制系统的优选方案。

我国铁路既有线采用的CTCS-2级列车运行控制系统是基于轨道电路＋点式应答器传输列车运行许可信息，并采用目标距离模式监控列车安全运行的列车运行控制系统。由于应用了ATP技术，相对于前五次列车提速，发生了革命性变化，实现了质的跨越。

二、高速铁路信号系统的组成

高速铁路信号系统主要包括列车运行控制系统(CTCS)、分散自律调度集中(CTC)系统、计算机联锁(CBI)系统及相应的信号集中监测系统。

高速铁路信号系统的设备主要布置在调度中心、车站、区间信号室、线路旁和机车内。

列车运行控制系统是高速铁路信号与控制系统的核心，能够实现列车的超速防护功能，保证行车安全。列车运行控制系统用于控制列车间隔，根据车站进路、前行列车的位置、安全追踪间隔等，向后续列车提供行车许可、速度目标值等信息，由车载列控设备对列车运行速度实施监督和控制。

计算机联锁系统用于车站进路控制，根据计划实时建立各列车安全进路，为列车提供进站、出站及站内行车的安全进路。

调度集中系统用于指挥行车，根据列车基本运行图所制定的日、班计划和列车运行正、晚点情况，编制各阶段计划，并下达给各个车站联锁系统。

三、高速铁路信号系统的特点

(1)采用管理集中、控制分散的计算机综合列车运行自动控制系统。

已建成的高速铁路全都采用了列车运行自动控制系统完成闭塞功能，其特点是：以车载信号作为行车凭证，直接控制列车制动。

高速铁路全部建有调度中心，由调度员统一指挥全线列车运行。调度集中(CTC)系统远距离控制全线信号、转辙机和列车进路，正常行车不需要车站本地控制。

(2)具有较高的容错能力及安全性，即使调度中心计算机发生故障，各站计算机也能按计划很好地完成各项控制功能。

(3)具有较大的信息处理能力及系统运用上的灵活性,可以构成包括行车指挥、运行控制和运营管理在内的综合控制系统。

(4)人—机关系合理,构成系统的主要设备及计算机的软、硬件都已模块化,功能综合,设备一体化。

(5)采用设备冗余保证设备不间断使用;采用故障监测记录、远程诊断等先进技术手段,重视安全防护,防患于未然。

(6)通信信号一体化。专用通信系统承载业务以数据为主,辅以话音和图像,信息传递的实时性、安全性、可靠性更高。车站和调度中心大都采用局域网(LAN)。

第一章

高速铁路信号基础设备

本章阐述了高速铁路信号基础设备的构成、作用、工作原理、设备维护及其故障处理，旨在让学生了解高速铁路与普速铁路对信号基础设备要求的异同，掌握高速铁路信号基础设备的工作原理，了解高速铁路信号基础设备维护的内容及其故障处理的方法。本章的难点为高速铁路道岔转辙设备的结构、各基础设备的维护及故障处理方法。

第一节　高速铁路信号基础设备的结构及工作原理

高速铁路信号基础设备包括信号机、道岔、轨道电路和应答器等。这些设备与普速铁路的信号基础设备基本相同，根据高速铁路的运营需要进行针对性设计，以体现高速铁路高可靠、高安全的要求。

一、信号机

高速铁路采用与普速铁路相同的信号机，但根据不同的情况，信号机的设置不尽相同。

(一)色灯信号机

色灯信号机以其灯光的颜色、数目和亮灯状态来表示信号。我国铁路原来多采用透镜式色灯信号机，随着列车运行速度的提高，其缺点逐渐明显，即显示距离不够，故目前采用了组合式点灯信号机。透镜式色灯信号机构的光系统射出平行光线，两侧分别只有 2°的散角，覆盖面很窄，在曲线区段上只能局部范围内看到，即使加了偏光镜也很难在整个曲线范围内得到连续显示。为解决曲线区段信号显示连续性的问题，20 世纪 80 年代研制了适合我国铁路需要的新型组合式信号机构，是信号机比较理想的更新换代产品。

1. 组合式色灯信号机

组合式色灯信号机适用于瞭望困难的线路，适用于曲线半径 300～20 000 m 的各种曲线和直线轨道，在距离信号机 5～1 000 m 距离内得到连续的信号显示。该信号机光系统设计合理，光能利用率高，显示距离远，主光源显示距离可达 1 000 m，如不加偏散镜可达 1 500 m。曲线折射性能强，偏散角度大，可见光分布均匀，能见度高，有利于司机瞭望。组合式信号机每个机构只有一个灯室，使用时根据信号显示要求分别组装成二灯位、三灯位及单灯位机构，故称为组合式。灯室间无窜光的可能。

组合式信号机构由光系统、前表面玻璃、机构壳体、遮檐、瞄准镜插孔五部分组成。

组合式信号机构的光系统由反光镜、灯泡、色片、非球面镜、偏散镜及前表面玻璃组成。

反光镜是椭球面镜，用来将光源发出的光反射后聚焦起来。灯泡采用 TX12-30/12-30 型信号直丝灯泡。机构内可装红、黄、绿、蓝、月白五种颜色的色片，根据需要配备其中的一种颜色，可组成 20 个品种。非球面镜用于聚光。偏散镜全称偏散透镜，由多个棱镜及曲面镜组成，是使部分光线按所需方向偏散一定角度的光学元件，用光学性能极好的聚甲基丙烯酸甲酯（俗称有机玻璃）制造，精确度高，透光性能好，性能较稳定。偏散镜还可增强部分近距离能见度，使得在距信号机 5 m 处时也能看到信号显示。

为了防止信号机因反光造成信号误认，信号机的前表面玻璃罩设计成向后倾斜 15°。当外界光直射信号机时，可以将反射光反射到机构上方的遮檐上而被散射或吸收，从而杜绝了由于反光造成误认信号的现象。

机构的外壳用硅铝合金压铸而成，其内外表面均涂无光黑漆，可防止光反射，结构合理，密封性能好且体积小，重量轻，每个机构包括遮檐约 7 kg，便于携带安装。

机构的遮檐采用玻璃纤维增强不饱和聚酯（俗称玻璃钢），重量轻，耐腐蚀性能好，强度高，其几何形状设计成既能遮挡阳光，又能满足偏散光显示的需要。

2. SD-2 型双定焦盘灯组

SD-2 型灯座是将主、副灯丝分置在两个灯室内的新型灯座，副灯丝和主灯丝独立设置在两个灯泡内，大大提高了信号显示的可靠性。副灯的轴心光强较原有信号灯泡中副丝的轴心光强高，其结构如图 1-1 所示，参数见表 1-1。

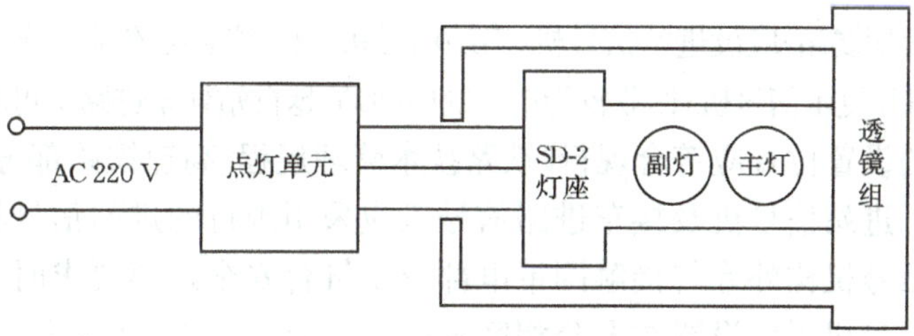

图 1-1　SD-2 型灯座结构

表 1-1　SD-2 型双灯定焦盘灯组参数

灯泡	灯泡型号	额定值			极限值		寿终光通量(lm)	最低寿命(h)
		电压(V)	功率(W)	光通量(lm)	最大功率(W)	最小光通量(lm)		
主灯泡	LTX12-25	12	25	400	27.5	340	272	2 500
副灯泡	LTX12-30D	12	30	500	33	400	320	200

灯泡内在灯丝后安装铝碗，以提高聚光效果。正常工作时，主灯泡中的主灯丝点亮；主灯丝断丝时，由点灯单元转换点亮副灯泡中的副灯丝。SD-2 型灯座结构设计合理，与原有灯座的安装调试和接线方式完全一致。SD-2 型灯座可与任何形式的机构和点灯单元进行配套使用，通用性强。SD-2 型灯座接线示意图如图 1-2 所示。

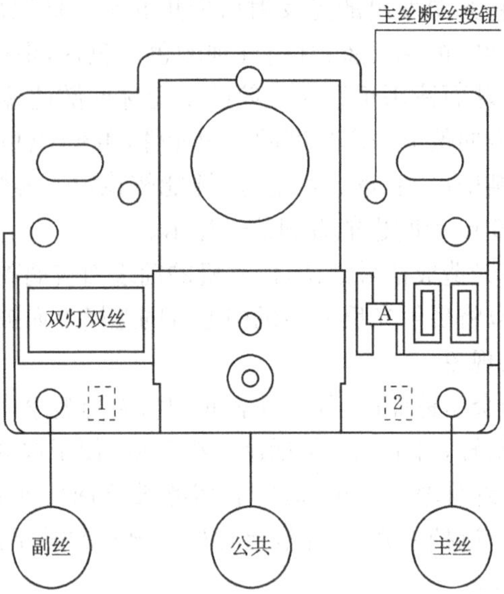

图 1-2　SD-2 型灯座接线示意图

(二)信号机及标志牌的设置

1. 车站信号机的设置

车站(含区间无配线站)应设进站信号机、出站信号机。根据需要,作业量较大的车站可设进路信号机、调车信号机和复示信号机;作业较为单一的中间站、越行站列车进路上可不设调车信号机。

进站信号机的设置位置应符合现行《铁路技术管理规程(高速铁路部分)》(以下简称《技规》)的相关规定。进站信号机及接车进路信号机应采用现行的进站信号机机构。桥、隧地段信号机及高柱信号机构外缘与接触网带电部分不符合安全距离要求时,可采用七灯位矮型信号机。进站信号机不应设置在电分相区及附近一定范围内,因为电分相区一般设置在区间,为无电区,当采用无电过分相方案时,信号机的设置地点需要符合列车停车后启动及启动后能够以惯性渡过无电区。因此信号机不能设置在分相区内,还要距分相区一定的距离,该距离要符合列车启动后能够以惯性渡过无电区。

出站信号机应设在距警冲标不小于 55 m(含过走防护距离 50 m)的地点,或距最近的对向道岔尖轨尖端不小于 50 m 的地点。有时受地形地貌、施工条件等限制,遇个别车站股道有效长不足及站台严重偏置等情况时,可采取按客货共线标准将出站信号机设在距警冲标 5 m的地点、优化出站信号机外方应答器布置及在相应股道中部增加校核列车位置的无源应答器组等措施,经报中国国家铁路集团有限公司以下简称“国铁集团”批准后实施。出站信号机及发车进路信号机采用“红、绿、白”三灯位矮型信号机。与传统的出站信号机不同,增加了引导信号,可以在因发车进路轨道电路故障或出站信号机允许灯光断丝情况下,以引导方式将列车发至区间。出站信号机必须在要求地面信号机点灯的情况下才能开放引导信号,点亮红色灯光和月白色灯光。

动车组运行进路上的调车信号机应设在距警冲标不小于 5 m 处。其他进路上的调车信号机应设在距警冲标不小于 3.5 m 处。设有调车危险应答器的调车信号机应尽量远离警冲标或防护道岔。调车信号机应采用现行规定的矮型调车信号机。尽头到发线上阻挡列车运行的调车信号机采用出站信号机机构并封闭绿色灯光。

2. 动车段(所)信号机的设置

动车段(所)与相关车站较远时，动车组按照列车方式进出动车段(所)，动车段(所)需要设置进站、出站信号机。但遇到动车段(所)与相关车站较近且采用调车方式能满足能力需要时，动车段(所)不设置进站、出站信号机，全部设置调车信号机。

3. 线路所信号机的设置

线路所设通过信号机，其信号机构与进站信号机相同。高速铁路线路所通过信号机较普速铁路增加了引导信号，在因发车进路轨道电路故障或通过信号机允许灯光断丝情况下，以引导方式将列车发至区间，点亮引导灯光必须在要求地面信号机点灯的情况下进行，开放引导信号时，同时点亮红色灯光和月白色灯光。

4. 停车标志牌的设置

在无货运列车的高速铁路区间不设地面信号机，在区间闭塞分区分界点的线路左侧设停车标志牌。为安装方便，标志牌首选安装在接触网支柱上，根据现场情况也可安装在路基或防护墙上。标志牌不应设置在电分相区及附近一定范围内。

5. 预告标志牌的设置

车站进站信号机及防护区间道岔的通过信号机不设预告信号机，但设置预告标志牌。由于启用地面信号机时是按照站间闭塞行车的，所以无论是正向运行还是反向运行都要设置预告标志牌。预告标志牌按照《技规》规定成组设置在进站信号机及防护区间道岔的通过信号机外方 900 m、1 000 m、1 100 m 处。对于距离较短无法成组设置预告标志牌的区间，不设预告标志牌。预告标志牌宜就近安装在接触网支柱上。

(三)信号显示

1. 基本要求

高速铁路信号显示的方式及使用方法，应按《铁路技术管理规程(高速铁路部分)》的规定执行。《铁路技术管理规程(高速铁路部分)》以外的信号显示方式，须经国铁集团批准，方可采用。

各种信号机和表示器的灯光排列、颜色和外形尺寸，必须符合国家标准、铁道行业标准及国铁集团规定的标准。

地区性联系用的手信号，由铁路局集团公司批准。

2. 信号的种类及应用要求

高速铁路信号的种类及应用要求与普速铁路相同。

非列控车载设备控车的列车在高速铁路运行时，遇地面信号机显示一个黄色闪光和一个黄色灯光或遇机车信号机显示一个双半黄色闪光时，表示要求列车按限速要求(最高不超过 45 km/h)越过接近的地面信号机。

3. 信号机的设置

兼顾货运的 200～250 km/h 高速铁路，其信号机的设置、显示与既有线相同；在不兼顾货运的200～250 km/h高速铁路和300～350 km/h高速铁路，区间不设通过信号机，车站的进站、出站信号机平时灭灯。

4. 常态灭灯与常态点灯

区间不设通过信号机、在闭塞分区分界处设置区间信号标志牌的CTCS-2/CTCS-3级区段车站的进站、出站、进路信号机及线路所的通过信号机常态灭灯，仅起停车位置作用。遇下列情况上述信号机应转为点亮状态：

(1)接发未装设列控车载设备的列车时。

(2)接发列控车载设备故障的动车组列车时。

(3)需越出站界调车时。

常态点灯的进站、进路、出站、通过信号机，以及常态灭灯的进站、出站、进路信号机以及线路所的通过信号机需转为点亮状态时，遇灯光熄灭、显示不明或显示不正确时，均视为停车信号。

常态灭灯的车站(含无配线车站)，出站信号机和防护区间的通过信号机开放允许信号时应检查站间空闲条件。

调车信号机及动车段(所)列车信号机应常态点灯。

5. 信号机的定位

常态灭灯的信号机转为点亮状态时，以及其他常态点灯的信号机的定位显示规定如下：

(1)进站、出站、进路、调车信号机均以显示停车信号为定位。

(2)线路所的通过信号机以显示停车信号为定位，其他通过信号机以显示进行信号为定位。

6. 信号机的关闭时机

常态点灯的信号机的关闭时机规定如下：

(1)进站、进路、出站、通过信号机，当列车或动车组第一轮对越过该信号机后自动关闭。

(2)调车信号机在调车车列全部越过调车信号机后自动关闭；当调车信号机外方不设轨道占用检查装置或虽设轨道占用检查装置而占用时，应在调车车列全部出清调车信号机内方第一轨道区段后自动关闭，根据需要也可在调车车列第一轮对进入调车信号机内方第一轨道区段后自动关闭。

(3)引导信号应在列车头部越过信号机后及时关闭。

特殊站(场)执行上述规定有困难时，由铁路局集团公司规定。

常态灭灯的进站、进路、出站、通过信号机转为点亮状态且开放允许信号或显示引导信号时，当列车或动车组第一轮对越过该信号机后自动关闭(点亮红灯)。当其防护的进路解锁后红灯自动熄灭。

7. 地面信号机显示

地面信号机显示允许信号时，仅表示允许列车或车列越过该信号机，出站信号不区分进路方向。

进站、进路信号机显示含义：一个黄色闪光和一个黄色灯光表示准许列车按限速要求(最高不超过80 km/h)越过该信号机，经道岔侧向位置进入站内准备停车；一个红色灯光和一个月白色灯光表示准许列车在该信号机前方不停车，以不超过 40 km/h 的速度进站或通过接车进路，并须准备随时停车；其他信号显示同普速铁路。

出站信号机显示含义，一个绿色灯光表示准许列车由车站以自动站间闭塞方式出发，前方站间空闲；一个红色灯光和一个月白色灯光表示准许列车由车站以自动站间闭塞方式出发，发车进路列车速度不超过 40 km/h，并须准备随时停车，其他信号显示同普速铁路。

区间不设置通过信号机的高速铁路与区间设置通过信号机的高速铁路的衔接车站，应按照股道的主要接发车方向分别设置信号机构。主要接发车方向为区间设置通过信号机的股道应采用普速铁路信号机构并常态点灯，主要接发车方向为区间不设置通过信号机的股道应采用高速铁路信号机构并常态灭灯。

同一方向相邻列车信号机之间的距离应符合不同性能的列车按规定速度安全停车制动距离的要求。站内列车信号机的显示关系还应符合下列规定：

(1)办理了接车进路，接车进路终端的出站或进路信号机点亮红色灯光，若该信号机红灯不能点亮时，防护接车进路的信号机侧点亮红色灯光。

(2)办理了通过进路，进路上的出站或进路信号机点亮相应的允许灯光，若允许灯光灯丝断丝，则其前方信号机显示相应降级。

(四)信号点灯控制电路原理

1. 高速铁路信号机的点灯电路

高速铁路信号机的点灯电路和普速铁路相同。

2. 高速铁路信号机点灯控制

(1)高速铁路信号点灯控制与普速铁路的区别

①普速铁路信号机点灯直接由本架信号机控制。高速铁路联锁设备按车站咽喉设“点灯”按钮和“关灯”按钮两个自复式按钮，“关灯”按钮应设铅封。使用本架信号机必须进行开关灯操作。

②普速铁路引导信号与高速铁路引导信号控制方式不同。高速铁路每架进站、出站信号机单独控制引导信号，普速铁路引导信号控制按咽喉各设置一个控制按钮。

③进站(出站)信号机的点灯控制：按压“点灯按钮(KDA)”＋对应信号机列车按钮，对应熄灭的信号机点亮红色灯光，办理进路锁闭后点亮相应允许灯光。按压“关灯按钮(GDA)”＋对应信号机列车按钮，可使对应信号机红色灯光熄灭。

④调车信号机点灯控制不设开关灯操作。

⑤列车越过点亮允许灯光的信号机时，该信号机显示红色灯光；信号机内方进路的第一区段解锁后，该信号机灯光自动熄灭。

⑥联锁“停稳计时”未结束前，禁止人工将原接车时点亮的出站信号机红色灯光熄灭。

(2)进站及进路信号机计算机联锁接口电路

计算机联锁驱动：LXJ、ZXJ、TXJ、LUXJ、YXJ、KDJ、SNKJ。

计算机联锁采集：DJ、2DJ、LXJ、ZXJ、TXJ、LUXJ、KDJ、SNKJ、SNJJ、LXJ_{13}、ZXJ_{13}。

进站信号机无 DXJ，进站及进路信号机不设 LUXJ。KDJ(开灯继电器)，常态落下，在未办理进路时，按压“点灯”按钮＋信号机按钮，KDJ 吸起，进路首区段解锁或人工关闭信号时，

KDJ 落下。KDJ 吸起后，办理列车进路，根据信号显示，联锁驱动相应的信号继电器吸起。办理室外灭灯的进路时，联锁不驱动信号继电器。当室外需点黄闪黄信号时，联锁驱动闪光开始继电器 SNKJ，闪光监督继电器 SNJJ 采用继电电路，联锁需要采集 SNKJ、SNJJ。信号机接口电路故障，包括灯丝断丝、采集（驱动）断线等，信号机点红灯。进站（路）信号机接口电路如图 1-3 所示。

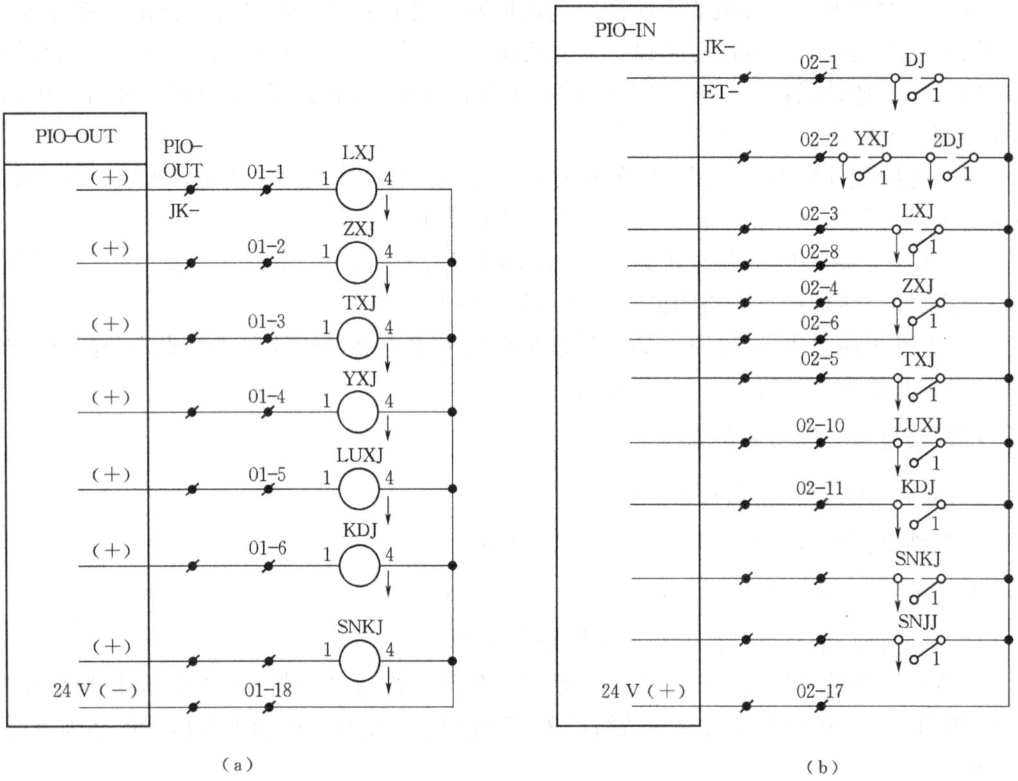

图 1-3　进站（路）信号机接口电路

（3）出站及发车进路信号机计算机联锁接口电路

计算机联锁驱动：LXJ、DXJ、YXJ、KDJ。

计算机联锁采集：DJ、2DJ、LXJ、DXJ、KDJ、LXJ_{13}。

KDJ，常态落下，在未办理进路时，按压“点灯”按钮＋信号机按钮，KDJ 吸起，进路首区段解锁或人工关闭信号时，KDJ 落下。KDJ 吸起后，办理列车进路，根据信号显示，联锁驱动相应的信号继电器吸起。办理室外灭灯的进路时，联锁不驱动信号继电器。增加 YXJ（引导信号继电器），室外点引导信号时，YXJ 吸起；室外引导信号关闭，YXJ 落下。增加 2DJ 采集，室外开放引导信号时，如白灯灯丝断丝，应使 YXJ 落下。信号机接口电路故障，包括灯丝断丝、采集（驱动）断线等。出站信号机接口电路如图 1-4 所示。

二、道岔转辙设备

（一）高速铁路道岔转辙设备组成及各部件作用

我国高速铁路道岔转辙机主要采用 S700K、ZDJ9 和 ZYJ7 型电动转辙机。高速铁路道

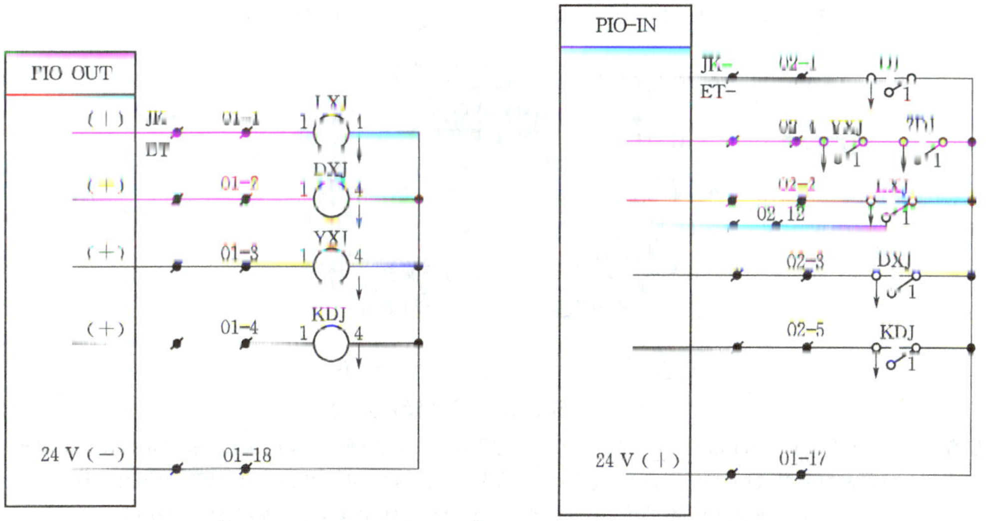

(a)　　(b)

图 1-4　出站信号机接口电路

岔外锁闭装置主要采用 BWG 的 HRS 外锁闭装置和国产的钩型外锁闭装置。BWG 道岔外锁闭结构复杂,但维护工作量比钩型外锁闭要少得多,在我国新建高速铁路得到广泛运用。钩型外锁闭装置的结构原理与普速铁路有相似之处,本文只做简单介绍。

1. S700K 型电动转辙机

(1)S700K 型电动转辙机的特点

采用了三相交流电动机;采用了直径 32 mm 的滚珠丝杠作为驱动装置,延长了转辙机的使用寿命;采用了具有簧式挤脱装置的保持联结器,并选用了不可挤型零件,从根本上解决了由于挤切销劳损造成的惯性故障;采用了多片干式可调摩擦联结器。经工厂调整加封,使用中无须再调整。

(2)S700K 型电动转辙机的结构(图 1-5)

①外壳部分:外壳部分主要由铸铁底壳、动作杆套筒、导向套筒、导向法兰等部分组成。

②动力传动机构:动力传动机构主要由三相电动机、摇把齿轮、摩擦联结器、滚珠丝杠、保持联结器、动作杆等部分组成。

S700K-C 转辙机

③检测机构:检测机构主要由检测杆、叉形接头铁、速动开关组、锁闭块、锁舌、指示标等组成。

④安全装置:安全装置由开关锁、遮断开关、连杆、摇把孔挡板等组成。

(3)S700K 型电动转辙机主要部件的作用

①摩擦联结器:主要是将变速齿轮组的旋转力传递给滚珠丝杠。当作用于滚珠丝杠的旋转主力大于摩擦联结器结合力时,主被摩擦片之间相对打滑,起保护三相电动机的作用。摩擦联结器内装有三对主被金属摩擦片,分别固定在外壳和滚珠丝杠上,摩擦片的端面有若干个压力弹簧,通过调整弹簧的压力可以调整摩擦力大小。但必须注意,转辙机拉力过大容易导致尖轨变形,影响 4 mm 和 5 mm 的安全指标。厂方在转辙机出厂时已进行调整,现场

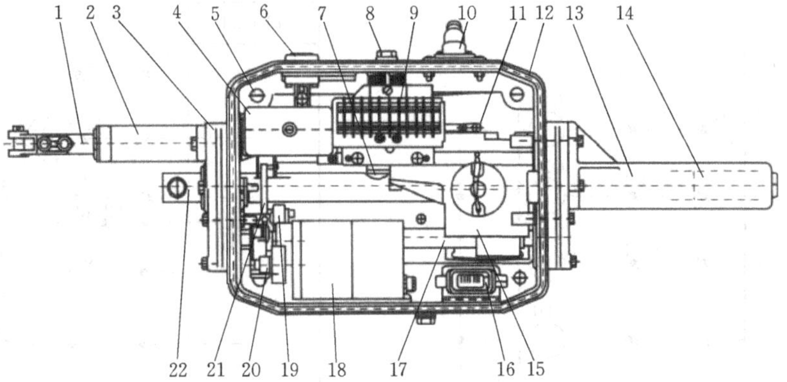

图 1-5　S700K 电动转辙机结构

1—检测杆；2—导向套筒；3—导向法兰；4—遮断开关；5—地脚孔；6—开关锁；7—锁闭块；8—接地螺栓；9—速动开关组；10—电缆密封装置；11—指示标；12—底壳；13—动作杆套筒；14—止挡片；15—保持联结器；16—插座；17—滚珠丝杠；18—电动机；19—摩擦联结器；20—摇把齿轮；21—连杆；22—动作杆

维修人员不得随意调整摩擦力。必要时需配用测力仪器进行调整。

②三相交流电动机：主要是将电能转换成机械能。交流电动机故障率低，正、反转便于控制，其缺点是少了直流电动机的软特性，启动力矩小，启动性能相对较差。另外，单线串电阻数，交流电动机最高可达 54 Ω，直流电动机只能是 20 Ω 左右。三相电动机的三个绕组成星形接法，每相引出线均为单根多股软线。

③齿轮组：由电动机齿轮、中间齿轮及摩擦联结器齿轮组成，其作用：一是将电动机旋转的驱动力传递到摩擦联结器上；二是将电动机的高速旋转降速，使旋转驱动力增大；三是改变转速。

④滚珠丝杠：滚珠丝杠副的结构类似螺栓和螺母，当滚珠丝杠旋转一圈时，螺母移动一牙的距离。它的作用：一是将电动机的旋转运动变为直线运动；二是起到二级减速的作用，其减速比取决于丝杠的牙距。滚珠丝杠没有自锁作用，遇故障不能到位时，能自动退回。滚珠丝杠外套有推板套，推动动作杆上的锁块，进而在锁闭铁的作用下，完成转辙机的解锁、转换和锁闭动程。

⑤保持联结器：保持联结器是利用弹簧的压力，将滚珠丝杠与动作杆连接在一起。当道岔的挤岔力超过弹簧的压力时，动作杆滑出，起到整机不被损坏的保护作用。但根据技术政策的规定，如转辙机为不可挤型，则保持联结器内装有硬性连接的轴套。保持联结器的顶盖是加铅封的，维修人员不得随意打开。

⑥检测杆、锁闭块和锁舌用于密贴和锁闭检查。

⑦安全接点座（遮断开关）：安全接点座的作用是需要进行内部检修或摇动道岔时，人工切断动作电路，断开安全接点，防止在室内操纵转辙机扳动道岔时出现误操作，保证人身安全。

2. ZDJ9 型电动转辙机

(1)ZDJ9 型电动转辙机特点

ZDJ9 型电动转辙机有安全可靠的机内锁闭功能，因此既适用于联动内锁闭道岔，又适用于分动外锁闭道岔；既适用于单点牵引，又适用于多点牵引；安装时，既能角钢安装，又能托板安装。

(2)ZDJ9 型电动转辙机的结构(图 1-6)

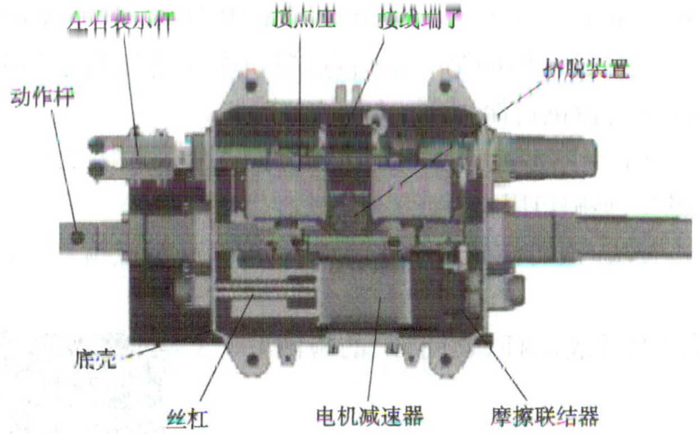

图 1-6　ZDJ9 型电动转辙机结构

ZDJ9 型电动转辙机结构

ZDJ9 型电动转辙机主要由电动机、减速器、摩擦联结器、滚珠丝杠、推板套、动作板、锁块、锁闭铁、接点座组成、动作杆、锁闭(表示)杆等零部件组成，结构采用模块化设计，便于维护和维修。

(3)ZDJ9 型电动转辙机主要部件结构及其功能

①减速器：减速器为两级减速，ZDJ9-K220/2.5k 型第一级速比为 38/26＝1.46，模数 $m=2$；第二级速比为 46/18＝2.56，$m=2.5$；总速比 $i=3.74$。ZDJ9-K150/4.5k 型第一级速比为 44/20＝2.2；第二级速比不变；总速比 $i=5.63$。利用各牵引点的不同速比实现多机牵引时宏观上达到同步。

②摩擦联结器：摩擦联结器采用干摩擦，主动片是 4 片外摩擦片，用钢带加工；被动片为 3 片铜基粉末冶金摩擦材料的内摩擦片，用 12 个弹簧加压。

摩擦联结器的调整：转辙机摩擦联结器在出厂时，按照转辙机技术条件规定的不同型号的标准值已调整好。

③自动开闭器：转辙机内自动开闭器的接点组与 ZD6 型相同，静接点采用铍青铜静接点组。静接点组中的接线端子采用一次性锁紧螺母，使接线更加安全可靠。安全接点也采用铍青铜静接点组。

④接线端子：接线端子采用德国菲尼克斯公司回拉式弹簧 3 线接线端子(型号 ST2.5-TWIN)，由于接线部分没有螺纹连接，因此使用中不需要检查或重新拧紧，是一种免维护的接线端子，能抗振动和冲击，同时又不损伤导线。

⑤底壳：电动转辙机底壳采用铸铝合金材料。

⑥滚珠丝杠：滚珠丝杠选用 3205 型国内磨削丝杠，直径 $\Phi=32$ mm，导程 10 mm，丝杠螺母采用法兰盘结构方式，便于选用标准结构。两侧有四氟乙烯密封圈密封。

⑦挤岔保护：ZDJ9 型电动转辙机有可挤和不可挤型机型。不可挤型 ZDJ9 型电动转辙机无挤脱器，一般用于多机多点牵引的第一牵引点，道岔挤岔表示由多机多点牵引的其他牵引点给出。可挤型 ZDJ9 型电动转辙机设有挤脱器，挤脱力为(28±2)kN。可挤型 ZDJ9 型

电动转辙机在挤岔时，锁闭铁在动作杆上的锁块作用下移动，抬起挤脱柱，同时锁闭铁上的凹槽推动水平顶杆，水平顶杆推动竖顶杆，竖顶杆推动动接点支架，从而切断表示。非经人工恢复锁闭铁，不可能再接通表示。

⑧表示杆：ZDJ9 型电动转辙机的表示杆分为联动锁闭杆、分动锁闭杆、联动表示杆、分动表示杆。分动和联动锁闭杆均用于多机牵引的第一牵引点，单机牵引转辙机使用分动锁闭杆。多机牵引的第二点及以后各点转辙机均使用表示杆。

分动和联动锁闭杆的锁闭柱缺口用于检查并辅助锁闭密贴尖轨，缺口标准为(2±0.5)mm。分动和联动锁闭杆对应检查柱的斜缺口，该缺口用于检查斥离尖轨。

分动和联动表示杆均设置有检查块，锁闭柱缺口为(4±0.5)mm，其对应检查柱的缺口和锁闭杆相同。

联动表示杆和联动锁闭杆可以调整表示杆(锁闭杆)的检测开口，其调整量为 40 mm。

ZYJ7 型电动液压转辙机

3. ZYJ7 型电动液压转辙机

(1)ZYJ7 型电动液压转辙机结构(图 1-7)

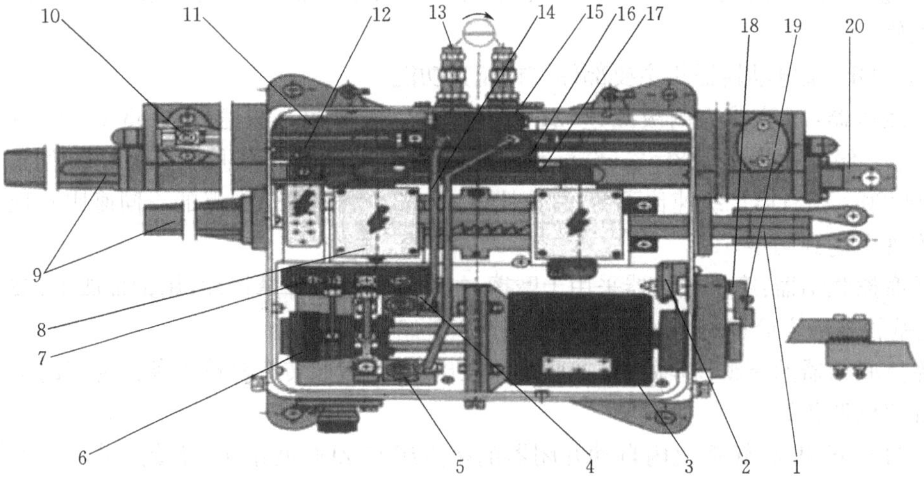

图 1-7　ZYJ7 型电动液压转辙机

1—表示杆；2—安全接点；3—电动机；4—注油孔；5—溢流阀；6—油泵；7—油标；8—接点组；9—保护管；10—一动调节阀；11—油缸；12—油杯；13—二动调节阀；14—锁闭往；15—空动油缸；16—动作板；17—滚轮；18—开关；19—锁栓；20—动作杆

(2)ZYJ7 型电动液压转辙机结构及其功能

ZYJ7 型电动液压转辙机结构主要由动力机构、转换锁闭机构、表示锁闭机构等组成。

①动力机构：即电动机、油泵组，作用是将电能变为液压能，主要由油箱盖组，左、右溢流板组，联轴器，油泵支架，电动机，惯性轮组，安装底板，油箱磁钢组，油泵，油泵回油管(润滑油)组，溢流回油管组等组成。交流三相 380 V 电动机通过联轴器带动油泵顺时针或逆时针旋转，分别由上、下两侧高压油口输出油液。油液通过门字型左、右油管，分别与空动缸两侧相连，输送给空动缸、主副机油缸。

②转换锁闭机构：作用是转换并锁闭动作杆在定位或反位位置。动作杆锁闭后能承受100 kN的轴向锁闭力，主要由油缸、动作杆组、锁闭铁等零件组成。液压油带动油缸向左或向右动作，带动动作杆左、右移动。油缸上推板将动作杆锁在定位或反位位置。

③表示锁闭机构：正确反映尖轨位置，锁闭杆锁闭后，能承受30 kN以上的轴向力，主要包括接点组、锁闭杆(表示杆)等零部件。

④手动安全机构，其作用是手摇电动机扳动道岔时，只有可靠切断启动电源后，才能够插入手摇把且非经人工恢复，不能接通电动机启动电源。

⑤SH6型转换锁闭器机构：与主机相同。挤脱表示机构的作用是正确反映牵引点处尖轨状态，并且有挤岔断表示功能，出厂时动作杆轴向挤脱力调至27.4～30.4 kN之间。

(二)高速铁路道岔转辙设备机械、电路工作原理

1. 道岔转辙设备机械传动过程

(1)S700K型电动转辙机的动作过程

S700K型电动转辙机工作原理如图1-8所示，转辙机电动机的转动，通过中间齿轮带动摩擦联结器和滚珠丝杠转动，滚珠丝杠转动使丝杠螺母向左水平移动。至此，电动机的旋转运动转换为丝杠螺母的直线运动。操纵板随丝杠螺母向左移动，推动左侧锁闭块后退，左侧锁舌缩进，使得一侧的接点转换，断开原表示接点，切断原表示电路；当锁闭块后退完成，锁舌完全缩进，实现转辙机的解锁。此时丝杆螺母与保持联结器中凹槽的左侧面接触，丝杠螺母继续向左移动，推动保持联结器来带动动作杆运动，实现转辙机的转换。当动作杆运动至另一终端位置时，右侧的锁闭块在弹簧的作用下探出，右侧锁舌伸出，将保持联结器锁闭，并使得另一侧的接点转换，切断电动机电源并接通新的表示电路，完成转辙机的锁闭。转辙机转换力可通过调整摩擦联结器来限定。

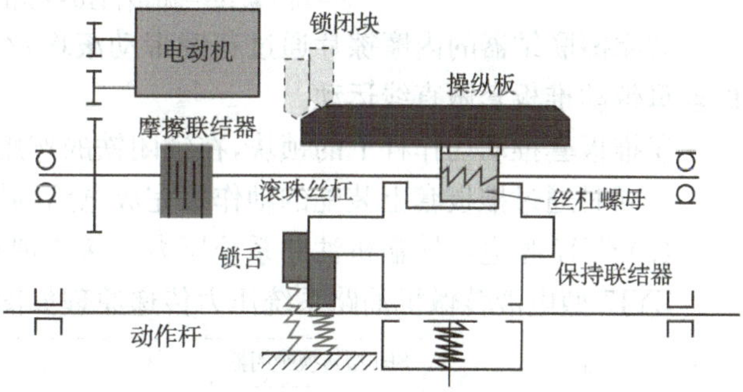

图1-8 S700K型转辙机工作原理图

S700K型转辙机
工作原理

(2)ZDJ9型电动转辙机的动作过程

电动机上装有减速器，电动机的驱动力矩经减速器减速后传动摩擦联结器，摩擦联结器内两面烧结有铜基摩擦材料的内摩擦片，通过花键副传动滚珠丝杠，将旋转运动转换为滚珠丝杠丝母的直线运动。在滚珠丝杠丝母外套有推板套，推动动作杆上的锁块，在锁闭铁的作用下，形成了转辙机的解锁、转换和锁闭过程。各机件所处的位置是动作杆由右向左移动后的停止状态，此时接点座的第1、3排接点闭合。现使动作杆向右移动，其传动过程如图1-9所示，依次按电动机、减速器、摩擦联结器、滚珠丝杠、推板套、锁块、锁闭铁、动作板、锁闭杆的顺序传递。

①来自道岔控制电路的电流，经由接点座的第一排接点接至电动机，使电动机按逆时针方向旋转(从电动机后端看)。

②电动机通过齿轮带动减速器，使摩擦联结器按逆时针方向旋转。

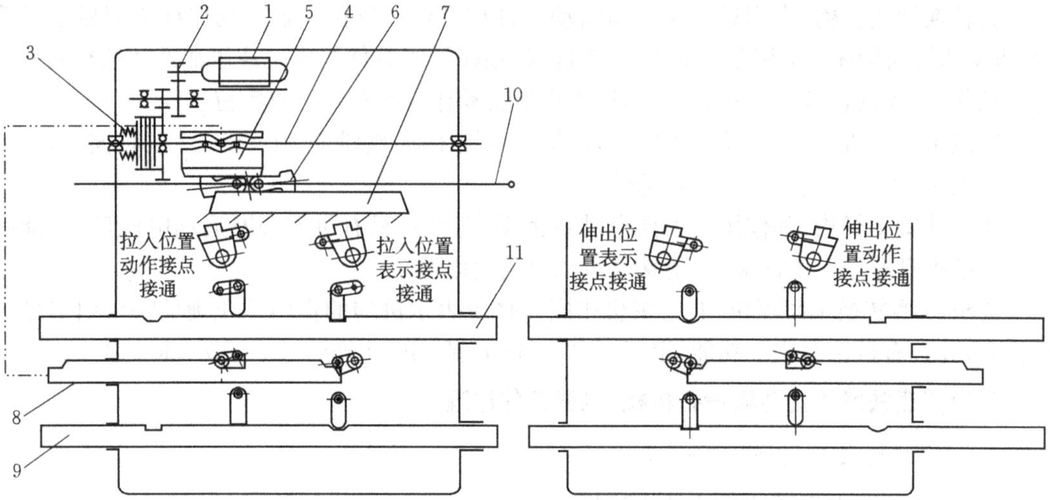

图 1-9　ZDJ9 型电动转辙机传动原理图

1—齿轮；2—减速器；3—摩擦联结器；4—滚珠丝杠；5—推板套；6—锁块；7—锁闭铁；

8—动作板；9—锁闭杆；10—动作杆；11—锁闭杆

③摩擦联结器的内摩擦片通过花键带动滚珠丝杠按逆时针方向旋转，通过滚珠丝杠上的丝母带动推板套做直线运动。

④推板套推动动作杆上的锁块，在锁闭铁的作用下，完成机械的解锁、转换、锁闭。

⑤同时通过推板套上装配的动作板完成电路的转接。

(3)ZYJ7 型电液转辙机油路系统压力传递原理及动作过程

ZYJ7 型电液转辙机油路系统压力传递原理如图 1-10 所示。

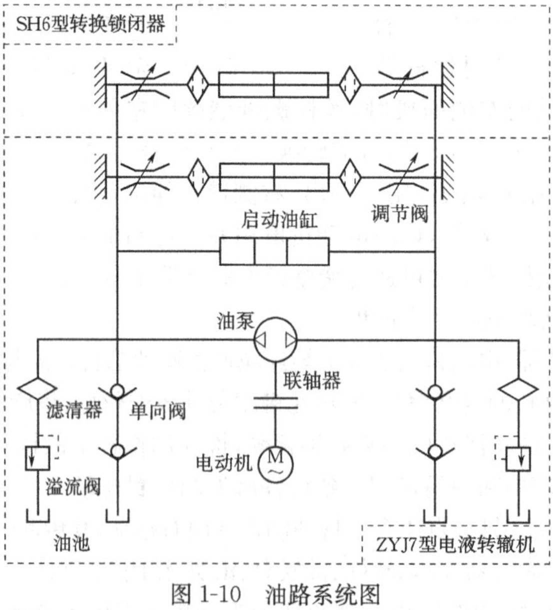

图 1-10　油路系统图

油路系统为闭式系统。当电动机带着油泵按逆时针方向旋转时，油泵从油缸右侧腔内吸入油，油泵泵出的高压油使油缸左腔为高压，此时油缸向左移动。当油缸动作到终端停止动作时，泵从右边的单向阀吸入油，泵出的高压油经左边的滤油器和溢流阀回油箱。若电动机带着油泵顺时针方向转动，油缸动作方向与上述方向相反。为了改善交流电动机启动特性，与油泵并联了启动油缸。主机一动调节阀和二动调节阀用于调节主机油缸与副机油缸在转换道岔时实现同步动作。

2. 道岔控制电路原理

我国高速铁路道岔电路制式基本上采用五线制且多机牵引，其各线的作用是：X_1 线为定反位动作、表示共用线；X_2 线为反位→定位动作及定位表示线；X_3 线为定位→反位动作及反位表示线；X_4 线为定位→反位动作及定位表示线；X_5 线为反位→定位动作及反位表示线。

无论采用 S700K 型电动转辙机牵引，还是采用 ZDJ9 型电动转辙机牵引，其控制电路的原理基本上相同。现取 S700K 型电动转辙机来举例分析，道岔控制电路如图 1-11 所示。

(1)电路的组成

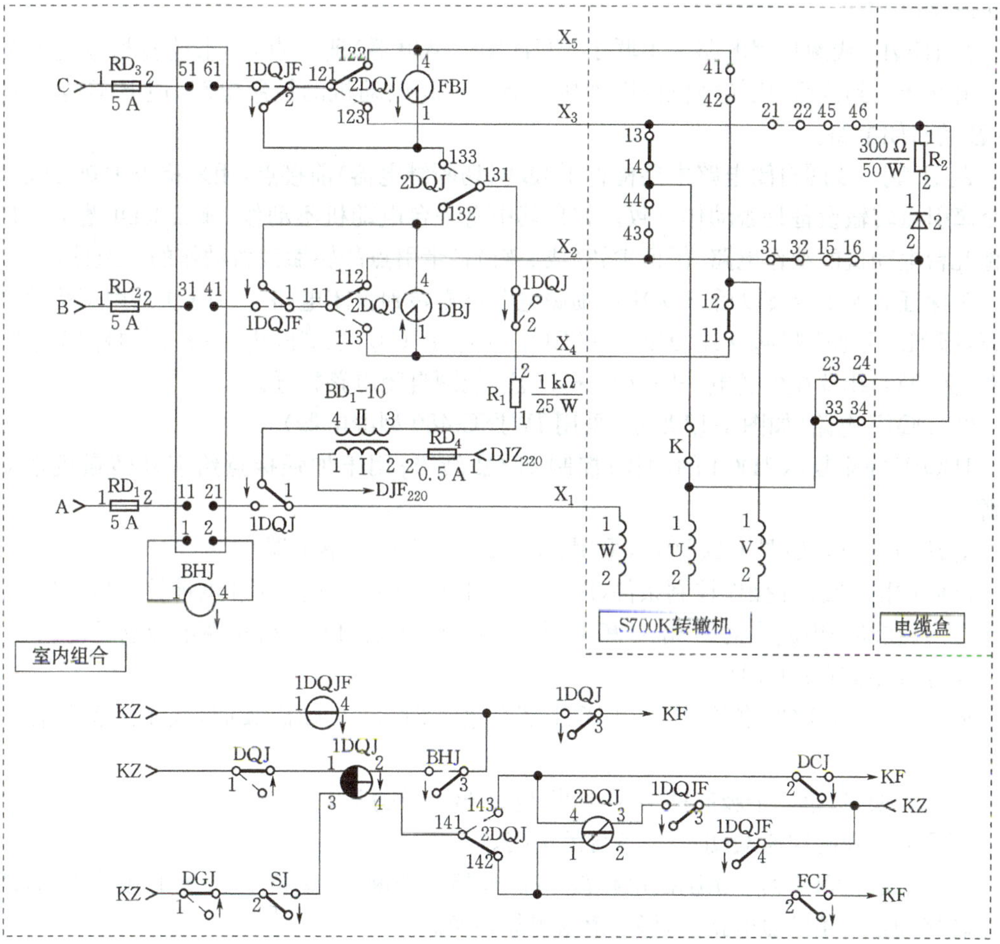

图 1-11　S700K 型电动转辙机道岔控制电路

S700K 型电动转辙机道岔控制电路包括：1DQJ 电路、1DQJF 电路、2DQJ 电路、切断继电器 QDJ 电路、总保护继电器 ZBHJ 电路(多机牵引)、断相保护器 DBQ 和保护继电器 BHJ 电路。

①1DQJ 电路(如图 1-12 所示，采用 JWJXC-H125/80 型继电器)

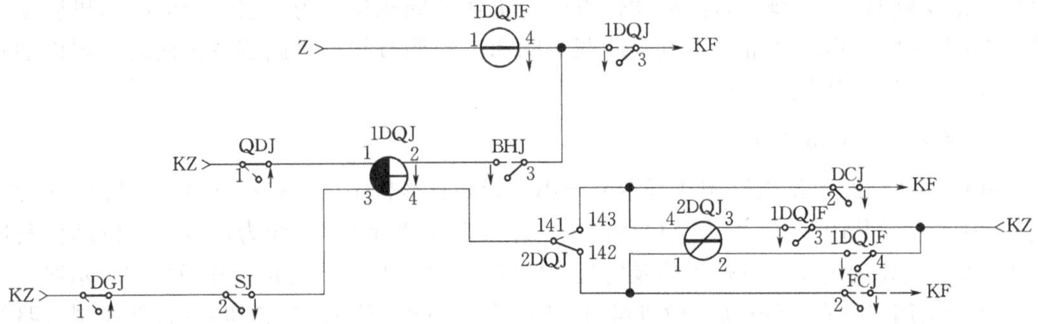

图 1-12　1DQJ 继电器电路

用 3-4 线圈来检查道岔启动前的联锁条件是否符合要求和道岔需要转换的方向(定位 DCJ 或反位 FCJ)。

在 $1DQJ_{1-2}$线圈自闭电路中串联了 BHJ(保护继电器)前接点,用来监督检查道岔的转换。道岔转换到位后,用转辙机内启动接点断开三相电动机的控制电路,使 BHJ 落下切断 1DQJ 的自闭电路。

在 $1DQJ_{1-2}$线圈自闭电路中还检查了 QDJ(切断继电器)前接点,用来检查尖轨(或心轨)几个牵引点转辙设备是否动作一致。如果其中有一台电动机不动作,那么 QDJ 落下将切断其他几台电动机的动作电路,保证尖轨(或心轨)各牵引点的转辙设备动作的一致性。

为保证 2DQJ 转极以后,1DQJ 从励磁电路可靠转到自闭电路上,1DQJ 采用了缓放型继电器,即 1DQJ 励磁吸起→1DQJF↑→2DQJ 转极($1DQJ_{3-4}$线圈断电)→控制电路通过 DBQ(断相保护器)线圈往外送电→BHJ↑→$1DQJ_{1-2}$线圈自闭电路构通。

②1DQJF 电路(如图 1-12 所示,采用 JWJXC-480 型继电器)

1DQJF 完全复示 1DQJ 的动作;控制 2DQJ 转极;用于加强接点给室外转辙机送动作电源。

③2DQJ 电路(如图 1-12 所示,采用 JYJXC-135/200 型继电器)

2DQJ 用 1DQJ 和操作控制条件(DCJ 或 FCJ)进行转极;用 2DQJ 的前接点区分定、反位动作方向;在动作电路中对 B 相、C 相电源进行换相,使三相电动机实现正转或反转。

④QDJ 电路(图 1-13)

同一尖轨(或心轨)各牵引点的 BHJ 都在落下时,QDJ 励磁吸起,表示道岔处在静态位置。

道岔转换时,第一个吸起的 BHJ 切断 QDJ 第一条励磁电路。

用 ZBHJ 吸起构通 QDJ 第二条自闭电路。

RC 回路在 QDJ 第一条励磁电路被 BHJ 前接点切断后,保持 2～3 s 的缓放时间,能可靠地转接到第二条励磁电路上,保证道岔可靠转换。

由于 QDJ 的 1-2 线圈有第二条励磁电路,而 3-4 线圈上的自闭电路意义就不大了。

⑤ZBHJ 电路(图 1-13)

对于采用多机牵引的提速道岔,尖轨和心轨各独立设置一套 ZBHJ 和 QDJ 电路。

同一尖轨(或心轨)各牵引点的 BHJ 都吸起后,ZBHJ 才能励磁吸起。如果其中有一个牵引点的 BHJ 不能吸起,那么 ZBHJ 将不能励磁导致 QDJ 的第二条励磁电路不能构通,

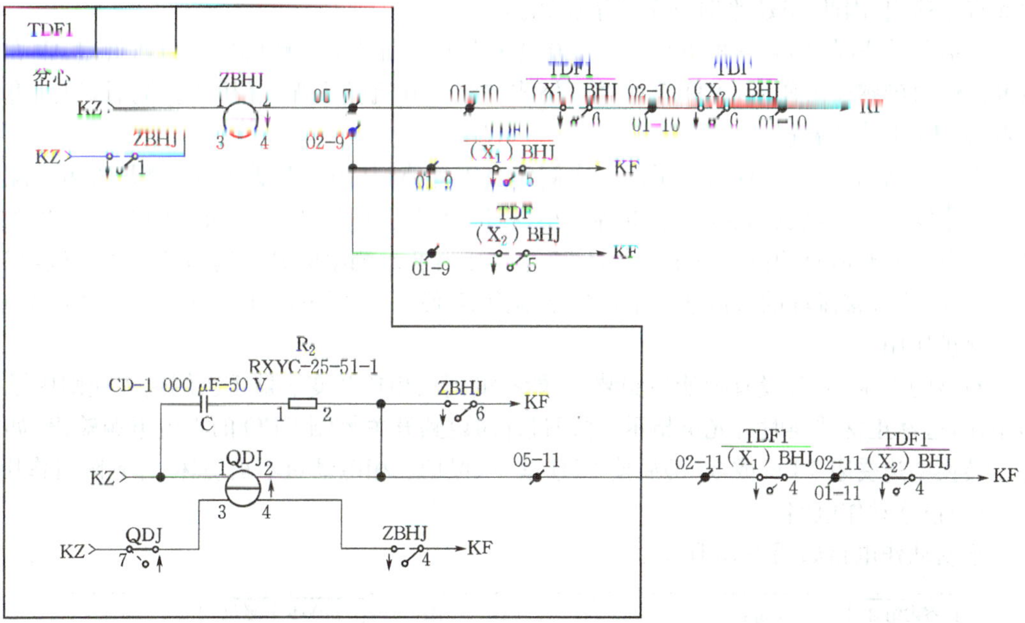

图 1-13　QDJ 和总保护继电器 ZBHJ 电路

QDJ 经 2～3 s 缓放落下后，将切断其他各牵引点的 $1DQJ_{1\text{-}2}$ 线圈自闭电路，保证同一尖轨(或心轨)各牵引点间动作的一致性(不动都不动)。

用同一尖轨(或心轨)几个牵引点的 BHJ 前接点并联构成 ZBHJ 的自闭电路，保证各牵引点要动就动到底，否则 13 s(或 30 s)切断。

⑥DBQ 和 BHJ 电路(图 1-14)

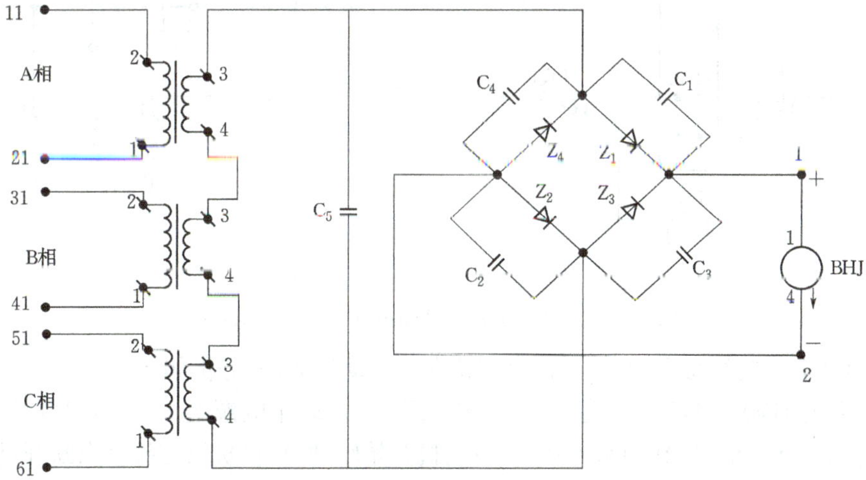

图 1-14　DBQ 和 BHJ 电路

当三相电源缺相或三相负载断相时，为了保护三相电动机不被烧坏，在道岔动作电路中设计了断相保护器电路，由 DBQ 和 BHJ 来实现。

由于道岔平时不动作，故断相保护器的 3 个变压器输入线圈中无电流通过，桥式整流堆也无直流输出，因此 BHJ 平时处于落下状态。

当道岔动作时，如果三相负载工作正常则 3 个变压器的输入线圈中有电流通过，在变压器Ⅱ次侧得到感应电压后，串联叠加送至桥式整流的交流输入端，经桥式整流后，得到直流电源，使 BHJ 励磁吸起。

当发生断相时，这一相的变压器Ⅰ次侧相当于开路，其阻抗为无穷大，而另两相电源由于三相中缺少一相，故负载电流值也将变小，相位也发生了变化，与其对应的变压器Ⅱ次侧的感应电压的幅值及相位也发生变化，使 3 个变压器Ⅱ次侧串联叠加输出的电压很低，基本趋于零，故桥式整流堆的直流输出电压也基本为零，使 BHJ 落下，切断 1DQJ 的自闭电路，起断相保护作用。

新型的 DBQ 内部设有智能检测装置，能检测到三相负载变压器Ⅰ次侧输入线圈中是否有电压，道岔正常转换时有光电指示，并通过计时电路开关控制 DBQ 的直流电源输出，如果道岔转换中途受阻 13 s(或 30 s)后使 BHJ 落下，保护三相电动机不被烧坏，起到限时作用。

(2)道岔动作电路

道岔动作电路如图 1-15 所示。

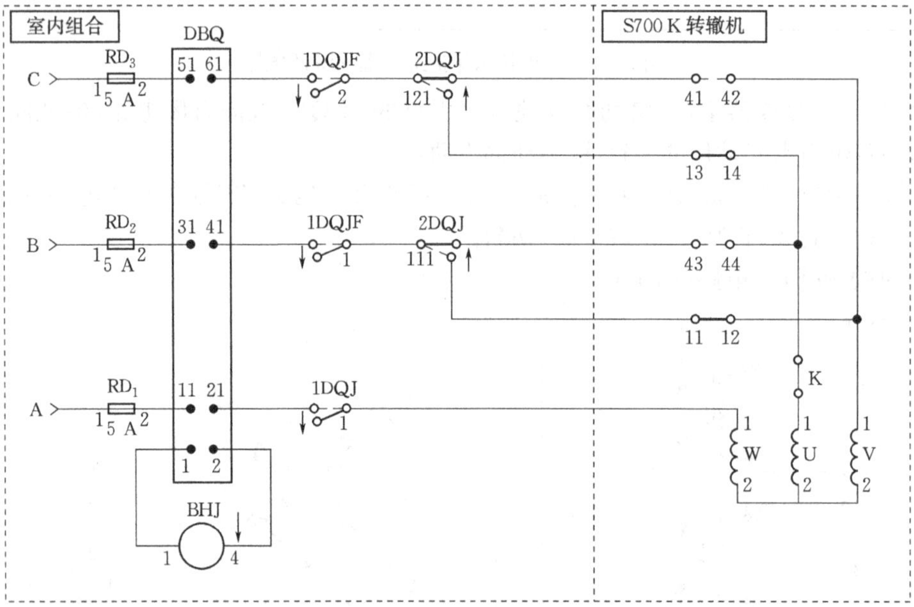

图 1-15　S700K 分动外锁闭道岔动作电路示意图

以定位第一、三排接点闭合，道岔由定位向反位动作为例，分析如下：

①当室内 1DQJ、1DQJF 吸起，2DQJ 转极后，三相动作电源经 DBQ 及 1DQJ、1DQJF、2DQJ 接点，由 X_1、X_3、X_4线向室外送电，电动机开始转动，转辙机第三排接点断开，切断定位表示电路，接通第四排接点。

②此时 BHJ 吸起，接通 1DQJ 自闭电路。

③道岔动作到反位时，第一排接点断开，接通第二排接点，为接通反位表示做好准备。

④第一排接点断开后，切断了动作电路，使 BHJ 落下，随后 1DQJ↓→1DQJF↓，接通反位表示。道岔反位向定位转换时原理同上，所不同的是使用 X_1、X_2、X_5线构通电路。

动作电路有如下特点：

①采用DBQ动作BHJ，来保护三相电动机。

②1DQJ的两组接点的作用主要是区分定、反位动作方向，对B、C相电源进行换相，使三相电动机正转或反转。

③道岔动作到位后，由11-12及13-14或41-42及43-44接点断开三相动作电源。

④为了保护作业人员的人身安全，在电动机的U相电路中串入了遮断开关K。在需要时，可切断动作电路，使BHJ不能吸起或由原来的吸起转为落下，使道岔不能转换。

(3)道岔表示电路

①表示电路原理

因采用$BD_{1\text{-}10}$表示变压器，输出为110 V交流电源，故须按交流电正、负半波进行电路分析。电路如图1-16所示。

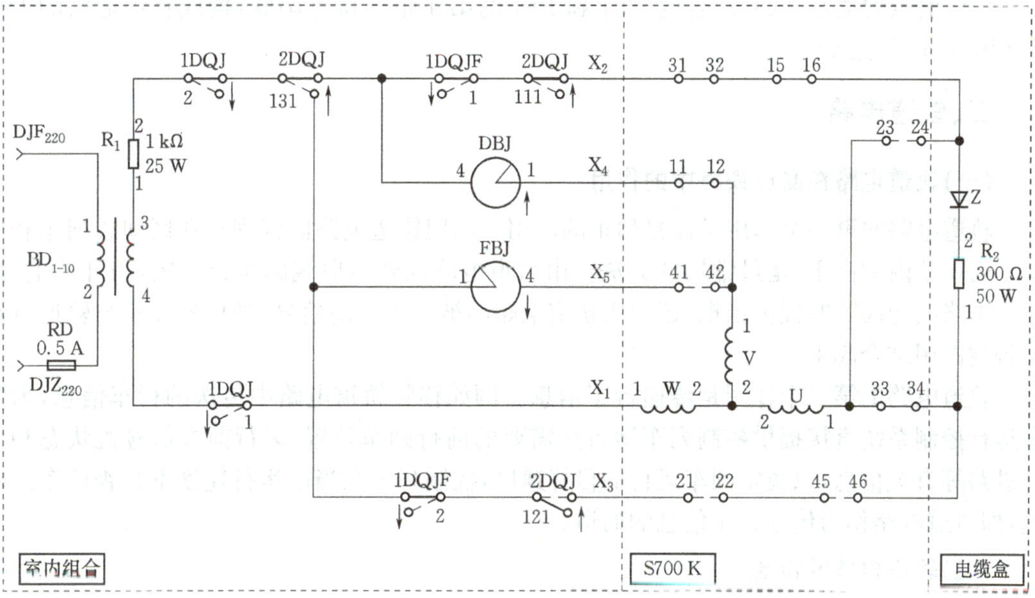

图1-16　S700K道岔表示电路示意图

当正弦交流电源正半波时，假设变压器Ⅱ次侧4正，3负，电流的流向为：$Ⅱ_4$→$1DQJ_{13\text{-}11}$→X_1线→电动机线圈$W_{1\text{-}2}$→电动机$V_{2\text{-}1}$→接点12-11→X_4→$DBJ_{1\text{-}4}$→$2DQJ_{132\text{-}131}$→$1DQJ_{23\text{-}21}$→$R_{12\text{-}1}$→Ⅱ$_3$，这时DBJ吸起；同时，与DBJ线圈并联的另一条支路中，电流的流向为：电动机线圈$W_{1\text{-}2}$→电动机$U_{2\text{-}1}$→接点$_{33\text{-}34}$→$R_{2(1\text{-}2)}$→$Z_{1\text{-}2}$→接点$_{16\text{-}15}$→接点$_{32\text{-}31}$→X_2→$2DQJ_{112\text{-}111}$→$1DQJ_{11\text{-}13}$→$2DQJ_{132\text{-}131}$→$1DQJ_{21\text{-}23}$→$R_{12\text{-}1}$→Ⅱ$_3$。在这条支路中，整流二极管反向截止，故电流基本为零。

当正弦交流电为负半波时，即变压器Ⅱ次侧3正、4负，在DBJ及整流堆这两条支路中，电流方向均相反，由于这时整流堆呈正向导通状态，故该支路的阻抗要比DBJ支路阻抗小得多，所以此时电流绝大部分由整流堆支路中流过，加上DBJ线圈的感抗很大且具有一定的电流迟缓作用，因而DBJ能保持在吸起状态。

反位表示电路与定位表示电路的工作原理相同，但使用的是X_1、X_3、X_5线构通。

②表示电路分析

R_1的作用：主要是防止室外负载短路时烧毁 BD_1-10 变压器。

BD_1-10 变压器的作用：降压隔离，提供 110 V 的独立电源，供表示电路使用，提高表示电路的稳定性。

R_2的作用：由于 1DQJ 具有缓放作用，在道岔转换到位时，转辙机接点接通瞬间，380 V 电源将会送至整流堆上（反位→定位 X_1、X_2线；定位→反位 X_1、X_3线），接入 R_2可保护二极管不被击穿。如 X_4、X_5线发生短路，当道岔转换到位后电动机会发生反转（1DQJ 缓放时间内），易使道岔解锁，串入 R_2后，使电动机 U 绕组电流减小，即三相不平衡，使电动机不能转动，也使 BHJ 失磁落下，起到保护作用。

2DQJ 接点的作用：在电路中 DBJ 检查了 2DQJ 的前接点；FBJ 则检查了 2DQJ 的后接点，这样是为了检查启动电路与表示电路动作的一致性。

各牵引点的道岔 TDF 组合内 DBJ 和 FBJ 的第 4 组前接点串联，构成整组道岔的 DBJ 和 FBJ 的励磁电路。

三、轨道电路

（一）轨道电路在高速铁路中的作用

轨道电路的第一个作用是监督列车的占用。利用轨道电路监督列车在区间或列车和调车车列在站内的占用，是最常用的方法。由轨道电路反映该段线路是否空闲，为开放信号、建立进路或构成闭塞提供依据，还利用轨道电路的被占用关闭信号，把信号显示与轨道电路是否被占用结合起来。

轨道电路的第二个作用是传递行车信息。例如移频轨道电路中传送的行车信息，为列车运行控制系统直接提供控制列车运行所需要的前行列车位置、运行前方信号机状态和车站进路等有关信息，以决定列车运行的目标速度，控制列车在当前运行速度下是否停车或减速，即轨道电路作为传递行车信息的通道。

（二）轨道电路的设置

1. 轨道电路的制式

在既有线提速区段，区间采用 ZPW-2000A 型无绝缘轨道电路，站内采用 25 Hz 相敏轨道电路。

在高速铁路，区间采用 ZPW-2000A 型无绝缘轨道电路，用于列车占用检查和向列车提供前方闭塞分区空闲信息。站内正线原则上采用与区间同制式的有绝缘轨道电路（又称一体化轨道电路）。中间站、越行站站内咽喉区比较简单，为减少站内轨道电路制式、简化工程设计，站内其他轨道电路也采用了与正线同制式的有绝缘轨道电路。大站的正线及到发线采用与区间同制式的有绝缘轨道电路。

2. 轨道电路的设计长度

ZPW-2000A 轨道电路的设计长度应符合列控车载设备可靠接收信息及邻线干扰防护的要求，用于站内时还应符合车站联锁系统可靠工作的要求。

站内无岔区段轨道电路需要提供列控信息时，其最小长度 $L_{\min}$应同时符合以下两公式的要求：

$$L_{min}=v_{max}\times 2.5+L_{常}$$

$$L_{min}=L_{自}$$

式中　v_{max}——该区段的最高允许速度，当站场条件不能符合要求时，可按 CTCS-2 运用环境允许的最高速度，m/s；

$L_{常}$——轨道电路余量 20 m；

$L_{自}$——轨道电路设备自身允许的最小长度，m。

站内无岔区段轨道电路不需提供列控信息时，其最小长度 L_{min} 应同时符合以下两公式的要求：

$$L_{min}=L_{自}$$

$$L_{min}=v_{max}\times T_{落}-L_{车}$$

式中　$T_{落}$——轨道电路接收设备的最长落下时间，s；

$L_{车}$——车长，m。

道岔区段应根据其直向或侧向是否需要提供列控信息而分别按上述方法确定其最小长度。

在站内轨道电路最小长度计算公式中，一般按该区段的最高允许速度取值，但是实际站场有时不能符合要求，此时可按 CTCS-2 级运用环境允许的最高速度。列车从 CTCS-3 级切换到 CTCS-2 级时必须降到 CTCS-2 级允许的速度值，如果轨道电路长度按照 CTCS-2 级允许的速度进行设计，最多会延时 2.5 s 接收地面码序，进而延时 2.5 s 切换到 CTCS-2 级，但不影响列车运行安全。

站内轨道电路区段最小长度按以下条件考虑，并取其中的最大值作为最小长度：

①列车运行时车载设备需要可靠接收到轨道电路所传送的信息。

②列车或单机以允许的最高速度通过站内轨道区段时，该轨道区段应能正常解锁。

③轨道电路设备自身允许的最小长度，ZPW-2000A 轨道电路为 60 m。

当列车进路内各区段均发送列控信息时，列车运行于道岔区段任一个分支，都应确保车载设备可靠接收信息。

对于仅正线发码的车站，因其道岔区段的无受电分支(弯股)不需要发码，故列车进路经由道岔弯股时，该区段分支支路的长度仅需符合解锁要求即可。

3. 轨道电路频率设计

区间、车站轨道电路载频应统筹设计。区间闭塞分区分界点处绝缘两侧应采用不同载频。站内上行正线、上行侧到发线采用 2 000 Hz、2 600 Hz；下行正线、下行侧到发线采用 1 700 Hz、2 300 Hz。

ZPW-2000 系列轨道电路发送器的低频、载频等信息编码接口采用计算机通信方式。

区间轨道电路的正常码序应为 L5—L4—L3—L2—L—LU—U—HU。车站接、发车进路轨道电路低频信息应与其接近的信号机防护的进路条件相符。

按照高速铁路 CTCS-2 级列控系统技术设备管理基本要求，明确了“当车站侧向接车进路有低于 80 km/h 的临时限速时，进站或进路信号机不得显示‘一个黄色闪光和一个黄色灯光’。当侧向发车进路上有低于 80 km/h 的临时限速时，出站信号机的接近区段发送 UU 码。”

4. 站内渡线、工区线路等区域

站内渡线、工区线路等区域宜采取措施改善轨道电路分路性能。

(三)ZPW-2000A 型轨道电路

高速铁路采用 ZPW-2000A 型移频轨道电路。咽喉区轨道区段两端、股道分割处宜采用机械绝缘节。

1. 区间轨道电路

区间采用计算机编码控制的 ZPW-2000A 型无绝缘轨道电路，轨道电路的传输长度满足相关技术条件的要求。当道床不能满足轨道电路传输要求时，可采用计轴轨道检查装置等手段实现列车占用检查。

2. 站内轨道电路

大站的正线及股道区段采用计算机编码控制的 ZPW-2000A 型有绝缘轨道电路，其他区段采用 97 型 25 Hz 轨道电路。一般车站（中间站、越行站及线路所），全站采用与区间同制式的、由计算机编码控制的 ZPW-2000A 型有绝缘轨道电路。

四、应答器

随着列车运行速度的不断提高，仅依靠轨道电路发送闭塞信息，在信息量方面已经不能满足列车安全高速行驶的要求，利用应答器可以向列控车载设备提供大量固定信息和可变信息，应答器在高速铁路中得到较广泛的应用。在 CTCS-2 级列控系统中应答器是车—地信息传输的主要设备之一，在 CTCS-3 级列控系统中也通过应答器传送有关信息。

应答器是一种采用电磁感应原理构成的高速点式数据传输设备，用于在特定地点实现地面与列车间的相互通信。列车接收到地面信息，通过车载控制系统得出最佳的运行速度，以保证行车安全。列车也可以根据接收到的信息确定列车在线路上的精确位置。

(一)应答器的功能

应答器必须具有的功能是：接收电能信号，探测、解调远程能量信号；产生上行链路信号，通过接口 A1 向列控车载设备传送报文；选择启动方式，确定是发送自身存储的报文还是发送接口 C 来的报文；串音防护；管理操作/编程模式；接收来自接口 C 的数据；控制 I/O 接口特性；产生“列车通过”信号。

应答器在特定地点向列控车载设备传送以下信息：

(1)线路基本参数，如线路坡度、轨道区段长度等参数。

(2)线路速度信息，如线路最大允许速度、列车最大允许速度等。

(3)临时限速信息，即当由于施工等原因引起的对列车运行速度进行限制时，向列车提供临时限速信息。

(4)车站进路信息，根据车站接发车进路，向列车提供“线路坡度”“线路速度”“轨道区段”等线路参数。

(5)道岔信息，给出前方道岔侧向允许列车运行的速度。

(6)特殊定位信息，如升降弓、进出隧道、鸣笛、列车定位等。

(7)其他信息，如固定障碍物信息、列车运行目标数据、链接数据等。

应答器用于向 CTCS-2 级列控系统车载设备提供线路速度、线路坡度、轨道电路、临时限速等线路参数信息，向 CTCS-3 级列控系统车载设备提供位置定位、级间转换、建立无线通信等信息。车载设备接收到应答器信息后，形成允许速度，对列车运行速度进行控制。

应答器以报文的形式发送信息，因此需要定义报文的格式和所代表的含义。我国列控系统中，应答器报文采用欧洲标准。每条应答器报文都是由一个 50 位的报文帧头、若干信息包及一个 8 位的结束包构成，共计 830 bit，每个信息包都具有各自的格式和定义。为了保证传输的安全性和可靠性，要按照欧洲标准对其进行加扰编码，形成 1 023 bit 的传输报文，应答器、LEU、列控中心中存储和传输的都是 1 023 bit 的报文。

(二)应答器的分类

应答器分为地面应答器和车载应答器两部分。

1. 地面应答器(简称应答器或信标)

地面应答器放置在两根钢轨中间，是地面信号设备的重要组成部分。

地面应答器根据应答器所传输报文是否可变，分为固定信息应答器(无源应答器)和可变信息应答器(有源应答器)。

(1)无源应答器

无源应答器存储固定不变的信息，列车经过该应答器时，固定发送预先存储的报文。无源应答器一般设在区间闭塞分区入口处、车站进站口处及站内股道的两端或中间，用于发送线路里程数、线路限速、线路坡度、轨道电路参数、信号点类型、列控等级转换信息等固定不变的信息。

(2)有源应答器

有源应答器通过专用的应答器电缆与轨旁电子单元 LEU 连接，根据 LEU 所发送的报文，实时变化地向列车传送信息，有源应答器一般设在车站进站口处和出站口处与无源应答器成对出现，主要发送进路信息、信号机状态信息、临时限速信息、保护区段状态信息等可变信息。

2. 车载应答器

车载应答器又称为查询器。车载应答器向地面无源应答器发送电能，接收地面应答器发来的信息。

(三)应答器的结构及工作原理

1. 地面应答器的结构

地面应答器由壳体、电路板、灌封材料构成。壳体由玻璃纤维类材料热压而成，既结实又抗电磁干扰；电路板安装在壳体内，含有用于发送和接收的电磁感应耦合线圈。为了统一规格，在技术上与世界接轨，我国通用的应答器均应符合欧洲标准，外部尺寸为：长 450 mm、宽 318 mm、高 59 mm，应答器外形如图 1-17 所示。

2. 应答器的工作原理

无源应答器和有源应答器的工作原理相同，即车载天线与应答器之间按电感耦合的原

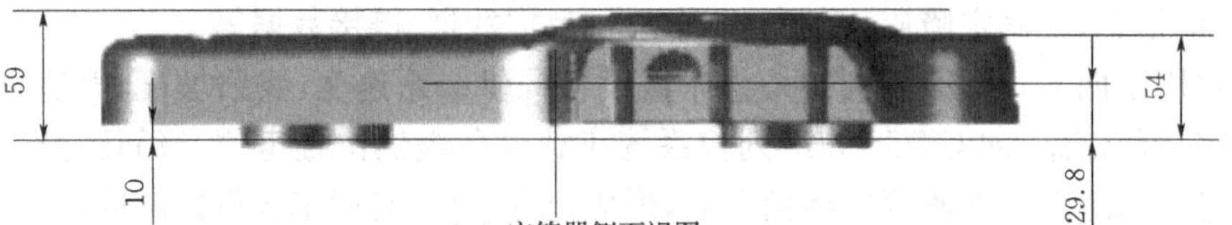

(a) 应答器侧面视图

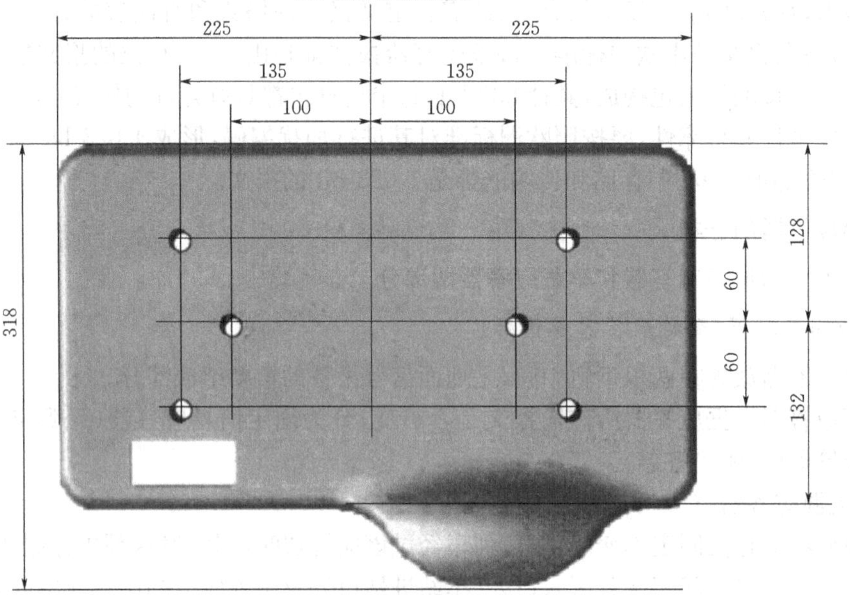

(b) 应答器正面视图

图 1-17　应答器外形尺寸(单位:mm)

理进行工作。应答器平时不要求外加电源,处于休眠状态。应答器的工作电源是由感应电压获取的,仅靠瞬间接收车载天线的功率而工作,并能在接收到车载天线功率的同时向车载天线发送大量的编码信息。

当车载天线接近应答器时,应答器的耦合线圈感应到 27 MHz 的磁场,通过变换器、检波器和电压调节电路,将电磁能量转化为电能,从而建立起应答器工作所需要的电源,启动信源编码器和调制电路工作,再经低通滤波器整形后放大,把预先存储或 LEU 传送的应答器传输报文循环发送出去,直至车载天线离开应答器上方,电能消失,应答器失去了电源,便停止数据发送。

(1)无源应答器的工作原理

无源应答器的内部电路板原理如图 1-18 所示。接收部分由变换器、检波器和电压调节电路组成;发送部分由信源编码器、调制电路、放大电路组成。

通过报文读写工具可以改写无源应答器的数据报文,可以对无源应答器存储的数据报文进行读出、校核。

(2)有源应答器的工作原理

有源应答器(可变信息应答器)电路板原理框图如图 1-19 所示,它由应答器控制模块和接口部分组成。

应答器控制模块是整个电路的控制核心,当电源建立后,它首先判断由 C 接口来的数据是否有效。若有效,则控制模块将接口传来的数据进行 FSK 调制后,输出到数据收发模块,

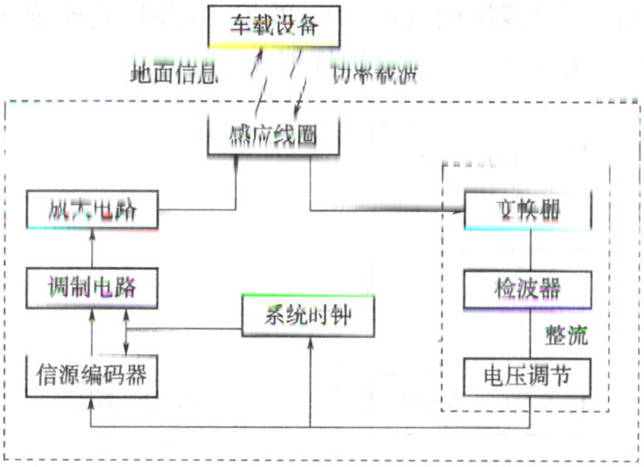

图 1-18　无源应答器的电路板原理框图

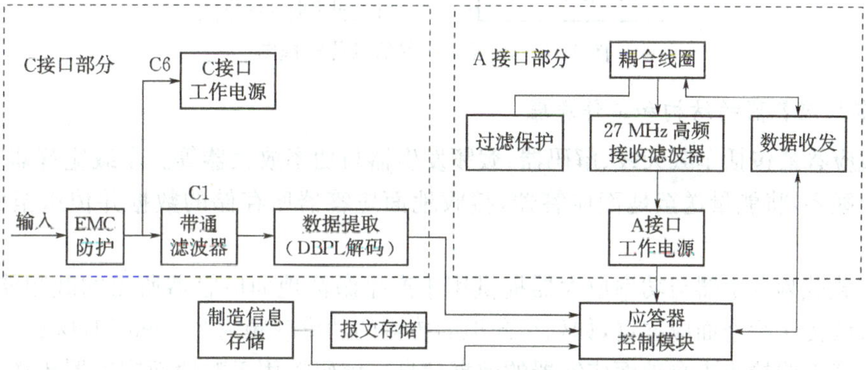

图 1-19　可变信息应答器电路板原理框图

经功率放大后，由耦合线圈发送。若该数据无效或无数据，控制模块则使用存储在报文存储器中的数据。只要电源存在，控制模块就不间断地发送，这意味着车载天线一直在应答器上方。一旦控制模块做出报文选择(选择存储的数据还是接口传来的数据)，在这次上电的工作周期内，无论接口数据有效与否，应答器都不会改变发送的数据。

即当控制模块上电时，如果 C 接口的数据无效，应答器发送默认报文，即使中间恢复 C 接口数据，应答器都不会改变发送的数据，直至本次工作结束。当车载天线离开应答器上方后，应答器失去了电源，便停止数据发送。

C 接口工作电源仅用于该接口电路部分，不给控制模块和数据收发供电，因此，有源应答器也只有在车载天线出现时才发送数据。

有源应答器通过与 LEU 的连接，可实时改变传送的数据报文。当与 LEU 通信故障(接口故障)时，有源应答器可以自动切换到无源应答器工作模式，发送预先存储在应答器中的默认报文。LEU 与应答器通信中断时，有源应答器应有保证行车安全的缺省报文。

有源应答器发送的可变信息来源于轨旁电子单元(LEU)，其信息对应于车站联锁排列的进路、临时限速服务器或 CTC/TDCS 下达的临时限速命令。轨旁电子单元(Lineside Electronic Unit，LEU)是“故障—安全”设备，为信号系统与应答器之间提供接口，进行数据采集与处理。当有数据变化时，依据变化后的数据形成报文，并送给地面有源应答器进行发送。

LEU 周期接收来自于车站列控中心(TCC)的报文,并将其连续不断地向有源应答器发送。有源应答器信息的发送和接收传输过程框图如图 1-20 所示。

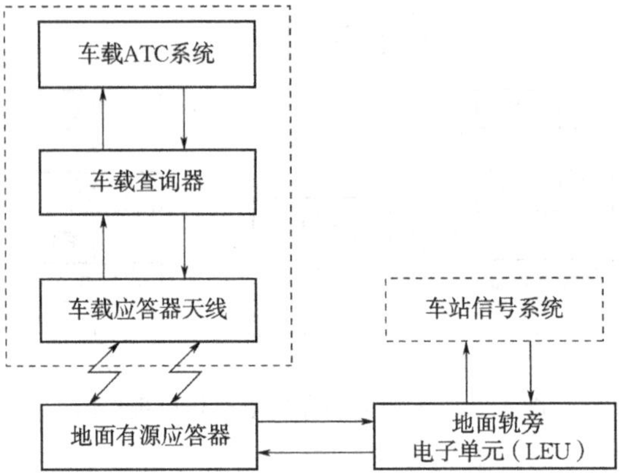

图 1-20　有源应答器信息传输框图

2. 车载应答器的结构和工作原理

车载应答器包括车载天线、解码器、载频发生器与功率放大器等。车载应答器完成车—地的耦合联系,将能量送至地面应答器,接收地面应答器所存储的数据并传送至中央处理单元。

由车载载频发生器与功率放大器提供用于产生激活地面应答器所需的载频能量,并通过车载天线传送给地面应答器,如列车向地面传输的功率载频为 27.095 MHz±5 kHz。

由车载天线接收来自地面应答器的数据信息。解码器用于对地面应答器传送的信息进行接收、滤波、数字解调与处理。将处理好的报文数据,通过相应的接口,在约定的接口协议下传送至车载 ATC 相关的设备,例如 ATP、ATO 模块或车载显示单元或无线设备。

(四)应答器组的设置

地面应答器设置应同时满足 CTCS-2 级系统的需求,并集成 CTCS-3 级和 CTCS-2 级报文。为完成传送数据报文的任务,应答器经常要成组运用,构成应答器组,由 2～8 个应答器组成。对于仅用于定位的应答器组可为单个应答器,应答器组设置应满足应答器容量要求,当应答器容量不能满足要求时,可增加组内应答器数量,但组内应答器数量不宜超过 3 个。下列应答器组应由两个及以上应答器构成:

(1)发送线路参数的应答器组。

(2)发送等级转换或 RBC 切换信息的应答器组。

(3)发送长短链信息的应答器组。

(4)位于发车进路始端的应答器组。

(5)其他用于识别列车运行方向的应答器组。

应答器组内相邻应答器间的距离应为(5±0.5)m,设置在区间闭塞分区入口处的应答器组距调谐单元(BA)或机械绝缘节宜为(200±0.5)m,进站信号机处的应答器组距调谐单元(BA)或机械绝缘节宜为(30±0.5)m(从靠近绝缘节的应答器计算)。设置在车站的应答器组中的有源应答器应靠近信号机侧。应答器组间距不宜小于 200 m,困难情况下不宜小于

100 m,应答器组间距离如图 1-21 所示。发送线路参数的应答器组,正线组内应答器距调谐单元(BA)或机械绝缘节最小 30 m,侧线组内应答器距调谐单元(BA)或机械绝缘节最小 20 m。

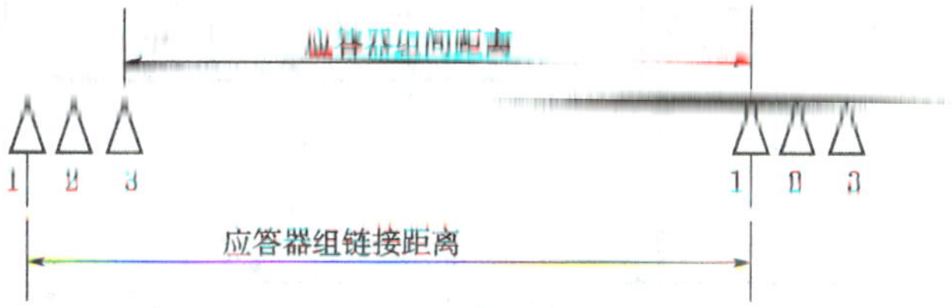

图 1-21　应答器组间距离

(五)应答器编号和名称

1. 应答器编号

每个应答器(组)都有一个编号,并且该编号在全国铁路范围是唯一的。

在每一条报文的帧头中,都要包含该应答器(组)的编号及每个应答器在组中的位置;在链接信息包中,要提供所链接的应答器的编号。

每个应答器(组)的编号由大区编号、分区编号、车站编号、应答器单元编号共同构成。应答器编号表示为:大区编号—分区编号—车站编号—应答器单元编号(应答器组内编号)。

大区编号是按全国铁路区域、以现行电务段或高速铁路区域为参照而划分的,它由三位十进制数表示,编号范围为 1～127。

分区编号是由一位十进制数表示,编号范围为 1～7。在大区编号内,以线别和车站分布情况进行分区编号,同一线别的车站应尽量分配在同一分区内,车站数量较多时可分配多个分区;车站数量较少时,多个线别可合并在一个分区内。

车站编号由两位十进制数表示,编号范围为 1～60。一般按分区内车站的下行方向顺次进行车站编号,当多个线别合并在一个分区时,线别之间车站编号留出适当余量,即有分区内增减车站时,不得影响其他车站编号。

应答器单元编号由三位十进制数表示,编号范围为 1～225。对车站管辖范围内(含区间)的全部应答器(组)进行统一编号,以列车正运行方向或用途为参照,按正线贯通、从小到大的原则进行编号,下行编号为奇数,上行编号为偶数。

每个应答器组可由 2～8 个应答器组成,以列车正运行方向为参照,列车首先经过的应答器为①,其他顺次编号,应答器组内编号如图 1-22 所示。

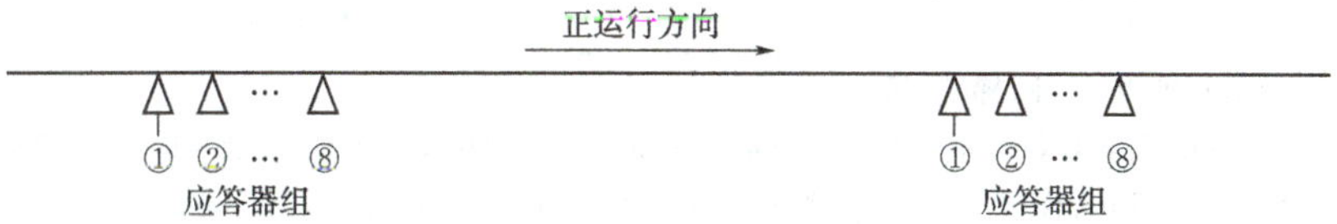

图 1-22　应答器组内编号

2. 应答器名称

应答器编号相当于是身份识别,而从该编号中很难看出其特征及安装位置,不便于维护和管理。因此,除编号外,每个应答器(组)应有其名称。

每个应答器(组)命名以 B 开头,后加公里标或信号机名称,其中公里标参照区间通过信号机命名规则执行。应答器编号及命名示例如图 1-23 所示。

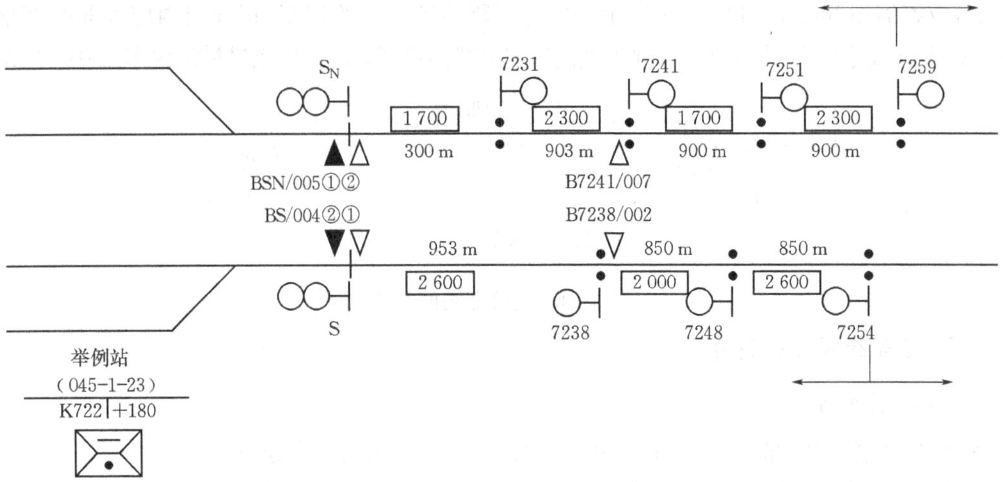

图 1-23　应答器编号及命名示例

(1)应答器位于 045 号大区、1 号分区、23 号车站，在信号平面布置图中表示为 045-1-23，放置于车站名称下方。

(2)7238 通过信号机处的应答器，命名为 B7238，单元编号为 002，图中标识为 B7238/002，最终档案编号为 045-1-23-002。

(3)上行进站信号机处的应答器组，命名为 BS，单元编号为 004，图中标识为 BS/004，并用"①"和"②"表示两个应答器在组中的位置，最终档案编号分别为 045-1-23-004-1、045-1-23-004-2。

第二节　高速铁路信号基础设备维护

一、高速铁路信号基础设备日常维修作业项目

(一)信号机的维修作业项目

信号机日常养护(巡视)和检修作业标准见表 1-2。

表 1-2　信号机日常养护(巡视)和检修作业标准

项目	内容	技术要求
1. 日常养护	(1)信号机构、机柱、梯子、箱盒外观检查，检查设备有无外界干扰，箱盒、机构、梯子有无损伤，加锁是否良好，各部螺栓是否紧固，开口销是否齐全	设备无受外界干扰，机构良好无损，安装牢固，机柱完好，无裂纹，柱顶封堵良好，基础稳固无破损，梯子牢固不弯曲，箱盒良好无损，各部螺栓紧固，开口销齐全，开口为 60°～90°，机构及箱盒加锁良好
	(2)硬化面清扫保持清洁	硬化面清洁无杂物
	(3)清扫透镜外玻璃	透镜外玻璃干净，无影响信号显示的斑痕
	(4)电气化区段信号机梯子、机构接地线检查	梯子、机构与地线接触良好，无锈蚀
	(5)标识检查	限界标记清楚，信号机名称清楚、正确、完好

续上表

项目	内容	技术要求
2. 集中检修	(1)同“日常养护”	同“日常养护”
	(2)箱盒、机构内部检查、清扫，防尘、防水设施完整	①机构及箱盒内部清洁，[illegible]内、外玻璃清洁，防水、防尘措施良好。 ②配线整齐、良好，无老化、伤痕及混线可能，图物一致、配线图齐全，良好
	(3)检查机柱、机构、梯子	机柱、机构及梯子无裂纹、无损伤，各部螺栓紧固，开口销齐全，满足机械强度要求
	(4)灯泡主、副丝转换及报警试验	灯泡无异状，灯头两顶锡高度一致，饱满光洁，接触良好，灯座弹片有足够弹力，主、副灯丝转换试验良好并报警正确
	(5)信号机检修	①线环线头无伤痕，断股不超过 1/5。及时更换信号器材，保证不超期使用。 ②正线信号机灯泡一年更换一次，其他断主丝更换，调车信号机灯泡实行故障修，单丝双灯座定焦盘信号灯泡故障换，信号显示距离应符合《铁路技术管理规程》要求，灯光有光有芒。 ③建筑限界符合《铁路技术管理规程》规定。 ④地线接地良好，接地电阻不大于 10 Ω。 ⑤基础稳固，机柱正直，倾斜不大于 36 mm(在轨面以上 4 500 mm 处测得)。 ⑥去锈彻底，油饰均匀光滑，标志清楚(铝合金或复合材料无须油饰)。 ⑦硬化面破裂及时修补整治。 ⑧灯泡主、副丝点灯端电压在 10.2～11.4 V 之间，但调车信号机灯泡灯端电压在 9.0～11.4 V 之间，容许信号灯泡灯端电压在 7.8～10.2 V 之间。 ⑨更换灯泡后检查、调整信号显示距离，测试信号机点灯电压。 ⑩驼峰主体信号机电铃工作正常。 ⑪进行Ⅰ级测试

(二)道岔转辙设备的维修作业项目

道岔转辙设备的日常养护(巡视)和检修作业标准见表 1-3。

表 1-3　道岔转辙设备的日常养护(巡视)和检修作业标准

项目	内容	技术要求
日常养护	1. 检查道岔状态	1. 无外界干扰和异状，斥离轨和基本轨间无异物。 2. 道岔尖轨和基本轨、心轨和翼轨密贴；尖轨、基本轨、心轨、翼轨竖切段无肥边。 3. 道岔爬行不超标

续上表

项目	内容	技术要求
日常养护	2. 检查道岔转换与锁闭设备(转辙机、转换锁闭器、导管传导装置、安装装置、外锁闭装置、密贴检查器、下拉装置驱动器)状态	1. 穿越轨底的各种杆、部件不碰钢轨,间隙符合要求。 2. 各部的紧固件、开口销、连接销、连接轴压板、杆件防松螺母,不松动、无脱落。 3. 固定尖轨、心轨拉板的防松螺栓齐全、紧固、无松动。 4. 安装装置无损伤、变形,各活动部位的注油孔无堵塞。 5. 表示杆缺口符合标准。 6. 转辙机(含转换锁闭器、导管传动装置)动作杆、表示杆(检测杆)、密贴检查器表示杆伸出端、外锁闭机构及安装装置的各连接销、摩擦面应油润。 7. 外锁闭装置的锁闭框两侧挡板应有效插入锁闭杆两侧导向槽内,锁钩与锁闭杆接触面及动作范围内无砂石、杂物。 8. 锁钩、锁钩连接轴、锁闭杆及锁闭铁应保持清洁、油润无锈蚀,锁钩与锁钩连接轴横向滑动良好。 9. 外锁闭装置的锁闭量符合标准。 10. 防护罩(套)、防跳装置安装固定牢固;螺栓紧固、不松动。 11. 电液转辙机(下拉装置驱动器)外部油路无渗漏,油管无破损,固定牢固、防护良好(含液压站)。 12. 连接电缆固定牢固,无破损。 13. 道岔扳动试验,转换正常,并进行集中监测道岔曲线查看分析。 14. 基础面、设备外部清洁
集中检修	检修、整治道岔转换与锁闭设备(转辙机、转换锁闭器、导管传导装置、安装装置、外锁闭装置、密贴检查器)	1. 同“日常养护”。 2. 转换设备的安装应与道岔成方正,偏差不超标。安装装置应减振措施符合要求。 3. 各连接头之间旷量不大于 1 mm。 4. 尖轨、心轨各牵引点处的开口量和外锁闭装置锁闭量符合标准,偏差不超范围。 5. 锁钩能沿销轴自由伸缩,锁钩在锁闭框内的导向平稳、活动自如,锁闭杆上表面的导向滚轮作用良好。 6. 外锁闭装置、导管传动装置动作检查,不良整修。 7. 各部螺丝紧固,扭矩符合规定。 8. 各种杆件螺纹部分的内、外调整余量符合要求。 9. 更换锈蚀的紧固件、防护件及不良部件。 10. 转辙机(含转换锁闭器、下拉装置驱动器)、密贴检查器机内无积水、无积土、不锈蚀、密封良好;动作灵活、无异状;机内配线无破损;机内零部件动作正常、无损坏。 11. 各滑动或转动部分适当注油或均匀涂润滑脂。 12. 液压件无漏油,油箱的油量标识在标准范围;油管路检查、整修(含液压站)。 13. 检查各种电气接点接触良好,不旷动,接点无损伤。 14. 尖轨、心轨各牵引点和各牵引点之间密贴检查试验,超标处理。 15. 转辙机、转换锁闭器表示缺口指示标对中,左右偏差符合要求。 16. 转辙机、转换锁闭器、下拉装置驱动器电特性符合要求。 17. 测试电缆对地绝缘,性能符合要求。 18. 道岔各牵引点的动程测量、辊轮与尖轨底部的间隙测量。 19. 标示清晰

(三)轨道电路的维修作业项目

ZPW-2000A 轨道电路的日常养护(巡视)和检修作业标准见表1-4。

表1-4　轨道电路的日常养护(巡视)和检修作业标准

项目	内容	技术要求
日常巡检	1. 送(受)调谐单元及箱盒检查	1. 箱盒外部无破损，无污物，锁具齐全。箱盒盖密封螺丝紧固良好，封印清楚正确，打在规定位置。 2. 各部基础、支架完好不倾斜，基础倾斜度不超过 10 mm，箱盒底距地面大于或等于 150 mm，排水良好。 3. 各部螺栓油润、螺帽齐全，紧固良好，保护管安装螺丝齐全紧固，防松防脱作用良好。 4. 硬化面完好清洁，周围电缆不外露。 5. 扼流变压器锁具齐全，加锁完整，安装牢固，箱轴部分保持油润，外部无锈蚀、油饰良好。 6. 防护盒、扼流变压器最突出边缘距所属线路钢轨内侧不小于1 500 mm。 7. 检查挡墙(防撞墙)上的设备固定螺栓紧固
	2. 送(受)电端引接线检查	1. 引接线固定卡具、锚栓、螺丝齐全，安装牢固，防松防脱作用良好。 2. 引接线过防撞墙(桥上)处有胶皮防护，外皮完好无破损。 3. 引接线不得与轨底及角钢基础相碰，不得与可能造成短路的金属件接触。 4. 引接线塞钉的垫片、螺帽齐全，紧固良好无松动，与钢轨接触良好。 5. 扼流变压器中心连接板、横向连接线、汇流线、吸上线螺丝紧固，防松、防脱、防混作用良好
	3. 标志牌检查	1. 检查停车标及号码牌、禁停标、中继站、级间转化点等标志牌固定牢固，安装柱、基础支架外观完好。各部螺栓紧固，开口销齐全。 2. 标志牌齐全、完好，标识清晰正确
	4. 通道检查	1. 各种钢包铜线、辅助线、岔后跳线完整、固定良好，岔心导电销焊接良好。 2. 检查机械绝缘节及绝缘轨距杆绝缘外观良好，扣件及钢丝绳不得碰夹板、绝缘螺栓。普通绝缘的轨缝应保持 6～10 mm(胶接绝缘、本克拉轨缝无肥边)，两轨头保持水平，高低相差不大于 2 mm；扣件与连接夹板无封连。 3. 扼流变压器中心连接板、横向连接线、汇流线、吸上线螺丝紧固，防松、防脱、防混作用良好。 4. 扼流变压器端子连接板无锈蚀、接触良好。 5. 扼流变压器锁具齐全，加锁完整，安装牢固，箱轴部分保持油润，外部无锈蚀、油饰良好。 6. 电容防护外壳无破损，电容固定支架螺丝齐全、紧固。 7. 电容引接线在道床板上固定良好，钢轨上电容引接线卡具齐全，塞钉与塞钉孔要全面紧密接触，打入深度最少与轨腰平，露出不超过 5 mm，并有白漆封闭，电容编号清晰准确。 8. 各类防腐线外皮无开裂破损、开裂破损处应采取封闭措施或更换

续上表

项目	内容	技术要求
集中检修	1. 送（受）调谐单元及箱盒内部检修	1. 箱盒内部清洁，防尘、防潮设施良好，铭牌齐全、正确，字迹清楚。 2. 箱盒内部螺丝紧固，螺母垫片齐全，配线良好、整洁、无破皮及混线可能，焊点焊接良好，万科端子保持清洁，芯线插接良好，不压线皮。 3. 箱盒内电缆引入孔绝缘胶不龟裂，无废孔。引接线引入孔封堵良好。 4. 备用芯线应盘放整齐，电缆走向牌齐全，字迹清楚。 5. 箱盒内接地线齐全，接触良好，检查防雷单元良好，劣化指示清晰，无变色。 6. 器材类型正确，无过热现象，不超期，印封完整，安装牢固，防震、防松防脱装置作用良好。 7. 断路器安装牢固，容量符合标准，作用良好。 8. 防雷元件（齐全、有效）等与图纸设计相符，各种器材用途铭牌齐全清楚。 9. 空芯线圈内部地线与各部外壳绝缘良好。 10. 图纸资料（测试卡、检修卡、配线图、原理图）保存完好，与实物相符，无涂改。 11. 扼流变压器内设备固定良好、端子牢固、防松标记齐全，箱盒盖盘作用良好，防尘、防水、防潮良好。 12. 扼流变压器内部适配器连接螺丝紧固，适配器类型使用正确，开关作用良好。 13. 加锁装置良好，活动部分适当注油。 14. 箱盒除锈、油饰。 15. 填写Ⅰ级测试卡片
	2. 送（受）电端引接线检修	1. 引接线各部锚栓、卡具齐全，不良更换，防松防脱作用良好。 2. 引接线无破皮、固定顺畅。 3. 机械绝缘处的长迂回引接线在轨腰处用专用卡具固定，安装要平直、牢固，与钢轨有适当的距离。 4. 引接线过轨底时，不得与轨底相碰，并用卡具固定
	3. 标志牌检修	同日常巡检中“标志牌检查”
	4. 通道检修	1. 同通道检查中“日常巡检”。 2. 工务连接杆、轨距杆外观良好无破损，检查测试绝缘完好

（四）应答器、室外 LEU 设备的维修作业项目

应答器、室外 LEU 设备的日常养护（巡视）和检修作业标准见表 1-5。

表 1-5　应答器、室外 LEU 设备的日常养护（巡视）和检修作业标准

项目	内容	技术要求
日常巡检	1. 外观检查	1. 检查室外 LEU 机柜外观无破损、加锁装置良好，安装正直稳固、无倾斜，顶盖、柜门固定良好，基础面、设备外部清扫。 2. 应答器（包括应答器、安装装置及有源应答器的尾缆）完整、无异状。 3. 应答器清扫，表面不能有覆盖物，如石块、金属件、粉尘等。 4. 应答器四周无金属杂物。 5. 检查各部螺栓不松动

续上表

项目	内容	技术要求
集中检修	1. 检查、整修应答器	1. 检查应答器无破损，固定良好，表面无杂物，铭牌标识齐全清晰。 2. 检查应答器四周边 0.3 m 范围内无金属杂物。 3. 应答器连接电缆应固定防护良好，胶皮护管不能有穿透性损伤和明显老化。 4. 检查应答器安装符合标准。 5. 检查应答器支座良好，不破损。 6. 有源应答器电缆盒及基础完好、不倾斜；设备标识正确清晰。 7. 有源应答器电缆盒防尘、防潮良好，配线整齐，螺母垫片齐全整齐，电缆去向、铭牌、图纸齐全清晰。 8. 有源应答器电缆盒内部清扫
	2. 检查、整修室外 LEU	1. 检查室外 LEU 机柜外观无破损，安装正直稳固、无倾斜；机柜安装螺丝紧固，不松动，柜内模块、板件等安装、插接牢固，防护措施良好，线缆无破损。 2. 检查室外 LEU 外观及通风、防潮、防水、防尘状况。 3. 防雷单元正常、无异状。 4. 系统光纤弯曲符合标准，光纤遮光防护措施良好(含备用光纤)。 5. 检查 LEU 的面板指示灯是否正常
	3. 测试	1. 应答器电缆绝缘测试(需断开设备)。 2. 检查 LEU/BDU 的 C 接口工作是否正常，检测 4 个端口是否有输出。 3. 测试室外 LEU 电源符合标准。 4. 室外 LEU 机柜、有源应答器电缆盒与贯通地线连接良好，测试接地电阻不大于 1 Ω

二、高速铁路信号基础设备的故障处理

(一)信号机的故障处理

1. 信号机的故障处理流程

信号机的故障大多是信号机点灯电路的故障，故障类型有混线、断线及断丝故障。信号机故障处理的程序如图 1-24 所示。

2. 信号点灯电路故障的基本处理方法

当信号点灯电路发生故障时，可在分线盘上快速区分故障的范围及性质，方法如下(设允许灯光故障)：

信号点灯控制电路原理

(1)在分线盘测量(重复开放信号时)，有电压，则为室外故障；无电压，则为室内故障。

(2)若是室内电压已经送出，则故障在室外，可将表置于 $R\times1$ 挡，在分线盘测量。

①若阻值在 100 Ω 左右，说明分线盘至 BX_1-34 的Ⅰ次正常，Ⅱ次或信号机内部故障。

②若阻值在 0 Ω 左右，说明分线盘至信号机处的电缆短路，此故障使熔断器熔断。

③若阻值在 20 Ω 左右，说明 BX_1-34 的Ⅰ次短路。

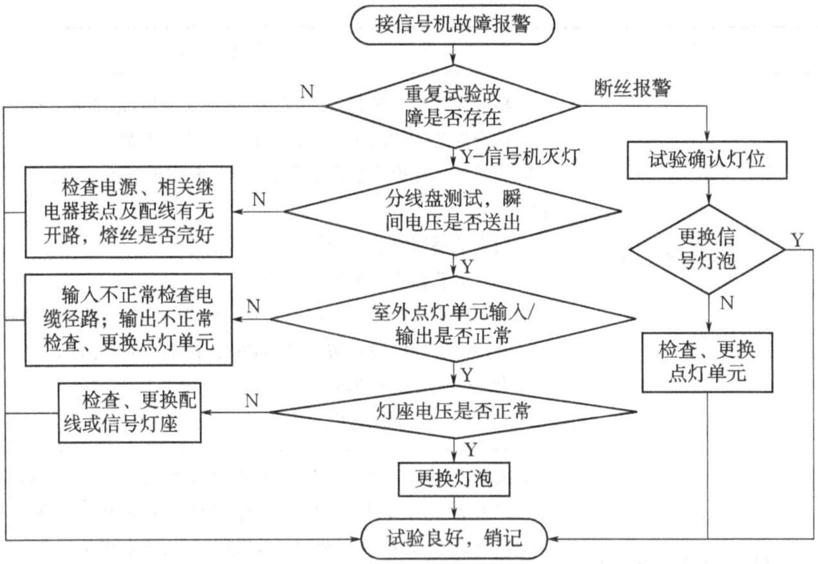

图 1-24　信号机故障处理的程序框图

④若阻值为无穷大，说明电缆或 BX_1-34 的Ⅰ次侧断路。

3. 典型故障案例

【故障案例 1】 信号隔离变压器故障

故障现象：X_3 信号机红灯不亮，开放白灯也不亮。

故障分析：两灯都不亮，初步判断，故障点在公共部位。

故障处理：机械室发现信号隔离变压器有输入无输出，更换后故障消除。但触摸变压器发现过热，疑室外有短路，分线盘甩开外线。赶赴现场检查发现，X_3 信号机密封不良，雨水渗入到信号机，造成点灯一体化变压器短路。更换信号点灯变压器，挂上外线后正常。

【故障案例 2】 灯座插片接触不良

故障现象：D_9 信号开放后自动关闭。

故障分析：调车信号机开放信号后又关闭，应是白灯点灯电路故障。

故障处理：在控制台重复排列信号，信号开放后，复示器闪一下后自动关闭，重复开放信号时，在分线盘 B、A、H 测试有瞬间 220 V 电压输出，说明室内电压正常，故障点在室外。室外打开信号机构，发现该信号机白灯灯泡插片接触不良，插好灯座插片后故障消除。

(二)道岔转辙设备的故障处理

道岔转辙设备机械故障处理

1. 道岔转辙设备故障处理流程

道岔转辙设备故障处理程序如图 1-25 所示。

2. 道岔转辙设备机械故障处理

高速铁路道岔转辙设备的机械故障分为外锁闭装置故障和转辙机故障。机械故障包括：机械设备的材质发生变化、固定螺丝松动，如道岔机械卡阻、道岔不解锁、不落锁、表示杆缺口变化、工电结合部捣固不良、杆件不方等。外锁闭装置故障主要表现为道岔转辙机空转和转辙机卡缺口等。转辙机故障常见有转辙机不动作、转换力不足或转换卡阻、转辙机动作到位，但不能接通道岔表示等。

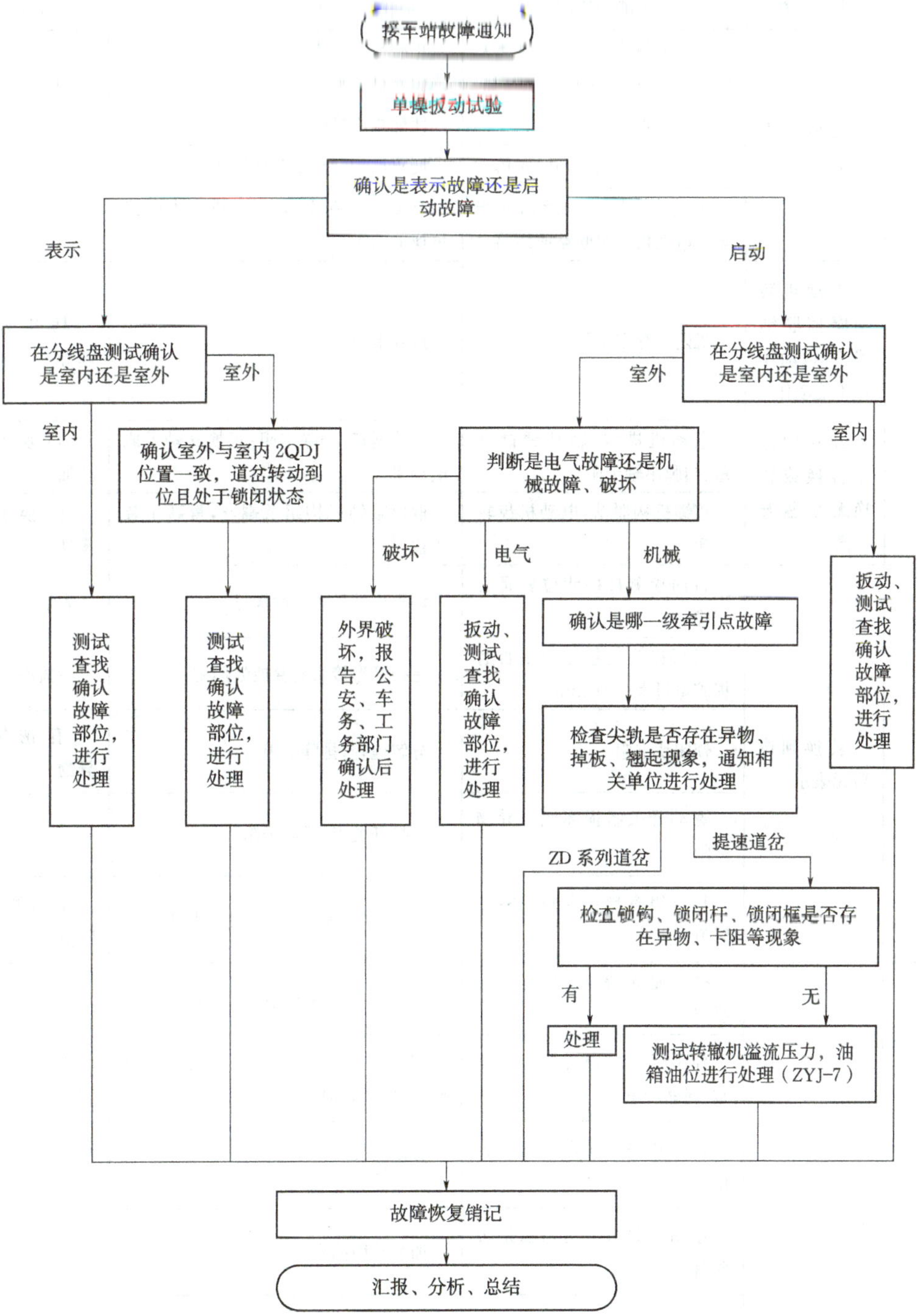

图 1-25　道岔转辙设备故障处理的程序框图

转辙机常见机械故障处理方法见表1-6。

表1-6　转辙机常见机械故障处理方法

序号	故障现象	可能的原因	处理方法	备注
1	转辙机不动作	三相电输入缺相，遮断开关板变形(安装造成)	正确输入三相交流电，将变形的开关板调整过来	安全接点是否接通
		配线是否脱落	使配线连接可靠	
		插接头(座)插针(套)脱落	插牢插针(套)或更换损坏件	
		电动机卡阻或轴承锈蚀严重及电动机绕组断路或短路	检查电动机传动齿轮，排除卡阻或更换电动机	
2	电动机转动摩擦联结器打滑，动作杆不能动作	机内外存在卡阻	排除卡阻	堵孔塞、螺丝等
3	动作中停止转换或转换无力、温升过高	电动机进水、轴承锈蚀严重、扫膛串轴卡阻	清除锈斑，排除卡阻；更换新轴承或电动机	必须重新注油
		暗锁机构脱落，电动机齿轮卡死	取出暗锁机构组及螺丝，重新组装机盖	更换挤坏零件
4	转换到位后无表示	机内检测杆检测位置是否正确	调整机外长短表示螺母	表示杆卡口
		叉形接头与鼓形销是否磨损旷量过大(>1 mm)	更换叉形接头衬套或鼓形销	易损件
		锁闭块卡阻	分解检查，排除卡阻	有锈蚀或异物
		速动开关组损坏或有异物卡阻	更换开关组，排除卡阻	
		接点组有异物卡阻或接点阻值过大	排除卡阻，擦拭接点或更换接点组	定期测试电阻值
5	转换正常但表示时有时无	接点是否虚接，配线是否受损	更换接点或使配线连接可靠	
		伸出位置的锁舌是否非正常、回缩严重	综合调整道岔，减小尖轨反弹力及振动；更换易损件	按技术要求调整
		速动开关组固定螺钉是否松动	紧固螺钉	
		速动开关组轴用挡圈是否脱落	加装轴用挡圈	
		TS-1接点组可动接点的“塑轴套”断裂或接点氧化烧损料	更换TS-1接点组或擦拭氧化烧损接点	

续上表

序号	故障现象	可能的原因	处理方法	备注
6	机盖松动	机盖扣封位置是否正确	重新扣封，确认锁钩位置是否正确	易损件
		锁栓、锁钩位置是否调整到位	调整锁栓及锁钩位置，使机盖密封配合适当	
		密封圈是否失效	更换	易损件
		支撑板或锁拴是否失效	更换	易损件

3. 高铁道岔启动电路典型故障处理

故障现象：单独操纵道岔，尖轨或心轨有一个不动作（组合柜观察）。

处理方法：如尖轨或心轨有一个不动作，则室内控制电路应排除公共部分故障的可能性，以尖轨不动作为例进行分析。

(1)1DQJ、1DQJF 是否吸起，2DQJ 是否转极，如控制电路部分继电器动作不正常，应按动作逻辑关系式 AJ↑＋ZFJ↑（或 FCJ↑）→1DQJ↑→1DQJF↑→2DQJ 转极落下，进行查找。

(2)当确定室内道岔控制电路动作正常后，应进一步观察 BHJ 是吸起后落下，还是根本未吸起过。

(3)如 BHJ 根本未吸起过，应检查组合侧面的 380 V 三相交流动作电源是否正常，每相的熔丝是否良好，发现不良时立即更换处理；如电源部分正常，但到分线盘测试电压缺相（X_1、X_3、X_4线），则可能为 DBQ 到 1DQJ 及 1DQJF 的相应接点间断线，也可能为 DBQ 的部分断线。

如上述部分均良好，则可能为 2 $DQJ_{121\text{-}123}$ 接点接触不良或前后配线断线（包括到分线盘的 X_3线），也可能为 2DQJ 的 113 接点到 DBJ 线圈端子 1 断线。其他动作部分的配线及接点与定位表示电路共用，一般不会有问题。

(4)如分线盘测试三相电源正常，已向外送出，则应到室外重点测量检查 X_8 线电缆、转辙机内的 13-14 接点和遮断开关等，接触是否良好，是否有线头松动。

(5)如 BHJ 先吸起，然后又落下，说明三相负载部分良好，重点应观察 BHJ 与 1DQJ 落下的先后顺序：若 BHJ 先落下，可能是 DBQ 性能不良，可更换 DBQ；若 BHJ 在 1DQJ 落下后再落下，则说明可能是 1DQJ 缓放时间不够长（BHJ 前接点必须可靠闭合，才能构通 1DQJ 的自闭电路），也可能是 1DQJ 自闭电路不能构通等。另外，室外动作电路通道（接点、开关 K）接触不良或配线松动，都能够造成 BHJ 先落下。

4. 高铁道岔表示电路典型故障处理

故障现象：无列车通过时，道岔突然失去定位表示。

处理方法：控制台操纵道岔，观察定位向反位动作是否正常及反位表示是否良好。

(1)如果定位向反位动作正常（控制台道岔动作表示灯亮灯时间约为 5～6 s）。

①如果反位无表示，说明定、反位表示电路公共部分故障，进一步观察这组道岔的尖轨和心轨定位表示继电器是否吸起。

如尖轨和心轨定位表示继电器有一个未吸起，则观察该组合的表示熔断器是否良好。确定为良好后，可在分线盘测量是否有交流表示电源送出，以确定 BD_1-10 变压器 R_1 是否良好，若有交流表示电源送出，则故障可能的原因为：

交流电压 20～30 V 左右且无直流，说明二极管可能已经击穿。

如无直流且交流电压 105 V 左右，说明整流堆部分开路。

如交、直流均无电压，说明整流堆两端可能已短路，这时应重点检查室外整流堆至电动机表示接点之间是否短路，确定故障点并迅速处理(因室外公共部分由于道岔能动作，可以排除 X_1 线和电动机线圈部分的可能性，所以定、反位表示公共部分仅剩整流堆及其两端配线部分)。

②道岔反位有表示，说明故障点为定位表示局部电路部分，这时应将道岔操纵至定位，测量分线盘 X_2 与 X_4 线端子。

如有交、直流电压，说明故障在室内，可能为 DBJ 本身故障或有关配线断线(或者原电气集中电路中 DBJ 电路故障)。

如无直流电压且交流电压偏高，说明室外部分故障，这里可以排除 X_2 及 X_4 电缆和转辙机 11-12 接点，因为道岔能正常动作。这时应立即到现场进一步查找转辙机 15-16、31-32、33-34 接点等是否接触良好；密贴检查器接点 A 和 B 接触是否良好及有关配线是否线头松动、断线等情况。

(2)定位向反位动作不正常(需在组合柜观察继电器动作情况)。当确定道岔动作不正常时(尖轨或心轨不能动作)，则故障在表示电路与动作电路的公共部分，应将道岔置于定位进行查找：

①测量分线盘 X_1 与 X_2 端子，检查有无交、直流电压。

无交流、直流电压，说明室内组合柜 $1DQJ_{11}$ 到分线盘的 X_1 断线或 $1DQJF_{11}$ 到 $2DQJ_{111}$ 之间断线；

如交流、直流电压均有，说明电动机 W 绕组、U 绕组及 X_1 电缆良好。故障可能在室内 X_4 至 $2DQJ_{113}$ 之间。

若有交流电压且偏高但无直流，说明室外 X_1 电缆、W 绕组、U 绕组、V 绕组部分有问题，应到室外电缆盒及转辙机进一步查找确定。

②当测量分线盘 X_1 与 X_2 端子间交、直流电压均有，应进一步测量分线盘 X_2 与 X_4 端子。

如交、直流电压均有，说明 X_4 电缆及转辙机 11-12 接点、V 绕组均良好，故障在室内 X_4 部分。

如交、直流电压均无，说明故障在 X_4 电缆或转辙机 11-12 接点或 V 绕组。

(三)ZPW-2000A 无绝缘轨道电路的故障处理

1. ZPW-2000A 无绝缘轨道电路故障处理流程

ZPW-2000A 无绝缘轨道电路故障处理程序如图 1-26 所示。

2. ZPW-2000A 一体化轨道电路的常见故障处理

处理 ZPW-2000A 一体化轨道电路设备故障的前提是掌握各种设备之间的联系，轨道电

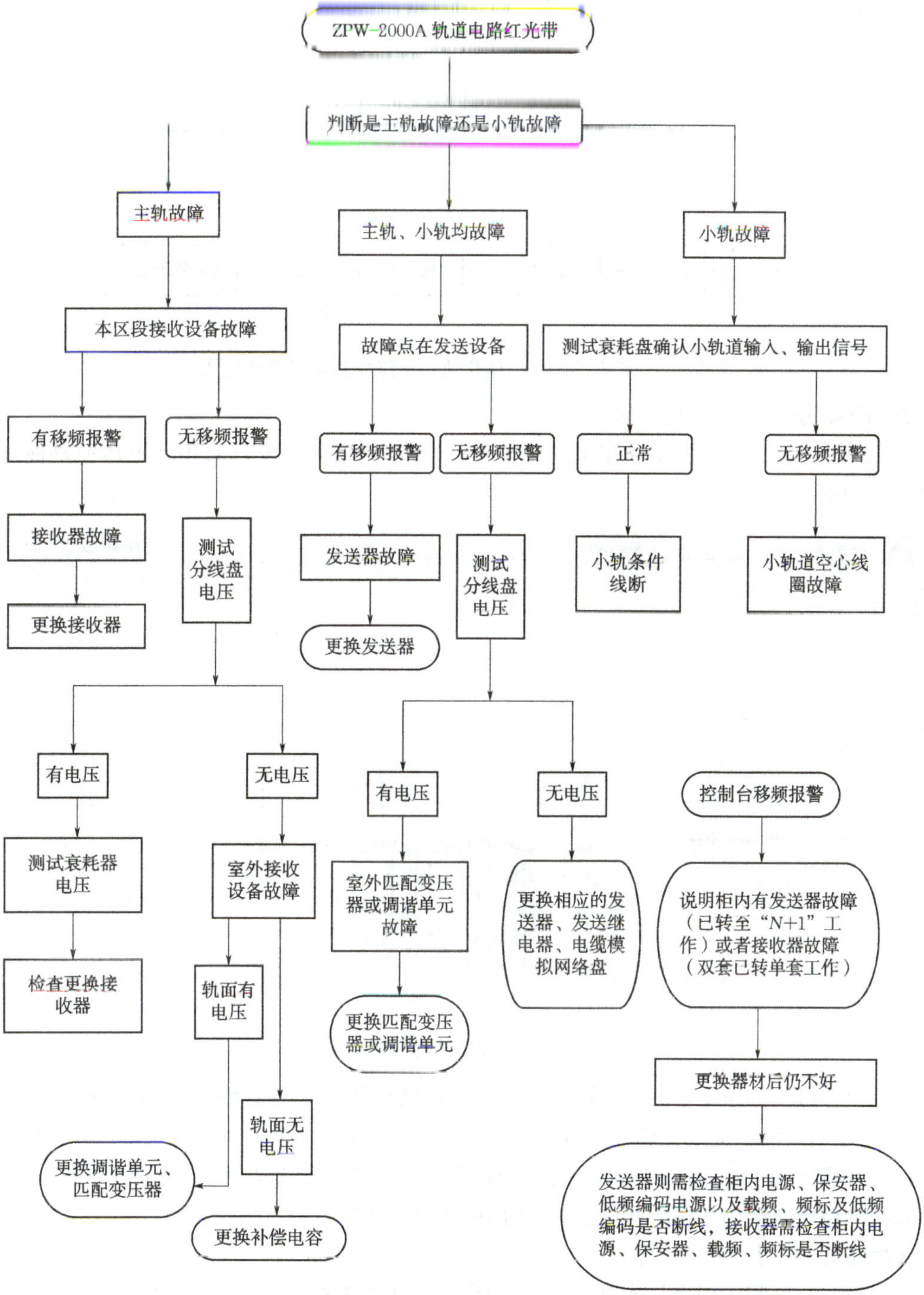

图 1-26　ZPW-2000A 无绝缘轨道电路故障处理的程序框图

路分为室内设备和室外设备，在故障发生后必须及时判断故障点在室内还是室外。图 1-27 为 ZPW-2000A 一体化轨道电路故障判断顺序框图。

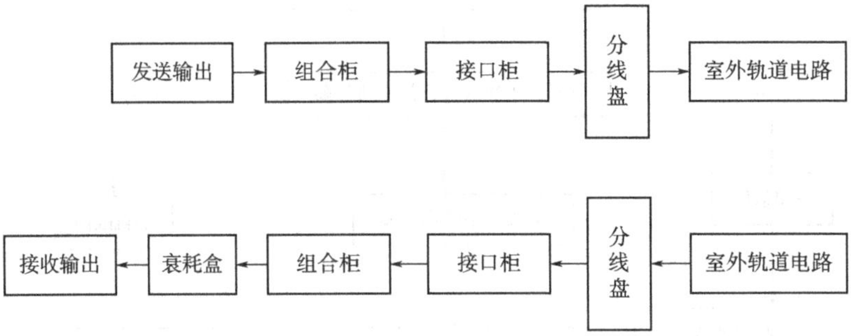

图 1-27　ZPW-2000A 一体化轨道电路故障判断顺序框图

【故障案例一】　补偿电容损坏

故障现象：某区间区段主轨出电压波动，从信号集中监测上发现其主轨电压波动曲线如图 1-28 所示。

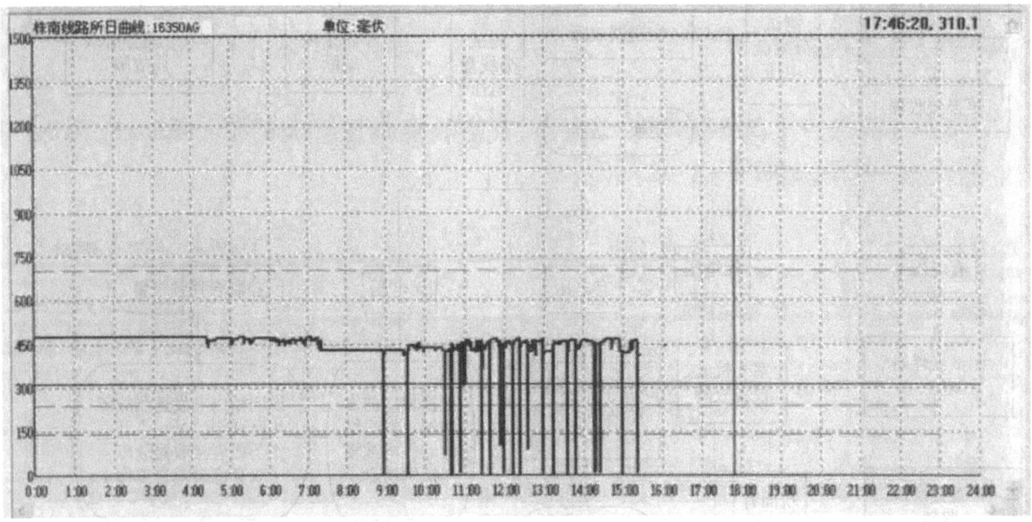

图 1-28　区段主轨电压日曲线

分析与处理：补偿电容在 ZPW-2000A 型轨道电路传输上起着稳定传输参数的作用，电容电气特性变差的反应是主轨出电压变低。从图 1-28 可以分析主轨出电压由 450 mV 以上变成 450 mV 以下，明显呈阶梯状。通过对区间轨道电路的检修及测试，发现有一个电容 C_8 损坏，测试该电容值为 16 μF，更换后主轨出电压恢复正常。

【故障案例二】　主发送器坏

故障现象：区间区段发送器功出曲线如图 1-29 中的曲线。

分析与处理：ZPW-2000A 型轨道电路具备完善的动态监测功能，能实时监测各个设备的电气特性。图 1-29 所示的发送功出瞬间归零表示发送器的电气特性变坏，必须及时更换设备。

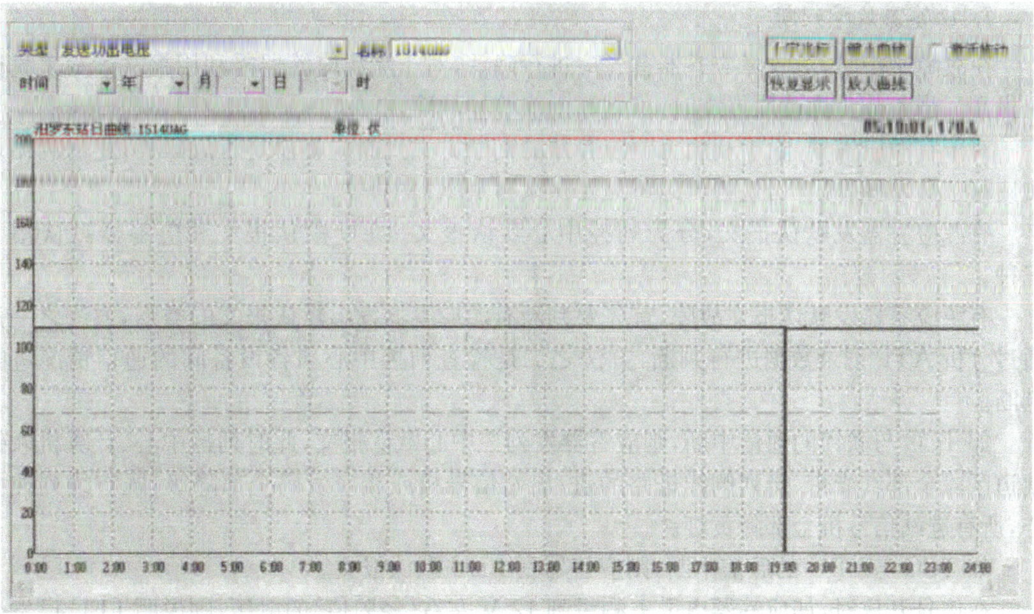

图 1-29　发送盒功出曲线

(四)应答器的故障处理

1. 应答器故障处理的程序框图(图 1-30)

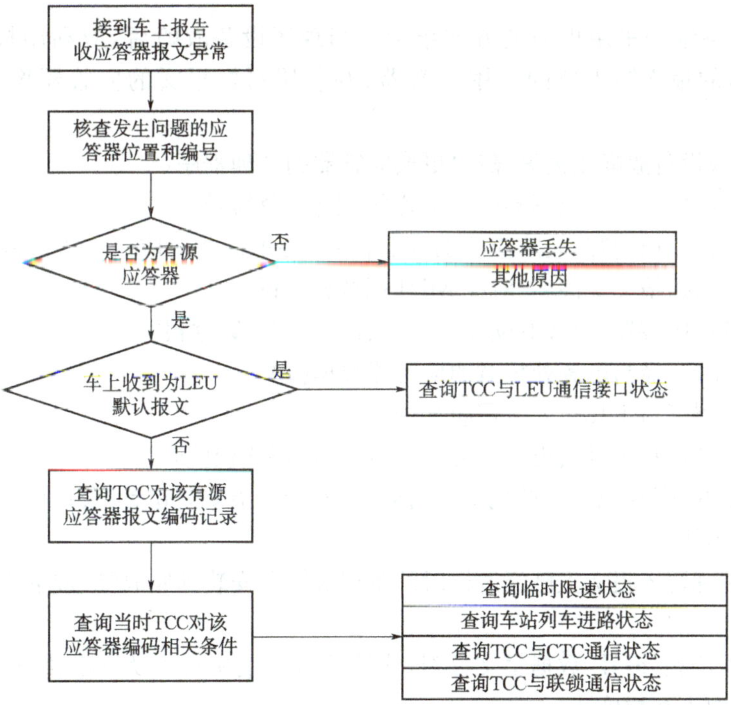

图 1-30　应答器故障处理流程图

2. 应答器故障判断

在故障维护时，对故障应答器首先应进行确认，对于无源应答器需利用报文读写工具读取报文。当不能正确读取报文时，可判断为应答器故障。

对于有源应答器，除了利用无源应答器的判断方式判断应答器是否故障外，还需利用报文读写工具，判断应答器是否可以可靠发送来自 LEU 的报文。

有源应答器发默认报文，分为列控中心默认报文、LEU 默认报文和应答器默认报文三种。

有源应答器发默认报文故障，首先要判断有源应答器发出默认报文的类型，方法之一是通过分析 ATP 记录数据进行判断，方法之二是检查列控中心与各设备间的通信情况进行判断。

如 TCC 与联锁的通信中断，则应答器发列控中心默认报文，此时列控中心、计算机联锁轨道区段全部红光带、排列侧线进路的进/出站信号机或相应发码全部降级；既有线列控中心，所有进站信号机全部降黄灯。

如 TCC 与 LEU 的通信中断，则应答器发 LEU 默认报文。

在信号开放时，如应答器电缆上测量到 12 V 左右(经验值)的电压，则说明 LEU 已发出报文。关闭 LEU 电源，拔下室内应答器电缆插头，测试应答器电缆全程电阻，正常电阻在 20 Ω 左右(经验值)。拆除有源应答器尾缆插头，测试应答器全程电阻，正常电阻在 2 Ω 左右(经验值)。

3. 应答器典型故障的处理

应答器设备维护采用更换的方式维护。当现场设备故障后，应利用报文读写工具，将故障应答器的报文写入新的备用应答器，并利用写好报文的应答器换下对应的故障应答器。

应答器本身设备故障或丢失，需要更换应答器的处理程序：

(1)确定故障(或丢失)应答器安装位置(公里标)及编号。

(2)核对确认三项内容：故障应答器安装位置(公里标及对应信号机名称)；应答器编号及名称；应答器数据报文文件名、对应 MD4 码或校验码。

(3)准备备用应答器、应答器读写工具及有效应答器数据报文(由设备厂家编译给定的、当前已开通使用的、经与电务处核对的应答器数据报文)。

(4)用应答器读写工具写入备用应答器。

(5)用应答器读写工具读出写入的应答器 MD4 码或校验码。

(6)把读出的 MD4 码或校验码、应答器编号和应答器安装位置(公里标及对应信号机名称)进行核对、确认。

(7)把已正确写入报文且已经过核对的备用应答器安装到原故障(或丢失)应答器位置，恢复设备使用。

(8)应答器位置、编号、数据报文核对，应答器数据报文写入及读出核对，现场更换应答器等作业均须双人互相确认。

复习思考题

1. 简述高速铁路信号机及标志牌的设置。
2. 简述S700K型电动转辙机的主要部件和作用。
3. 简述高速铁路轨道电路的制式。
4. 简述应答器的工作原理。
5. 简述信号机故障处理的程序。
6. 简述道岔转辙设备故障处理的程序。
7. 简述轨道电路故障处理的程序。
8. 简述应答器故障处理的程序。

第二章

高速铁路计算机联锁系统

本章阐述了高速铁路计算机联锁系统的特点、构成、工作原理和系统维护，旨在让学生掌握高速铁路计算机联锁系统的硬件结构、软件特点及与其他系统的接口，计算机联锁系统是保证行车安全的信号设备，必须保证工作可靠，并符合“故障—安全”的原则，实现高速铁路的联锁功能。本章的难点为高速铁路计算机联锁的接口电路和故障处理。

第一节 计算机联锁系统概述

继电电气集中联锁系统是自 19 世纪 50 年代开始在国内广泛应用的车站控制系统，随着科技进步与铁路运输事业的发展，微电子技术的高速发展使得微型计算机的可靠性越来越高，功能也越来越强，以计算机为核心的联锁系统成了车站联锁系统发展的方向。车站信号控制系统经历了人工信号、机械联锁、电气集中(继电联锁)、计算机联锁系统的发展。功能上由双机热备计算机联锁系统到二乘二取二计算机联锁系统，国内自主研发的产品有中国铁道科学研究院集团有限公司通信信号所的 TYJL-Ⅱ、TYJL-Ⅲ、TYJL-ADX；铁道部通信信号研究设计院的 DS6-11、DS6-20、DS6-K5B；北京交通大学微联公司的 JD-1A、EI32-JD；卡斯柯信号有限公司的 VPI、CIS-1、iLock。

计算机联锁系统目前已广泛应用于高速铁路运输系统中，其具有以下特点：

(1)技术含量高。计算机联锁系统采用了计算机通信、差错控制等高新技术。

(2)安全可靠性程度非常高。系统设计中的细微差错可能导致系统不安全，可靠性下降，但可通过一段时间的拷机来发现这种不可靠性。

(3)界面较好。一般都有大屏幕的 LED 或 LCD 显示界面和语音提示。

(4)占地面积小。计算机联锁系统逻辑关系的运算主要由微处理器芯片组来完成，所占空间大大减少。

(5)便于站场改扩建。站场若有修改一般只需在软件上稍加修改即可。

(6)维修量小。由于大部分功能采用微处理器芯片和软件实现，而软件是一种无磨损产品，一经调试成功无须维修。

(7)可实现管理现代化。可以与旅客服务系统、信号集中监测系统、调度集中系统、货运管理系统等其他系统交换数据，存储操作记录。

计算机联锁系统具有如下显著优点：

(1)进一步提高了安全性、可靠性

继电联锁的安全性、可靠性受到继电器等元器件的指标限制，如：轨道分路不良，只能对轨道继电器提出种种要求，而系统只能做到一点检查。计算机联锁就灵活得多，它能连续检查列车头部和尾部的位置，可以防止因轨道电路分路不良造成的错误动作和漏解锁。

计算机联锁采用一些冗余技术，增加了系统的可靠性，如软件冗余技术，对每台计算机设计两组程序，由于它们的数据结构不同，两组程序存入存储器的区域也不相同，两组程序以不同的步骤运算，硬件的故障很容易发现，从而提高了系统的可靠性，同时因两组程序对外界干扰有不同的反应，通过比较电路很容易发现，增加了抗干扰功能，外部比较器则采用“故障—安全”元件。

(2)增加和完善了功能

继电联锁虽然不断改进和完善，但受到继电器电路的限制或由于费用昂贵等原因，在联锁功能方面仍存在不足，如：由于轨道电路的误动而造成进路错误解锁的可能性仍然存在，以致妨碍进路的预排；再如，在转线调车作业过程中，如果调车车列越过折返信号机而继续前进，折返信号机前方的调车区段有可能正常解锁，而折返信号机开放时，又不能将该解锁的道岔区段加以锁闭，可能危及行车安全。目前只能由调车员指示调车机车在车列刚刚全部越过折返信号机时立刻停车以保证安全。这些缺点，在计算机联锁系统中，可以用较少的硬件投资和发挥软件的作用加以克服。

因为计算机具有工作速度快、信息量大的特点，所以计算机联锁很容易实现自动控制功能，还能安全地实现自动选路和存储进路等继电集中无法完成的功能。运行图变更时还能自动选择最佳方案。计算机联锁不仅可扩大控制范围，适用于任何模式的车站(尤其是大型枢纽及远离咽喉区的信号设备的控制等)，而且还可以利用计算机进行站内行车业务管理，以提高工作效率。LED 或 LCD 显示也较传统的表示盘灵活方便。

简化操作手续和减少人工直接干预，以减少和防止操作失误，提高作业效率。计算机联锁系统为提高办理列车进路的自动化程度创造了条件，如：可将接/发车计划(包括车次号、到发股道、到发时间及车站出/入口等)预先存在计算机中，利用车次号系统选择接车进路，利用列车接近车站的信息确保办理进路的时机。对于发车进路来说，由于涉及列车始发、旅客乘降、货车装卸等情况，在办理方式上可以采取人工、定时和按计划自动办理等。

在行车信息管理方面，计算机联锁系统可以向旅客服务系统(如广播、车次到发显示牌等)、列车运行监视系统及行车指挥系统提供信息。由于这类系统日趋计算机化，系统之间就容易结合。

计算机联锁系统还能很方便地进行自身的管理，包括对操作人员的操作、设备工作情况的记录和打印，对电子器件、信号设备的检测、诊断并给出必要的表示、打印等。自动监测功能能及时发现故障，确定故障位置。自动监测既用硬件实现，也用软件来实现。

(3)方便设计

计算机联锁使设计工作为之一新。由于其采用模块结构，容易实现标准化，进一步提高了工厂化施工的程度。它将车站联锁的逻辑编成程序，不论站场如何变化或遇到任何类型的站场，都不需重新改变硬件系统，只要补充和改变程序，即可满足联锁的要求。它采用标准接口，不需增加设备就可以和其他自动化系统结合。通过计算机辅助设计系统(CAD)，线路图和进路表等车站固有的联锁条件以人机对话的形式输入后，即可自动做成联锁图表和数据外存。

(4)省工省料，降低造价

继电联锁全部采用继电器，组合间配线复杂，特别是信号楼和现场设备间所用电缆很多。由于计算机联锁采用了计算机软硬件技术，用它取代成千上万只继电器，而且其价格日益低廉。计算机联锁的信息若能串行传输，就可大大减少干线电缆。计算机联锁系统的室内设备的体积远小于继电联锁，可大大节约占地面积，这些都降低了造价。

此外，计算机联锁易于实现标准化，可缩短设计周期和施工周期，并可降低设计、施工、维护费用。由于施工、改建和故障修复时间的缩短，减少了对运输的干扰，其经济效益是显著的。据报道，目前计算机联锁设备的造价已接近继电联锁设备。计算机联锁之所以能付诸实用，经济合理是重要原因。

第二节 计算机联锁系统的结构

一、车站联锁系统的层次结构

车站联锁系统是实现以进路控制为主要内容的联锁系统。随着铁路运输发展的需要和科学技术的进步，联锁系统的功能、体系结构、技术应用和操作方式等各个方面都在不断地演变和完善。现代的联锁系统是以色灯信号机、动力转辙机和轨道电路作为室外三大基础设备，以电气设备或电子设备实现联锁功能，并采取集中控制方式对信号机和道岔进行控制的系统。根据系统各主要部分的功能分工和设置地点的不同，系统的层次结构如图 2-1 所示。

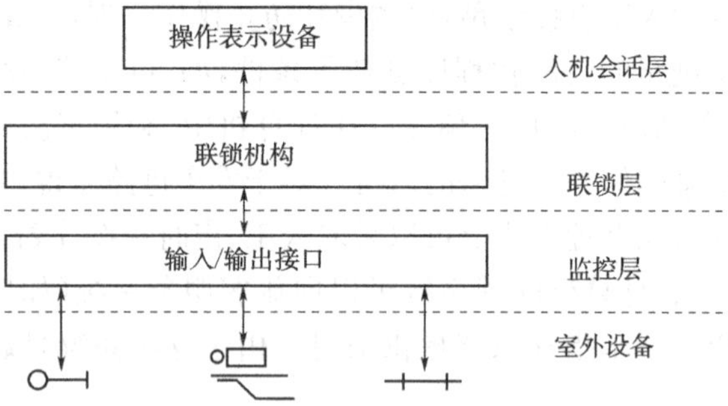

图 2-1　车站联锁系统层次结构图

(一)人机会话层的功能

操作人员通过操作向联锁机构输入操作信息和接收联锁机构输出的反映设备工作状态和行车作业情况的表示信息。人机会话层的设备设于车站值班室。人机对话计算机的主要任务是接收来自控制台、键盘或鼠标等的操作输入，判明操作输入能否构成有效的操作命令，并将操作命令转换成约定的格式，由串行口输送给联锁计算机。另外，接收来自联锁计算机的表示信息，将它们转换成显示器或控制台能够接受的格式。采用人机对话计算机，可以加快人机会话的响应速度，对操作台的操作命令进行预处理，提供丰富的表示信息，减轻联锁计算机的工作量，使联锁计算机能承担更多其他功能，并可使联锁计算机的硬件结构标准化，联锁计算机只需一个串行接口与人机对话计算机联系，而不需要许多并行的操作输入和表示输出接口。

人机对话计算机所处理的信息不涉及行车安全，所以不要求具有“故障—安全”功能，但它必须十分可靠才能保证联锁系统正常工作。一般采用动态冗余的计算机结构。为简单起见，可用人工方式控制它的切换。人机对话计算机的功能是传送和生成操作命令和表示信息，所以有的系统也将它作为联锁计算机与调度集中/调度监督（现为 TDCS 基层网）的联系机构。

（二）联锁层的主要功能

联锁机构是联锁系统的核心，它是实现联锁功能的。联锁机构必须具有“故障—安全”性能。联锁机构除了接收来自人机会话层的操作信息外，还接收来自监控层的反映信号机、动力转辙机和轨道电路状态的信息。联锁机构的功能就是根据联锁需求（条件），对输入的操作信息和状态信息，以及联锁机构的当前内部信息进行处理，改变内部信息，产生相应的输出信息，即信号控制命令和道岔控制命令，并交付监控层的控制电路予以执行。从这个意义上讲，联锁机构属于信息处理机构。联锁机构所处理的信息都是二值逻辑信息（即都是开关量），因此，联锁机构又是逻辑处理（或运算）机构。联锁层设备一般设在车站信号楼的机械室内。

（三）监控层的主要功能

监控层接受来自联锁层的控制命令，经过信号机控制电路，改变信号显示；接受来自联锁层的道岔控制命令，经过道岔控制电路，驱动道岔转换；向联锁机构传输信号状态信息、道岔状态信息，以及轨道电路状态信息。联锁层的信号控制电路和道岔控制电路必须是“故障—安全”的。

联锁层的设备虽多设在信号楼的机械室内，但从原理上讲，也可设于监控对象的附近，这样可以缩短监控对象与控制电路之间的联系电缆，有利于提高电缆抗干扰程度。在这种情况下，联锁机构与控制电路之间应采用串行通信方式交换信息，这将节省通信线路投资和提高抗干扰能力。

车站联锁系统核心部分（即联锁机构）的实现方法有很多种，关于计算机联锁控制系统的实现和发展一直备受人们关注。联锁计算机是联锁系统的核心部分，实现高可靠性与高安全性的联锁功能。联锁计算机接受来自人机对话计算机的操作命令，接收来自控制器的室外监控对象的状态信息，进行联锁逻辑运算，发出控制道岔转换和开放信号的控制命令。联锁计算机与人机对话计算机的联系一般是经由串行接口实现的。联锁计算机与执行层的联系有专线和总线两种方式。计算机联锁控制系统必须有可靠软硬件的系统结构来保障其可靠性的实现。

DS6-K5B 型
计算机联锁系统

二、计算机联锁系统的硬件结构

计算机联锁系统的组成方式多种多样，应用的核心计算机系统也千差万别，但其硬件部分都大同小异，差别不大。下面就计算机联锁系统的硬件及可靠性方面进行阐述和分析。

(一)计算机联锁系统的硬件组成

计算机联锁系统的硬件组成可以有很多种,其大体上有单微机系统、双微机系统和多微机系统三种。多微机系统,即含有多个计算机的计算机联锁系统,其类似于双微机系统,其各个微机分工更细,主要适用于大站和比较分散的站。计算机联锁系统大多采用多微机模块结构,但各微机的功能及微机之间的联系是不尽相同的。在多微机系统中,将整个功能划分为若干相对独立的功能模块,分别由不同的微机进行处理。根据功能的繁简,模块的划分不尽相同。按功能划分为多个模块,分别由各自的微机进行处理,这便于设计、修改和扩展,而且多个模块具有相对独立的并行处理性能,可提高整个系统的处理速度。

计算机联锁硬件系统为多机分布式结构,由控制台子系统、网络通信子系统、联锁机子系统、输入/输出子系统、监测子系统组成。控制台子系统由控制显示计算机(简称控显机)、行车控制台、站场显示设备组成,以人机界面形式办理行车作业;网络通信子系统实现系统内部和外部各子系统之间的信息交换;联锁机子系统利用开关量输入接口采集现场信号设备状态,通过网络接收控制台子系统发来的控制台操作命令,进行联锁逻辑运算,产生输出命令,由开关量输出接口驱动继电器,实现对道岔和信号机的控制;输入/输出子系统是计算机联锁系统与站场信号设备之间的接口,输入接口实现信号设备状态的采集,输出接口实现信号设备的驱动,输入/输出子系统与信号设备之间的结合是通过继电器电路实现的;监测子系统配备彩色监视器、鼠标、键盘、打印机,为系统维护人员提供查询、显示和打印各类检测信息的操作界面。各种不同制式的计算机联锁系统的差别主要体现在两个方面:一是联锁机不同;二是输入/输出结构不同。

(二)计算机联锁系统硬件设备的安全可靠性

根据计算机联锁系统的结构组成和功能特点,硬件部分的安全可靠性技术从计算机联锁系统的上位机、联锁机和接口电路三个部分进行分析。

1. 上位机安全可靠性

上位机的主要功能是向联锁机构输入操作信息,接收联锁机构输出的反映设备工作状态和行车作业情况的表示信息。为此上位机可采用经国际安全机构认证的高可靠工业控制计算机,摒弃原商用机所采用的大母板结构,把原来的大底板(系统板)功能集中在一块ALL-IN-ONE 插卡上,底板变成无源总线母板,增加了插槽数,便于系统的升级扩展。

采用的机箱结构具有良好的散热、隔热、防潮、防尘性能,驱动器架采取避震措施,使整个机箱具有可靠的机械强度和很好的抗电磁干扰的能力;采用不间断供电及净化的专用开关电源,抗共模干扰,具有浪涌保护、过载保护、漏电保护功能,单机设备的平均无故障工作时间可达到 100 000 h。

计算机联锁系统的维修机和上位机的配置是一致的,平常可作为上位机的热备机,在系统故障时能够进行自动无扰切换,切换过程不影响现场设备状态,确保设备可靠运用。

上位机人机接口界面的设计使用先进的工业控制软件,使得系统的监控不仅具有友好的人机交互界面,而且具有丰富的图形画面显示及图形操作功能,调图方式灵活,修改参数方便。在设计中,根据铁路交通和城市轨道交通信号计算机联锁的特点,可以灵活运用登录口令、操作员权限、安全设定点、设定点口令、安全审计跟踪记录等安全特性,确保联锁系统执行操作的安全可靠。

2. 联锁机安全可靠性

联锁机是信号控制系统的核心。设计时选用国际安全机构认证的硬件三重冗余计算机联锁系统,以实现联锁数据处理过程的"故障—安全"。所谓三重冗余系统是指系统共有A、B、C三个相同的主机,每个主机可以把它看成系统中的一个模块,三个模块同时执行一致的操作,其输出送到"表决器"的输入端,然后把表决器的输出作为系统的输出,经输出设备三取二表决后进行输出。当其中一个联锁处理单元联锁逻辑单元故障时,系统能够转换为二取二工作方式,在不降低安全阶的前提下,使整体系统的可靠性得到提高。

采用三取二表决系统原本是为了提高系统的可靠性而采取的一种冗余系统,然而从安全性角度来看,若有两个主机发生了同样的故障,即共模故障,系统将输出错误信息,有可能危及行车安全。因此必须消除软硬件的设计错误,当主机的设计完全正确无误时,仅由硬件失效和干扰而产生共模故障的发生概率就很小。为了进一步降低未检出故障的组合而产生共模故障的可能性,可利用单机自检技术、主机间互检技术和双套不同的软件,扩大故障检测范围,消除因干扰而引起的影响。

为保证安全可靠计算机联锁系统采取全面在线自诊断和专门的安全检查程序,这就要求系统在规定的周期内对计算机的运算器、存储器、接口等元器件用一系列程序进行全面自诊,而安全检查程序则对联锁程序任务模块的运行状态进行监视,对关键信息代码的合法性进行检查,在自诊断和专门的安全检查中一旦发现故障,立即切断计算机的输出并同时报警。设计中采取以下有效措施:

(1)检测过程本身应具有安全性或采用相应硬件及软件措施来实现安全性。

(2)检测要有足够的频率,使类似或等同故障在二次检测之间不会发生。

(3)检测要足够灵敏,能够测出每个安全单元之中的重要故障。

(4)检测失败时应及时产生安全保护动作。

(5)冗余装置要足够独立,使之不受其他故障的影响。

3. 接口电路安全可靠性

继电电路采用的重力式安全继电器具有很高的安全性,在我国铁路中运用了几十年,为此计算机联锁系统仍然以安全继电器作为计算机联锁机构与室外设备控制电路的接口。安全继电器实现"故障—安全"的技术包括:电气接点采用特殊材料制作,使接点黏连的可能极小;采用吹弧技术,消除接点拉弧造成熔接;采用重力式设计原理,在继电器故障时,利用其重力使衔铁复位,从而保证实现系统"故障—安全"的目的。

在计算机联锁系统中,信号、道岔、轨道电路等监控对象的状态信息依然是用安全型继电器的接点状态来反映的。考虑计算机联锁系统硬件设备其他方面的安全可靠性,对包括电源、计算机、数据通信线路、输入/输出接口、机架结构及地线设置等方面采取了电磁兼容设计和防雷设计,以保证在规定等级的运用环境中,设备必须正常工作,不产生任何指标下降和功能上非期望值的偏差。

使用通用计算机或处理器构成"故障—安全"计算机,主要利用的是多重化的技术,即利用多套软件或硬件实现数据比较、正确性检查及危险侧输出信息的运算，以保证实现“故障—安全”。具体实现有软件相异法和硬件相异法。软件相异法就是在一台计算机上配置两套相异的软件，借此进行故障诊断和错误检测，从而实现“故障—安全”。如 JD-ⅠA 的联锁机软件中采用了双软件运算的方法。硬件相异法就是把相同的软件配置在两台计算机上，高频度地对数据进行校验，在检出异常时，把输出保持在安全状态的一种方式。在 JD-ⅠA 中采用了程序同步方式，A 机、B 机利用双 CAN 总线构成同步网。如 EI32-JD 中的联锁机采用了紧密耦合的总线同步方式，在总线一级进行相异检查。由于采用了双 CPU 计算机，并且结果一致时有输出，因而被称为“二乘二取二”，这种方法是目前硬件相异法中被普遍采用的形式。

(三)计算机联锁系统容错结构

为了提高计算机的可靠性，人们进行了长期的研究，总结出了两类技术，一类是防止和减少故障发生的技术，称作避错技术；另一类是当系统的某一部分发生故障时仍使系统保持正常工作的技术，称作容错技术。

由于避错技术有其局限性，所以在计算机联锁系统中广泛采用容错技术。容错技术的关键在于用增加额外资源的方法来换取系统的可靠性。这些额外资源，相对于系统为完成其功能所必需的资源而言，称作冗余资源。

所谓容错结构，就是指在计算机联锁发生故障时，能使计算机联锁继续运行下去的一种设计方法。计算机联锁系统的可靠性是指该系统在规定的时间内、规定的条件下完成规定功能的能力。可靠度是度量可靠性的定量标准。计算机联锁系统的可靠度往往用其自身的平均故障间隔时间 MTBF 来表示。根据有关的技术标准，要求计算机联锁系统的 MTBF 值达到 10^6 h。

系统的可靠性冗余结构，往往采用双机互为备用的或门二重系统。使系统具有安全性且使安全性指标达到规定水准的途径也是采用冗余结构。计算机联锁系统的安全性冗余结构就是指为了使系统的安全性指标达到或者超过目标值而采取的冗余结构。这种结构往往采用双机同时工作并彼此间进行频繁比较的与门二重冗余结构，双机比较的安全性冗余结构的原理是：在极短的时间间隔内，两台计算机同时出错且错误呈现同一种模式的概率几乎为零。从这个原理出发，要求两台计算机的校核频率要相当高，亦即校核的时间间隔要足够短，最好短到可以用计算机的机械周期来计算的程度。

计算机联锁系统，既要求有比较高的可靠性指标，又要求有比较高的安全性指标。因此，计算机联锁系统的可靠性与安全性系统结构如图 2-2 所示。

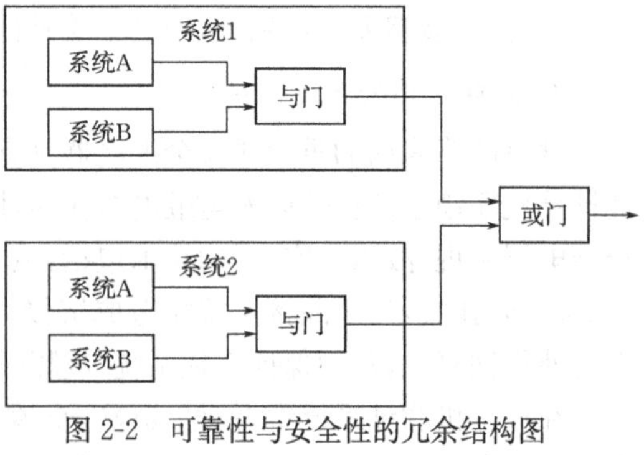

图 2-2　可靠性与安全性的冗余结构图

(四)常见的计算机联锁系统的结构

1. TYJL-ADX 型计算机联锁系统的结构

TYJL-ADX 型计算机联锁系统是由日本日立公司提供核心硬件系统、开放软件平台，由中国铁道科学研究院通信信号所开发应用软件，并进行系统集成的方式合作开发出来的新一代采用二乘二取二冗余结构的计算机联锁系统。TYJL-ADX 的硬件设备包括：控制台、监控机、联锁机、维修机、不间断电源、光交换机、光猫等。

TYJL-ADX 型计算机联锁系统是一个多层次、多微处理器的分布式控制系统，组成主要可分为：

(1)车务控制台(人机接口)。每个监控机输出一个显示器，两个显示器组成控制台。

(2)监控机。也称上位机，硬件采用双套工控机，软件采用嵌入式 Windows XP 操作系统。两台监控机同时独立工作。

(3)联锁机。采用二乘二取二的容错计算机联锁系统，CPU 工作为时钟级同步方式。

(4)电务维修机。同监控机的配置一样，为单套。

(5)远程维修终端。采用调制解调器以电话拨号的网络方式进行远程诊断。

根据其所在位置可绘图如图 2-3 所示的 TYJL-ADX 型计算机联锁系统机构布局图。

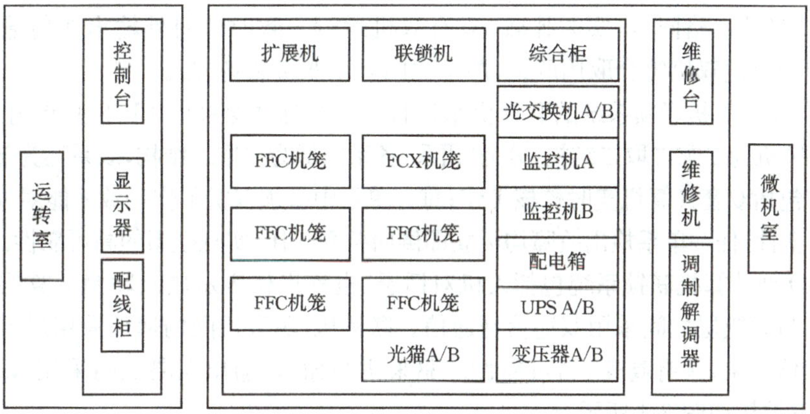

图 2-3　TYJL-ADX 型计算机联锁系统机构布局图

(1)控制台(MMI)

控制台的主要功能是将站场表示、进路状态、操作结果通过监视器显示给操作人员，再将操作人员的操作命令传输给监控机。

控制台监视器根据站场规模，通常为 1 至 2 台；同时通过视频分配器向后台值班员提供复示显示器。与 6502 电气集中联锁控制台一样设置有道岔电流表。

监控机到控制台的视频线、鼠标线均使用专用的屏蔽电缆(通常不超过 50 m 长)，经运转室配线柜内的切换装置与值班员的控制台相连。

当控制台切换板故障时，可以从切换板拔下工作机的输入线和去控制台的输出线，然后直接进行对接，保证设备的正常工作。

(2)监控机

监控系统是计算机联锁系统操作界面的人机接口。监控机的计算机部分采用工业控制计算机，一般简称为工控机，是一种采用总线结构，对生产过程及其机电设备、工艺装备进行检测与控制的工具总称。它具有重要的计算机属性和特征，如：具有计算机 CPU、硬盘、内存、外设及接口，并有实时的操作系统、控制网络和协议、计算能力、友好的人机界面等。

(3)联锁机

功能上：实现与监控机的通信调度；实现信号设备的联锁逻辑处理功能，完成进路选路、确选、锁闭；发出开放信号和动作道岔的控制命令；采集现场信号设备状态、如轨道状态、道岔表示状态、信号机状态等;输出控制命令,直接输出－24 V电压至偏极继电器线圈,控制动作现场设备。

结构上:联锁机从层次上可分为总线层和FFC层。从功能上可分为联锁主机FCX、区域执行表示机FFC和联锁总线S-LAN。

每个联锁机均有两系,其机柜能容纳三个机笼,当FFC机笼超过两个时,需要扩展联锁机柜,称为扩展柜。联锁机柜第一层是总线层,有两个FCX机笼,左侧是Ⅰ系,右侧是Ⅱ系,两系不共用母板,相互独立。第二层以下是FFC层。扩展柜无总线层,全部是FFC层。

EI32-JD型计算机联锁系统

2. EI32-JD型计算机联锁系统的结构

为了使系统达到所要求的可靠度和安全度,联锁计算机采用二乘二取二的多重冗余系统。二取二的意思是在一套系统上集成双套CPU系统,双套系统必须严格同步,实时比较,只有双机运行一致时才对外输出或传输运算结果。二乘的作用为上述双机组合取用两组,两组之间采用双机热备方式。

EI32-JD型计算机联锁系统的联锁机采用日本信号株式会社的EI-32型专用计算机及系统软件。联锁机为二乘二取二结构,分为Ⅰ、Ⅱ系,各系内部为二取二结构,双系互为热备;双系中每一单系均包括双套计算机实时校核工作;每一单系中必须双机工作一致才能对外输出,实现全系的高安全性;任一单系检出故障均可立即倒向备系工作,实现全系的高可靠性。

EI32-JD型计算机联锁系统包括人机对话层(也称操作表示层)、联锁运算层和执行层。人机对话层与联锁层之间采用双通信网通信。联锁机、驱采机间的通信采用局域网光接口,光缆通道双倍冗余,具有高速、高可靠性。驱采机与输入/输出电路之间采用VME总线通信,系统体系结构如图2-4所示。

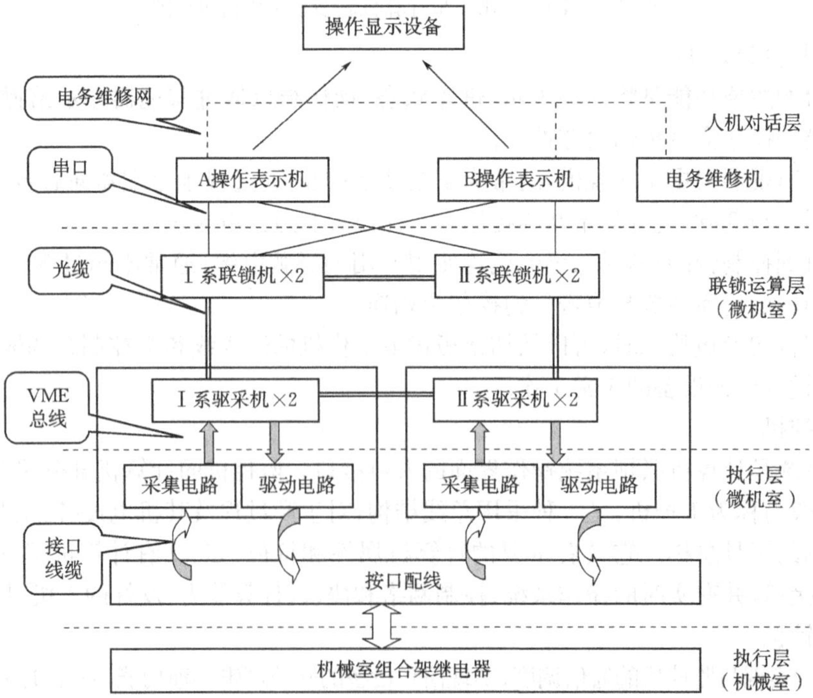

图2-4　EI32-JD型计算机联锁系统体系结构图

(1)操作表示计算机

EI32-JD 型计算机联锁系统的操作表示计算机的主要作用是为车站值班员提供操作显示界面,与其他系统如 TDCS(或 CTC)、CTCS-2/CTCS-3 等系统的通信界面。上位机从联锁计算机取得站场当前状态,驱动站场屏幕显示器,采集操作信息传输给联锁计算机,将当前联锁状态信息传输给电务维修机和监测机。操作表示机有以下功能:

①办理进路等操作功能——接收车站值班员的操作按钮信息,将按钮信息通过网络通信传送给联锁机。

②站场及信息显示功能——接收来自联锁机的站场状态数据和提示信息等,在 CRT 显示器或控制台上显示站场情况、系统工作状况、提示信息、报警信息等,对主要的错误或故障提供相应的语音报警。

③信息转发功能——将站场状态数据及提示信息、报警信息、系统状态信息等转发给电务维修机。

人机会话层计算机的使用,加快了人机会话的响应速度,能够对操作台的操作命令进行预处理,而且还可以与上级系统联网。这样就使联锁机可以集中其全部能力实现高可靠与高安全性的联锁测控功能。

(2)联锁计算机

联锁计算机采用的是总线控制的双系统,其安全结构为二乘二取二;每个计算机由双 CPU 分别运算,比较一致后,才作为该计算机的输出,其功能如下:

①接收操作表示机下发的操作命令。

②进行联锁运算。

③根据运算结果,产生控制命令,并通过 LAN 通信,将控制命令传递到驱采机。

④通过 LAN 通信接收驱采机采集的站场状态。

⑤将站场状态信息、提示信息、故障信息等传送给操作表示机。

(3)驱采机

①控制采集电路工作,通过 VME 总线,将采集到的站场状态信息传送到联锁机。

②通过 LAN 通信,接收联锁机传送的控制命令,并根据控制命令控制相应的驱动电路。

(4)采集电路、驱动电路

采集电路在驱采机的控制下,采集组合柜继电器状态;驱动电路在驱采机的控制下,驱动组合柜继电器动作。安全型驱动采集电路为驱动采集计算机的组成部分,其小型化的动态采集、输出电路为其电路特色。

(5)接口配线

组合柜继电器与采集、驱动电路间一一对应,即接口信息表规定好了某采集电路采集哪个继电器,某驱动电路驱动哪个继电器。从组合柜室内分线盘到采集电路、驱动电路间通过 32 芯电缆相连。

(6)电务维修机

维修机通过电务维修网与操作表示机相连,电务维修机也称维护监督计算机,也采用 PC 系列工业控制计算机作为主机。电务维修机的作用是为电务维护人员提供设备维护和管理信息,其功能如下:

①接收操作表示机传来的站场状态信息、操作信息、提示信息、故障信息等。

②显示站场运行状况、车站值班员操作信息、故障信息、系统运行状况等。

③记录一个月的历史信息，可查看一个月内站场运行状况、车站值班员操作信息、故障信息等。

④为 CTCS-2/CTCS-3 系统、CTC 系统、信号集中监测等提供接口。

驱动采集计算机也采用日本信号株式会社的 EI-32 型计算机联锁系统系列产品，同为二乘二取二容错结构。各联锁机和驱动采集机之间采用 100 Mbit/s 的双环光缆构成专用局域网(LAN 网)，物理通道为双倍冗余。联锁系统由联锁功能和驱采功能分离，联锁系统由联锁层和执行层(驱动采集电路)组成，根据车站的规模，每一冗余系可能包括一套或两套驱动采集机。

EI32-JD 型计算机联锁系统的联锁机、驱采机之间的通信采用局域网光接口，光缆通道双倍冗余，具有高速、高可靠性；驱动电路、采集电路双倍冗余，单路故障不影响系统工作；与之配套的操作表示机双倍冗余，故障时能自动切换。

三、计算机联锁系统的软件结构

(一)计算机联锁软件概述

计算机联锁系统软件是以计算机软件为主要技术实现车站联锁控制的系统，该系统可以保证行车安全，提高运输效率，改善劳动条件，并为管理、服务现代化创造条件；应能满足各种车站规模和运输作业的需要。因此，系统软件的基本结构应设计成实时操作系统或实时调度程序支持下的多任务实时系统。按照软件的层次结构，可分为三个层次，即人机会话层、联锁运算层和执行层，其结构如图 2-6 所示。计算机联锁系统的软件结构如图 2-5 所示，系统软件完成联锁运算与控制功能，保障软件自身的可靠性，当硬件出现故障时，系统倒向安全侧。人机会话层完成人机界面信息处理；联锁运算层完成联锁运算；执行层完成控制命令的输出和表示信息的输入。

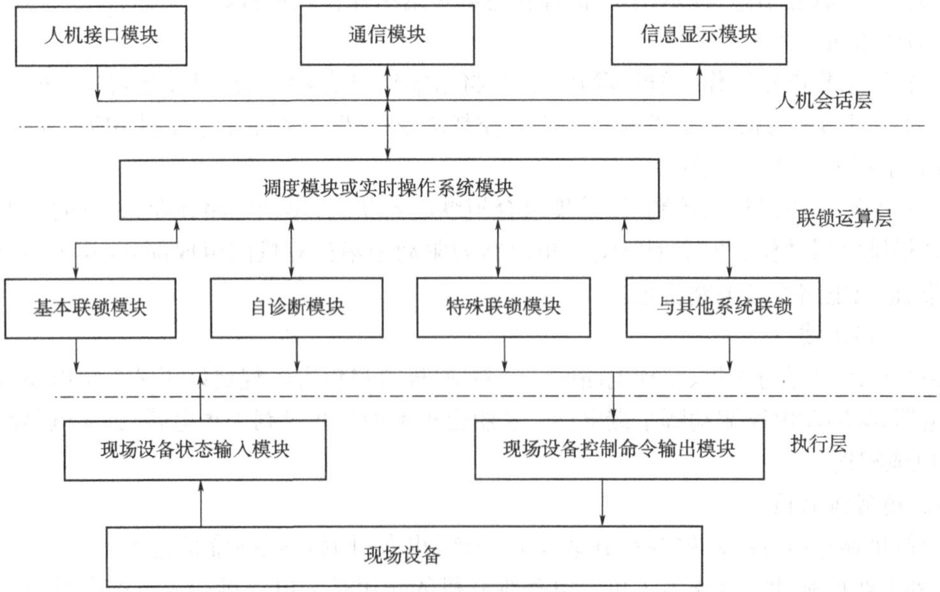

图 2-5　软件层次结构图

为了保证行车安全，信号、道岔和进路必须按照一定程序并满足一定条件才能动作和建立的这种约束关系称为联锁。计算机联锁控制系统采用软件来实现各种联锁逻辑运算，并把联锁运算的结果形成控制命令来驱动相应的电子电路设备，从而实现对站场设备和进路的操作。联锁软件的设计从功能安全的角度出发，完成了基本联锁控制功能。联锁控制功能主要实现进路建立和进路解锁，进路解锁又有自动解锁和非自动解锁之分，设计要求主要实现自动解锁中正常解锁的基本联锁控制功能。

(二)计算机联锁软件的功能

一般来说，计算机联锁系统的软件应具有以下功能。

1. 操作表示功能

(1)操作信息处理

对正常的操作进行处理，形成有效的操作命令，并在屏幕上给出相应的表示，以使值班员确认自己的操作；对错误的操作进行处理，并在屏幕上给出相应的提示，以使值班员能够立即发现自己的错误操作，及时采取措施纠正错误的操作。

(2)表示信息处理

对现场信号设备的状态，在屏幕上实时地给出显示，使值班员能随时监督现场设备的运用情况。另外，在计算机联锁控制系统中根据需要会设置电务维修机，实现维护与管理信息处理功能：对现场的信号设备的故障状态，在屏幕上及时地给出特殊的显示，以使维护人员迅速、准确地查找故障；自动记录并存储值班员办理作业的时间及被操作的按钮，完成与其他周边系统的联系。

2. 联锁控制功能

联锁控制功能指基本的联锁功能，即进路控制功能，主要包括：

(1)建立进路。

(2)进路锁闭。

(3)信号开放。

(4)信号开放保持。

(5)进路正常解锁。

(6)进路非正常解锁。

(7)道岔单独操纵。

(8)进路引导总锁闭。

(三)计算机联锁数据

计算机联锁数据是指在联锁计算机中，所有参与联锁运算的数据。数据有静态数据(常量)和动态数据(变量)两类，相应地有静态数据结构和动态数据结构。

1. 静态数据

在计算机联锁系统中，首先需要一个静态数据库，该数据库是这样构成的：对应信号平面布置图(更确切地说是对应控制台盘面图)中的每一个监控对象，如信号机、道岔、轨道电路区段、侵限绝缘区段、特设的变通按钮、进路终端按钮(没有信号机)等，各设一个数据模块。在模块中列出表述该监控对象特性的数据及联锁软件所需要的一些标志。

把所有的模块按照其在信号平面布置图中的相互位置链接起来，就像6502电气集中联锁的组合联系图，那么这种数据结构在图形上就具有站场形式，称它为站场形数据结构。这些静态数据都存储在计算机的ROM中，供进路表生成软件使用。

建立任何一条进路都必须指明该进路的特性和监控对象的特征及其数量等，这包括：进路性质，是列车进路还是调车进路；进路方向，是接车方向还是发车方向；进路的范围，即进路的两端，如果是迂回进路，还应指明变更点；防护进路的信号机；进路中的轨道电路区段及数量；进路中的道岔、该处的位置及数量；进路所涉及的侵限绝缘轨道区段及检查条件；进路的接近区段；进路的离去区段；进路末端是否存在需要结合或照查的设施，如闭塞设备、机务段联系、驼峰信号设备等。

若将上列各项纳入一个数据表中就构成了一个进路表。将一个车站的全部进路的进路表汇总在一起就构成了总进路表（它很像我们熟悉的进路联锁表）。由于人工编制总进路表，特别是大型的总进路表，不仅烦琐，而且容易出错，因此，设计了一种进路表生成软件——进路搜索程序。当办理进路时，由进路操作命令调用进路搜索程序，并寻找出存储在ROM中相应的静态数据，自动生成一个与进路操作命令相符的进路表，以供联锁软件使用。

根据站场形数据结构所生成的进路表存于计算机的RAM中。在一个车站上，如果同时能办理 n 条进路，那么在RAM中就需要存 n 个进路表。不过，这些进路表是随着办理进路而生成，又随着进路的解除而消失的，所以占用RAM的空间是不大的。

2. 动态数据

参与进路控制的动态数据主要包括操作输入变量、状态输入变量、表示输出变量，控制输出变量，以及联锁处理的中间变量。

(1)操作输入变量

操作输入变量是反映操作人员操作动作的开关量，是形成操作命令的原始数据。在RAM中需各设一个区域存放操作输入变量（操作变量表）和由操作输入变量形成的操作命令（操作命令表）。一条操作命令形成后，就可以从操作变量表中删去相应的操作变量了。

操作输入变量除了用以形成操作命令外，还作为表示信息的原始数据及监测系统的记录内容。

(2)状态输入变量

状态输入变量是反映监控对象状态的变量，如轨道区段状态、道岔定位状态、道岔反位状态、信号状态、灯丝状态，以及与进路有关的其他设备状态。

状态变量是参与联锁运算的安全数据，一般都要对其进行双采集。状态变量应周期性地及时刷新，以保证变量能确切反映监控对象的实际状态。

状态变量除了参与联锁外，还作为表示信息和监测系统的原始数据。

(3)表示输出变量

表示输出变量是指向屏幕显示器提供的变量，通过这些变量反映有关列车或车列运行情况、操作人员的操作情况及联锁设备工作状况。计算机联锁系统可提供比电气集中更丰富的信息和表现形式。这些信息需取自状态输入变量、操作输入变量、中间变量及控制输出变量等。

(4)控制输出变量

控制输出变量是指控制信号和道岔的变量。任何控制对象都由联锁程序产生双份控制变量,只有双份控制变量一致时,才可形成控制命令变量并经由安全输出通道输出。

控制命令和控制变量都应周期性地刷新,以保证数据的实时性。

(5)中间变量

中间变量是指联锁程序执行过程中产生的一些变量。

(四)软件系统的安全可靠性

在计算机联锁控制系统里,各种复杂的功能主要依靠软件来实现。嵌入在安全控制系统中的软件,不仅要能完整地实现系统的控制功能,还要保证实现系统在发生意外时的安全防护,即"故障—安全"功能。

联锁机和外部设备的输入/输出信息具有两种特性,一是开关性;二是安全性。外部设备向联锁机提供的输入信息具有开关性,同样联锁机的输出信息也具有开关性,这种开关性可由具备两种状态的器件如继电器来反映。输入/输出信息的安全性是根据信息与行车安全的关系来界定的。一类是与安全无关的信息,称作非安全信息;另一类是与安全有关的信息,称作安全信息。联锁机和监控对象之间交换的信息属于安全信息,因此必须考虑当输入/输出通道发生故障时,一定要确保传送信息的安全。为此,在通道设计上必须采用安全输入/输出接口;在CPU与输入和输出模块间采用专用总线以保证传送的正确性,对输入电路采用光电隔离电路读取输入值,以检测"黏连"状态,对各个输出信号在提供给继电器前进行表决,不致因输出模块本身的故障而影响信息安全。一般在具体的系统设计中,可采取如下措施:

(1)安全信息的输入。在计算机输出每种信号设备状态码的第一位后,待输出电平稳定(如20 ms)后,再将每种信号设备状态码的第一位读入存储,并立即输出第二位代码;读入全部代码后,经计算机整理后再传给每个对象的存储模块。

(2)安全信息的存储与更新。计算机联锁中监视现场设备状态的存储单元,在宏观上必须与被监视的对象建立不断的联系,当联系中断时,系统必须立即倒向安全。

(3)安全信息的运算。联锁条件满足时,程序的走向和运算结果都是预知的。为了提高安全性和防止漏检查联锁条件,在每次判断条件成立后,将该条代码进行按位累加,联锁关系全部检查正确时,其累加值应与预期结果相符。

(4)安全信息的输出。计算机的开关量的输出是非故障安全的。为了保证安全,可对输出环节进行连续的监视,如出现不应有的危险侧输出,应快速地在现场设备未动作前予以切断。

(5)安全信息在计算机间的传递。为了符合信号系统的传统做法,遵循"故障—安全"的要求,在计算机联锁的设计时,应采用点对点的循环传送方法,不采用变化检出、一次传送的方法。

计算机联锁的串行数据在传输过程中,由于干扰而引起误码是难免的,因此在检查数据位和冗余位之间的关系是否正确时,应着重防止在传输中错误地出现危险侧代码。为了确保信息传输的安全可靠,一方面可以采用冗余度小、检错能力高的循环码(CRC)作为检错码;另一方面就是在软件编程时对传输的信息进行特殊编码,并以反馈重发方式纠错。

第三节 计算机联锁系统接口

计算机联锁系统作为现场的基础信号设备，主要用来控制站内的道岔，为进、出站的列车提供安全进路。计算机联锁系统主要接收 CTC 系统发来的排列进路命令，为列车排列好进路；然后把进路信息传给 TCC 和 RBC。各个厂家的计算机联锁系统与其他信号系统的接口大同小异，下面以高速铁路使用的计算机联锁系统为例，说明计算机联锁系统与其他信号系统的接口。计算机联锁系统提供与 TCC、RBC、邻站联锁、CTC 系统、信号集中监测 CSM 等接口，接口示意图如图 2-6 所示。

EI32-JD 系统对外接口

一、与 TCC 的接口

计算机联锁系统提供与 TCC 的接口，TCC 与联锁系统间采用 RJ45 以太网接口连接，设备与通信网络均按冗余配置，如图 2-7 所示。

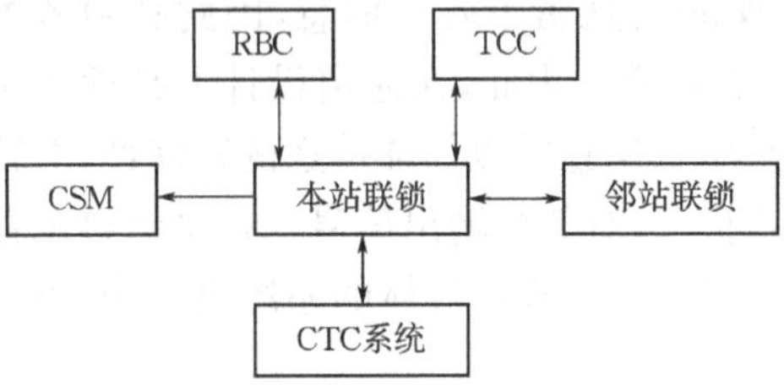

图 2-6 计算机联锁系统与其他系统的接口

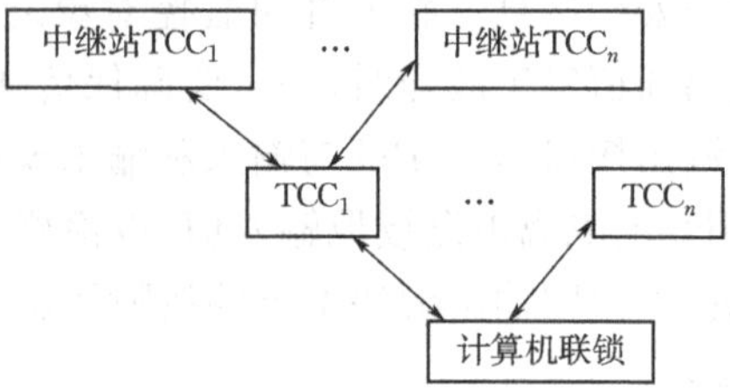

图 2-7 与 TCC 的接口

计算机联锁系统主要向 TCC 发送联锁进路信息、区间方向控制命令信息、进路信号灯丝信息、调车信号机状态信息等；联锁系统主要接收 TCC 发来的区间方向表示信息、区间闭塞分区状态信息、信息降级命令、离去区段防护信号机灯丝断丝信息、灾害防护信息等。

二、与邻站联锁系统的接口

计算机联锁系统提供与邻站联锁系统的通信接口；本地联锁系统与邻站联锁系统间采用 RJ45 以太网接口连接，设备与通信网络均按冗余配置，如图 2-8所示。本站与邻站联锁交换必要的站联、场联、接近锁闭、区段占用出清状态等信息。

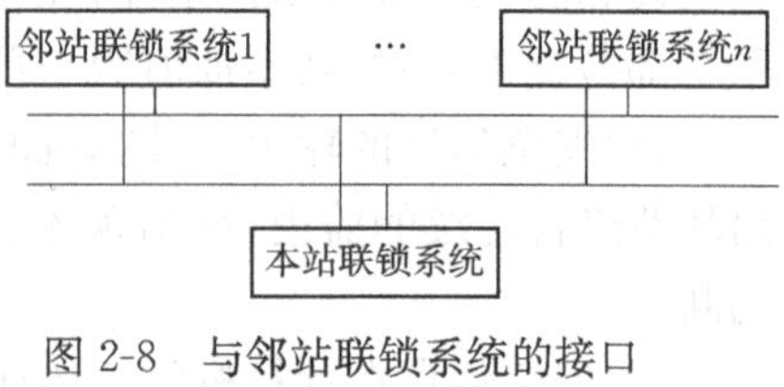

图 2-8 与邻站联锁系统的接口

三、与 RBC 的接口

计算机联锁系统提供与 RBC 的接口；车站联锁与 RBC 间采用 RJ45 以太网接口连接，设备与通信网络均按冗余配置，如图 2-9 所示。一套联锁系统可以与两套 RBC 通信。联锁系统主要向 RBC 发送联锁进路信息、紧急停车区信息、紧急区状态等信息。联锁系统主要接收 RBC 发来的列车信息，但未纳入联锁逻辑处理。

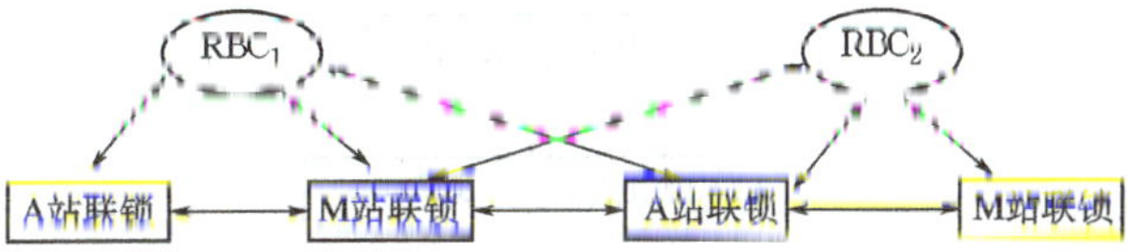

[illegible]

四、与 CTC 系统的接口

计算机联锁系统与 CTC 系统由车站自律机进行接口的。CTC 系统与计算机联锁系统之间进行通信、传递 CTC 系统对计算机联锁系统下达的命令；计算机联锁系统将站场实时信息、命令执行结果等发送给 CTC 系统。

通信的基本内容包括：

(1)站场表示信息。站场表示信息是由计算机联锁系统发送给车站自律机的表示数据，用以反映联锁系统的变化。表示信息包括的基本内容有：信号状态、道岔状态、区段状态、按钮状态、表示灯状态、各类报警信息等。

(2)控制状态信息。控制状态信息是上位机与自律机相互沟通运行状态的数据，包括联锁上位机或下位机的主备运行状态和当前控制模式、自律机主备运行状态和允许转回自律状态。

(3)控制命令信息。控制命令信息是自律机向计算机联锁系统发送控制命令的唯一方式，数据帧中包括命令类型、命令按钮序列及按钮状态。

(4)控制模式转换信息。控制模式转换信息是联锁系统由非常站控模式向自律控制模式进行转换时的数据交换。

五、与信号集中监测系统的接口

计算机联锁系统提供了与信号集中监测系统的通信接口，采用标准的串行方式，RS-232、RS-422 两种接口选择之一。

联锁系统与信号集中监测系统进行的是单向通信。联锁系统主要向 CSM 发送站场表示信息、设备状态信息、故障报警信息等。

第四节 计算机联锁系统维护

计算机联锁系统维修人员一定要熟悉计算机联锁系统的结构组成和工作原理，遇到出现故障的情况，要保证完成相应的过程程序后，应能冷静思考，分析故障的成因并得出有效的处理方法，尽快恢复设备的正常状态。不同的计算机联锁系统，具有不同的结构和组成，但其故障处理分析大致相同。计算机联锁系统故障处理流程如图 2-10 所示。

一、TYJL-ADX 型计算机联锁系统故障分析及处理

主要就计算机联锁系统部分的电源系统故障、显示故障、鼠标故障、通信故障、采集、驱动故障、日常维修等分别进行分析或故障处理。

(一)配电柜部分

配电柜的主要功能是从电源屏输入联锁系统所需全部电源；对输入电源进行电源防雷；

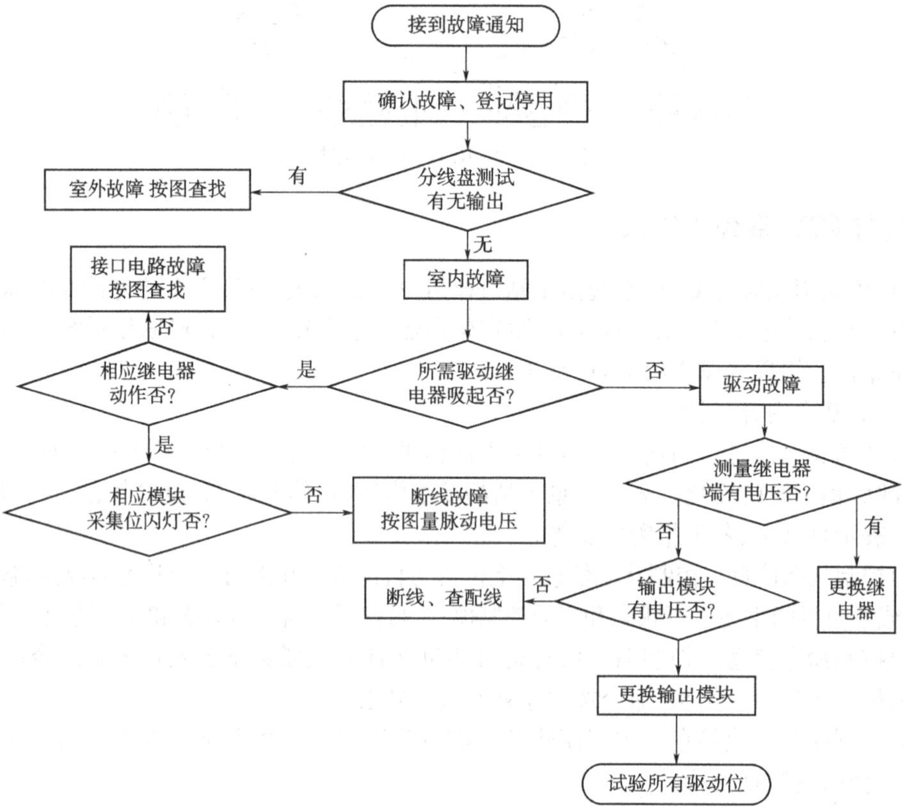

图 2-10　计算机联锁系统故障处理流程

对计算机联锁系统提供不间断电源；分别对计算机联锁系统各部分提供电源。常见故障分析如下。

1. 全联锁系统无电

可能的故障原因：(1)电源屏没供电；(2)电源屏至配电柜电线断线；(3)配电柜没合闸；(4)UPS 切换器故障。

2. 联锁系统部分有电，部分无电

可能的故障原因：(1)配电柜相应开关没合闸；(2)相应从配电柜至设备的电源连线断线；(3)联锁机柜上的电源模块开关没开。

3. 联锁系统无 24 V 直流电源

可能的故障原因：(1)配电柜相应开关没合闸；(2)配电柜内 24 V 电源故障；(3)配电柜内电源切换板故障。

(二)监控机部分

该部分主要包括监控 A 机、监控 B 机和光交换机等设备。监控 A、B 机通过通信实时从联锁机中取得站场的状态信息并显示给车务操作人员，同时采集车务操作人员的操作命令，并将命令下传给联锁主机。监控机的主要接口有网络接口、音频接口、通信接口、鼠标接口、视频接口和电源接口。常见故障分析如下。

1. 电源灯不亮

可能的故障原因:(1)配电柜没合闸;(2)配电柜内至监控机的电源电缆断线或者接错不良;(3)监控机故障;(4)监控机本身的电源开关没开。

2. 电源灯点亮,但系统不正常启动

可能的故障原因:(1)操作系统损坏;(2)主板或其他硬件损坏。

(三)联锁机部分

联锁机部分主要包括 FCX、FFC、监控 A 机、监控 B 机、光交换机和光电信号转换器等设备。联锁机的主要功能是根据采集到的信息、监控 A、B 机传来的按钮命令,进行联锁运算,并驱动相应的动作继电器,以达到对现场道岔及信号机等设备的控制,如果某个信号未经联锁机驱动,但是由于混线或者节点黏连导致其相应的继电器错误吸起或者前节点错误闭合,联锁机检测到后会报“某某信号无驱开放,联锁机停止全部输出”。清除故障 3 min 后联锁机自动恢复输出。

1. 通信板

每个总线层主机笼上都有一块以太网卡,用来与监控 A 机、监控 B 机通信。

以太网卡的正常状态:

(1)与监控机连接的通信端口的收发灯,在监控机运行时,收发灯应该闪烁。

(2)没有与任何设备连接的端口,其对应的收发灯都不亮。

常见故障:

(1)与监控机通信的端口的收发灯不闪,但通信正常,则是该绿灯坏了;(2)与监控机通信的端口的收发灯不闪,可能是监控机电源没开或通信线断线或接触不良;(3)通信电缆断线,更换通信电缆。

2. 采集/驱动板

采集/驱动板采用二取二安全智能 I/O 模块,主要负责联锁命令的执行和联锁运算所需的信息采集,包括安全智能采集模块和安全智能驱动模块。每块采集板为 48 路采集模块,每块驱动板为 32 路驱动模块。采集板和驱动板具有完善的自诊断功能,系统周期性检测采集/驱动回路正确与否,任意一路采集或驱动回路故障均可及时检出。

可以通过面板指示灯判断其工作是否正常。在正常运行时,对于采集板,其前面板上的 RUN 灯、IN1 灯、IN2 灯、IN3 灯应该点绿灯。对于驱动板,其前面板上的 RUN 灯亮绿灯,主控板的 OUT 灯亮绿灯,备板的 OUT 灯亮黄灯。灯故障时,采集/驱动板的前面板上的 ERR 灯亮红灯。

正常工作状态:

(1)绿色“RUN”灯点亮。

(2)红色“ERR”灯不亮。

(3)有输入的采集点相应红色指示灯点亮。

(4)有输出的驱动点相应绿色指示灯点亮。

常见故障:

(1)红色的“ERR”灯点亮。发生此种情况时,可以首先对故障板所在的 FFC 进行复位,待 FFC 工作后该板故障仍不能消除则需要更换此板。

(2)被采集的继电器吸起，而相应采集点不点灯。

可能的故障原因如下：

①从继电器至采集板之间采集连接断线。

②采集回路至继电器之间的连接断线。

③采集板相应位发光二极管损坏。

(3)驱动板的驱动点表示绿灯点亮，但被驱动的继电器不吸起。

可能的故障原因如下：

①从继电器至驱动板之间连接断线。

②驱动回线至继电器之间的连接断线。

③被驱动的继电器本身故障。

(四)维修机部分

维修机的功能是实时再现站场状态；记录站场的状态变化和系统运行情况；对记录可进行查询、图形再现、打印。维修机的主要设备有维修台、维修机、维修监视器、维修机鼠标和维修打印机。常见故障处理和分析都比较容易。

(五)控制台部分

控制台的主要功能是实时显示站场状态并给予必要的语音报警；采集车务人员的操作；显示道岔动作电流大小；复示站场状态；显示两系联锁机的状态。车务显示屏不显示故障分析如下。

1. 显示屏电源指示灯不亮

可能的故障原因有：(1)电源故障；(2)显示屏电源开关没开；(3)控制台电源输出无电；(4)控制台电源输出至车务监视器电源电缆断线；(5)监视器故障。

2. 显示屏信号指示灯亮黄灯，无视频输入信号

可能的故障原因有：(1)相应视频复示器至监视器的视频电缆断线；(2)相应视频复示器故障，直接将车务视频电缆与相应监控机视频电缆对接可越过视频复示器；(3)相应监控机至控制台的视频电缆断线，相应监控机的视频卡故障，显示屏故障。

(六)开机与关机步骤

(1)电源屏向联锁系统供电合闸。

(2)配电柜 220 V 开关合闸。

(3)按下 UPS 的电源开关(标有 test 的按钮)，首先 UPS 本身进行自检，UPS 所有的指示灯稳定后，表明 UPS 已经准备就绪，可以对外供电。

(4)配电柜给联锁机、维修机、控制台等的开关顺序合闸。

(5)将联锁机柜 1、联锁机柜 2 底部的各个电源开关合上，联锁机开始运行，几分钟后系统同步，开始正常工作。

(6)将配电柜上的 24 V 电源灯打开。

(7)监控 A、B 机开机，电源指示灯点亮，硬盘灯闪烁，监控软件正常运行后，硬盘灯熄灭。注意：严禁在硬盘灯闪烁时直接关闭计算机电源。

(8)维修机开机，电源灯点亮，硬盘灯闪烁，维修软件正常运行后，硬盘灯熄灭。注意：严禁在硬盘灯闪烁时直接关闭计算机电源。

(七)系统的日常监测维护

每日应至少两次巡视主备机的工作状态，首先观察联锁机的面板指示灯。

(1)检查 UPS-A、UPS-B 工作状态正常。

(2)检查监控 A、B 机工作状态正常。

(3)检查联锁机各板工作指示灯正常，无故障显示。

(4)检查 I/O 电源工作指示灯正常显示。

(5)检查车务监视器上有无与联锁系统有关的设备故障。

每天查看一次维修机的故障记录，包括机柜自检错误、灯丝转换、熔丝报警等记录，并做相应的记录。定期检查备品备件的完好性，在雨季备用的 CRT 显示器、电源等应接通 220 V 保存一个星期左右。在雷雨季节来临以前，要检查防雷器件、综合地线的完好性。

二、EI32-JD 型计算机联锁系统故障分析及处理

(一)系统故障分析及处理

EI32-JD 型计算机联锁系统主要故障信息及其含义见表 2-1。

表 2-1　EI32-JD 型计算机联锁系统主要故障信息及其含义

序号	故障信息	含　义	可能的故障原因
1	采集(第×板第×路)前后接点混线	某个继电器的前后接点同时采集到为闭合状态	该继电器或配线有故障
2	道岔×室外混线(定、反表都有)	某道岔 DBJ、FBJ 都采集到为前接点闭合状态	组合柜配线或与联锁系统间配线有故障
3	列信×的 LXJ 室外混线	采集 LXJ 前接点，但联锁系统没有驱动它	LXJ 采集线混入接口正电源
4	调信×的 DXJ 室外混线	DXJ 吸起，但联锁系统没有驱动它	
5	信号因故障关闭		联锁条件不满足
6	采集(第×板第×路)前后接点均断开	某个继电器的前后接点同时采集到为断开状态	组合柜继电器或配线有故障
7	采集(第×板第×路)驱采机 B 有采集，驱采机 A 无采集		驱采机 A 中对应的采集板有故障
8	采集(第×板第×路)驱采机 A 有采集，驱采机 B 无采集		驱采机 B 中对应的采集板有故障
9	驱采机 A，第×块采集故障		频繁出现该提示信息，表明该采集板故障
10	联锁机 A，系统控制板采集故障		频繁出现该提示信息，表明该系统控制板有故障

续上表

序号	故障信息	含　义	可能的故障原因
11	联锁机 A，系统控制板输出检查错误		频繁出现该提示信息，表明该系统控制板有故障
12	操作表示机倒机单元故障		
13	查询不到主控联锁机		两台联锁机同时故障
14	A 联锁机与 A 驱采机—LAN 通信中断		在 A 驱采机重启时，该提示属于正常信息
15	A 联锁机与 B 联锁机—LAN 通信中断	在 B 联锁机重启时，该提示属于正常信息	
16	B 联锁机与 A 联锁机—LAN 通信中断		在 A 联锁机重启时，该提示属于正常信息
17	操作表示机与 A 联锁机—通信中断		在 A 联锁机重启时，该提示属于正常信息
18	操作表示机与 B 联锁机—通信中断		在 B 联锁机重启时，该提示属于正常信息

（二）导致双机切换或备机重启的故障

1. 危险故障或不可控故障

当联锁机发生这类故障后，无条件切换到备机运行，包括：

（1）联锁程序运行异常。

（2）计算机掉电。

（3）联锁机 CPU、内存等硬件故障。

（4）联锁机和两个驱采机的通信同时中断。

2. 非危险性故障

此类故障属于局部的，不会危及行车安全的故障，如双机联锁动态信息不一致、网络通信部分故障等。

当联锁机检查到自己出现此类故障后，立即查询另一套联锁机的工作状态，当另一套联锁机处于主机状态时，则本机停止工作，重新启动。所谓重启，即在联锁机发生故障并停机后，在维修人员来不及干预的情况下，令该机重新运行，重新和主机请求同步。如果刚才发生的故障是暂时的，则重启后即可恢复正常工作；如果刚才的故障是固定的，则重新检测到该故障后，又会强制重启该联锁机，直到维修人员排除故障为止。

当查询另一套联锁机为备机且处于热备工作状态时，则自动切换到备机，并重新启动故障联锁机。

当查询另一套联锁机为备机且不处于热备状态，则此时主机会继续维持工作，直到备机热备。

因此，在联锁机发生故障后，电务维修人员可很方便地得到详细、清晰的故障报告，为排除故障提供方便。

(三)联锁机故障

联锁机是采用二乘二取二的安全冗余结构,本身有很强的自检和互检功能,并将检测出的故障实时送往电务维修机显示、记录。因此,在联锁机发生故障后,电务维修人员立即从电务维修机取得故障报告,根据故障报告提供的数据,参看故障信息表,找出故障原因和故障点。

在排除联锁机故障时,请注意使用电务维修机中的回放功能,该功能对查找、分析故障非常有用,特别对一些受干扰发生的瞬间故障,通过回放能查出原因。

1. 联锁机死机

一般由联锁程序运行异常、计算机电源不正常、联锁机和两个驱采机的通信同时中断、联锁机和 A/B 操作表示机的通信同时中断、联锁机 CPU、内存硬件故障等原因造成。可采取以下措施处理:首先复位计算机,然后检查电源板 5 V 直流电压是否正常,最后根据维修机故障报告试图恢复。

2. 联锁备机脱机重启

如果联锁机不断重启,无法实现同步或热备,应暂时关闭该计算机电源。单机不停反复重启可能会影响无故障邻机的稳定运行。该现象一般由局部的、不会危及行车安全的故障影响产生,如网络通信部分故障、采集电路混线等。发生这种故障时,可以根据电务维修机故障信息提示来处理。如果是通信故障,只要检查相应的通信连接线及通信板卡即可,如果电务维修机故障信息表上报出道岔××室外混线(定反表都有)、采集(第××板第××路)前后接点混线等信息,说明是采集混线故障。需说明一点的是,在这所指的采集电路混线指的是同时采集到某道岔的 DBJ 和 FBJ 前接点或同时采集到某区段 GJ 的前后接点等这一类混线故障,此时可通过甩线法来处理。

3. 主备用联锁机依次脱机重启

此时计算机联锁设备就全部瘫痪了,全站红光带并道岔无表示。一般由危险的、有可能危及行车安全的故障影响产生,如某继电器没有被驱动吸起,微机却采到了该继电器的吸起状态,如 SJ、LXJ、DXJ、YXJ 等继电器前接点采集线上混入了接口正电源故障,此时可以通过电务维修机得到详细的故障信息提示,如:道岔[××]的 SJ 室外混线、列信[××]的 LXJ 室外混线等,可通过甩线法来处理。

(四)通信类故障

EI32-JD 计算机联锁系统采用多机分布式结构,各个部分间采用通信线联系,A/B 操作表示机及电务维修机间采用以太网通信,三者各引出一条网线接至网络集线器,A/B 操作表示机与Ⅰ/Ⅱ系联锁机间采用串口通信,Ⅰ/Ⅱ系联锁机与Ⅰ/Ⅱ系驱采机间采用光纤 LAN 通信,Ⅰ/Ⅱ系联锁机与Ⅰ/Ⅱ系驱采机间采用光纤 LAN 通信。

1. A/B 操作表示机及电务维修机间以太网通信故障

A/B 操作表示机间通信中断后,会造成备用操表机不断重启,此时电务维修机故障信息表提示“操作表示机同步以太网通信中断”,故障的原因有集线器损坏、网线插接不良、网卡损坏等。

故障处理：集线器正常时，其电源指示灯常亮，有网线的端口所对应的指示灯闪烁，VLAN开关在OFF位置；网线插接不良时其两端插接的端口指示灯灭灯；操作表示机网卡故障时。网卡指示灯亮稳灯，以上检查完毕，最后可采取更换集线器或网线或网卡等措施来处理。

电务维修机与A/B操作表示机间通信中断后，会造成电务维修机灰屏，即维修机得不到站场情况等实时信息，处理方法与上同。

2. 操作表示机与联锁机间串口通信故障

操作表示机与备用联锁机通信中断后，不影响系统中任何设备正常工作，在电务维修机通信网络图中对应部分变为红色。操作表示机与主用联锁机通信中断后，会造成该操作表示机由主用倒为备用，并不停重启。可重点检查相应串口线是否插接良好，最后可采取更换串口线或串口卡等措施来处理。

复习思考题

1. 简述计算机联锁系统的发展过程。
2. 简述高速铁路计算机联锁系统在现代铁路运作中的作用。
3. 高速铁路计算机联锁系统与其他联锁系统有什么不同？
4. 高速铁路计算机联锁系统的优势有哪些？
5. 高速铁路计算机控制系统能够实现哪些功能？
6 高速铁路计算机联锁系统结构有哪些？各部分作用如何？
7 高速铁路计算机联锁系统的信号是如何采集的？
8. 高速铁路计算机联锁系统安全性与可靠性是如何实现的？
9. 高速铁路计算机联锁系统软件能够实现哪些功能？
10. 高速铁路计算机联锁系统与其他系统设备的接口是如何实现联结的？
11. 高速铁路计算机联锁系统的故障分析流程是如何实现的？
12. 如何做好高速铁路计算机联锁系统的故障处理？

第三章 高速铁路区间闭塞系统

本章阐述了高速铁路区间自动闭塞系统的特点、构成、设备工作原理和闭塞电路的实现，旨在让学生掌握高速铁路区间闭塞系统室内设备和室外设备的构成；高速铁路区间轨道电路编码、通过信号机点灯、方向切换和区间逻辑占用检查的实现；高速铁路自动闭塞与普速铁路自动闭塞在结构和实现方式上的区别。本章的难点为高速铁路区间轨道电路编码电路和方向切换电路的原理。

第一节 高速铁路闭塞系统概述

一、高速铁路自动闭塞的特点

高速铁路自动闭塞与普速铁路自动闭塞有诸多不同，其技术特点如下：

(1)自动闭塞的实现

高速铁路的自动闭塞由列控系统实现，没有普速铁路那样的独立自动闭塞设备的概念，即自动闭塞与列控系统地面设备实现了一体化。

(2)区间通过信号机的设置和点灯控制

只运行动车组列车的高速铁路(包括运行 300～350 km/h 的高速铁路和部分运行 200～250 km/h 的高速铁路)区间不设通过信号机，列车运行由车载 ATP 控制；运行非动车组列车的高速铁路(部分运行 200～250 km/h 的高速铁路)区间设通过信号机，其点灯由列控系统控制。

(3)轨道电路编码

高速铁路将轨道电路纳入列控中心控制，实现了区间自动闭塞的继电器编码向数字编码的转变。

(4)区间方向控制

高速铁路的区间方向控制也纳入列控中心控制，不再采用继电式改变运行方向。

二、高速铁路 ZPW-2000A 型轨道电路的特点

(1)发送器、接收器的载频选择通过列控中心进行集中配置，发送器采用无接点的计算机编码方式，取代了既有的继电编码方式，取消了大量的编码继电器。

(2)为了适应高速铁路发送器自动编码的需求，将既有 ZPW-2000A 发送器、接收器进行

了改进设计，增加通信功能，实现了与列控中心通信及向信号集中监测系统上传设备工作状态信息的功能，同时增加了相应的通信接口板。

(3)将既有 ZPW-2000A 发送器“$N+1$”冗余改进为“1＋1”冗余，同时对原机柜的配置及结构进行了改进，采用了风格标识统一的标准机柜，机柜的容量按照 20 台发送器、10 台接收器、10 台衰耗冗余控制器设计，连接器件采用国际标准的连接器件，提高了设备的可靠性和可维护性。

(4)发送器采用 1 备 1 方式，冗余方式如图 3-1 所示。

(5)为了提高产品的可靠性，在不改变系统参数的情况下将室外设备的结构进行了优化设计，将匹配变压器与调谐单元合二为一，减少了设备的种类，同时也减少了故障可能发生的概率。

(6)优化了补偿电容的配置，道床漏泄电阻值不小于 2 Ω·km 时，补偿电容值为 25 μF 一种(道床漏泄电阻值小于 2 Ω·km 时，补偿电容值为 40 μF、46 μF、50 μF、55 μF 四种)，不同信号载频采用不同的补偿间距。补偿电容采用了全密封工艺，提高了其容值稳定性并延长了使用寿命。

(7)加大了空芯线圈的导线线径，从而提高了关键设备的安全容量要求。

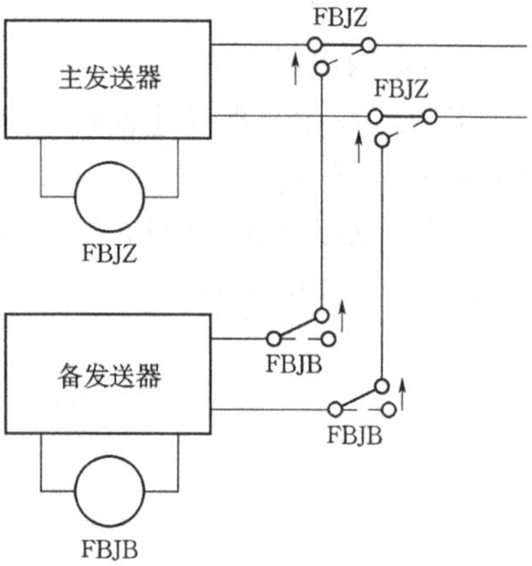

图 3-1　发送器冗余方式

(8)带有监测和故障诊断功能，为系统的状态提供技术支持。

(9)站内采用与区间同制式的轨道电路，提高系统的可靠性。

(10)站内道岔区段的弯道采用与直股并联的一送一受轨道电路结构，使道岔分支长度由小于或等于 30 m 延长到 160 m，提高了车载设备在站内使用的安全性、灵活性，方便设计。

第二节　高速铁路闭塞设备的构成及工作原理

高速铁路 ZPW-2000A 轨道电路是在既有 ZPW-2000A 无绝缘轨道电路的基础上，针对高速铁路的应用进行了适应性改进，它保留了既有 ZPW-2000A 轨道电路稳定、可靠的特点，具有我国自主知识产权，适用于高速铁路列控系统。

一、高速铁路自动闭塞设备概述

(一)设备配置

轨道电路设备集中设置在车站，但高速铁路不同于普速铁路，车站之间的距离较长，ZPW-2000 系列轨道电路传输长度不应大于 10 km，300 km/h 及以上高速铁路轨道电路传输电缆的长度不宜大于 7.5 km，当电缆长度超过上述规定时，应设区间信号中继站，在中继站集中设置相近的轨道电路设备。车站与中继站、中继站与中继站间的距离一般情况下不超过 15 km。为了简化设备配置、减轻维修维护的工作量、减少房屋面积，无人值守站一般不再设综合维修工作站和电务维修工作站，改用便携式的综合维修终端和电务维修终端。

（二）设计基本原则

1. 载频排列

区间、车站轨道电路载频统一排列，闭塞分区分界点两侧必须采用不同的载频。特殊情况下，车站轨道电路机械绝缘节（道岔区段内或股道分割点）两侧可采用相同基准载频的-1型和-2型载频。各种基准载频的-2型载频与低频25.7 Hz组合使用，用于车载信号的载频自动切换。

2. 分路灵敏度

道床电阻为1.0 Ω·km或2.0 Ω·km时，为0.15 Ω；道床电阻不小于3.0 Ω·km时，为0.25 Ω。无砟轨道电路、路基和混凝土桥梁地段的钢轨参数应根据参数测量结果确定。

3. 横向连接

两相邻完全横向连接间的距离不得小于1 200 m、完全横向连接与相邻简单横向连接间的距离不得小于1 000 m。一段轨道电路内不得设置两个空扼流。

4. 轨道电路传输电缆长度

轨道电路传输电缆长度一般不应大于7.5 km，困难情况下不应大于10 km。

（三）区间轨道电路

区间采用列控中心编码控制的ZPW-2000A型无绝缘轨道电路，轨道电路的传输长度满足相关技术条件的要求。当道砟不能满足轨道电路传输要求时，可采用计轴轨道检查装置等实现列车占用检查。

二、高速铁路自动闭塞设备构成

高速铁路ZPW-2000A无绝缘轨道电路系统共有四种配置，区间电气绝缘节—电气绝缘节轨道电路结构、区间机械绝缘节—电气绝缘节轨道电路结构、站内机械绝缘节—电气绝缘节轨道电路结构和站内机械绝缘节—机械绝缘节结构，分别如图3-2、图3-3、图3-4和图3-5所示。

（一）室内设备

1. 发送器

发送器通过CAN总线接收列控中心的编码条件，产生8种载频、18种低频的高精度、高稳定性的移频信号；在输出为400 Ω负载的情况下，能产生70 W功率的移频信号。对产生的移频信号进行自检测，故障时向监测维护主机发出报警信息；采用双机热备冗余方式。发送器原理如图3-6所示。

列控中心根据轨道空闲（占用）条件及信号开放条件等进行编码，通过通信接口板转发编码数据。

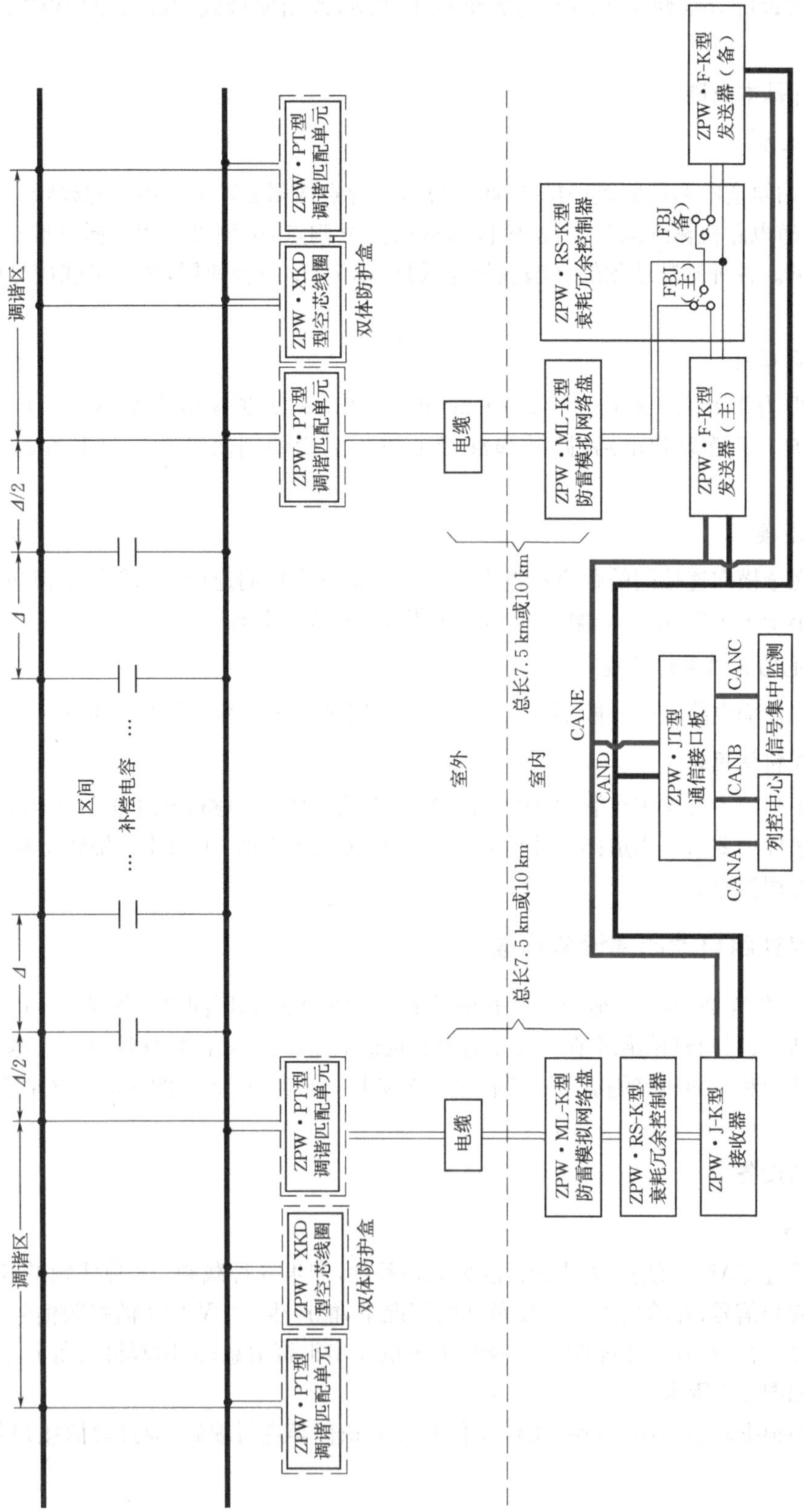

图3-2　区间轨道电路（电气绝缘节—电气绝缘节）系统原理框图

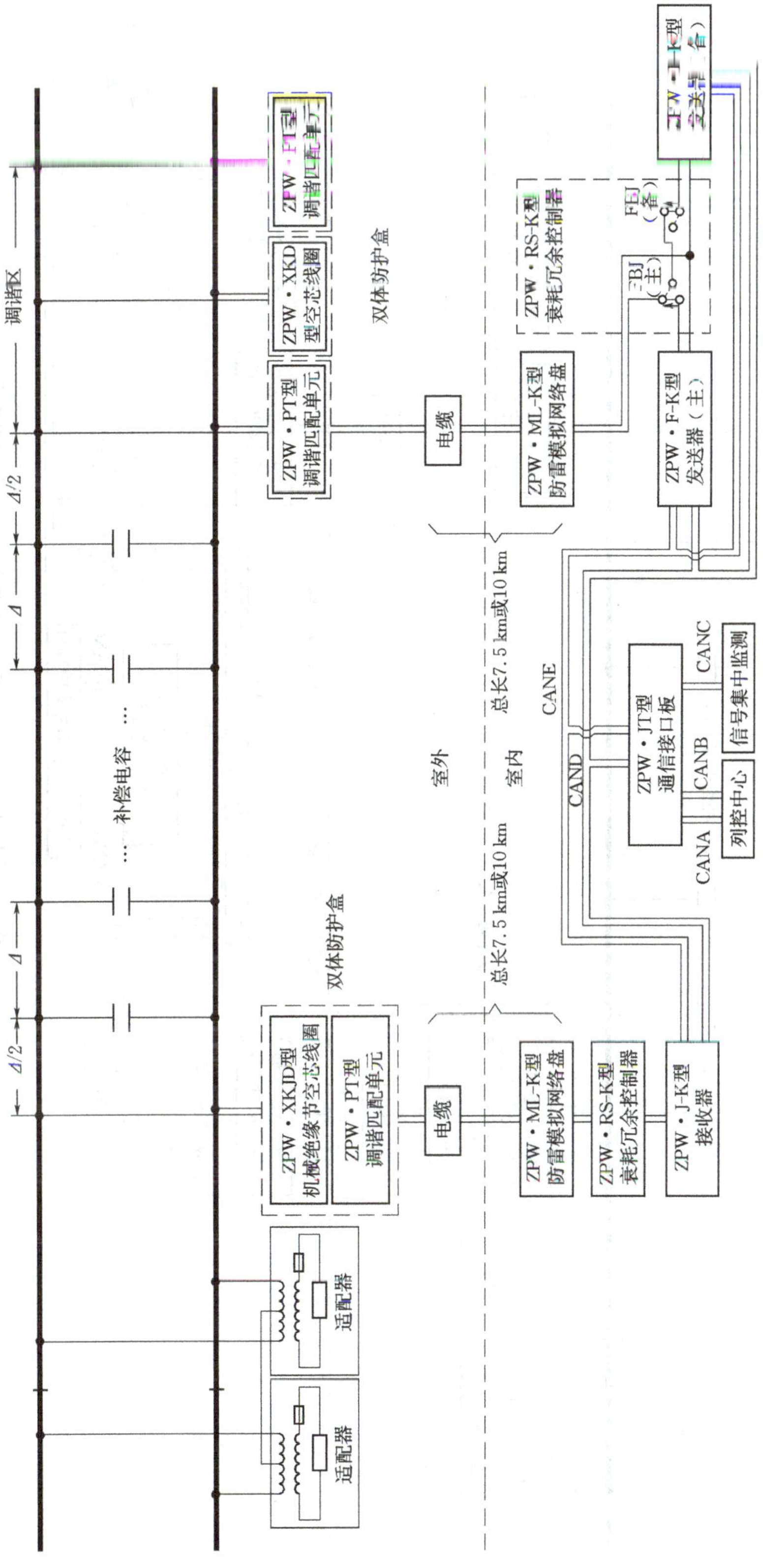

图3-3 区间轨道电路（机械绝缘节—电气绝缘节）系统原理框图

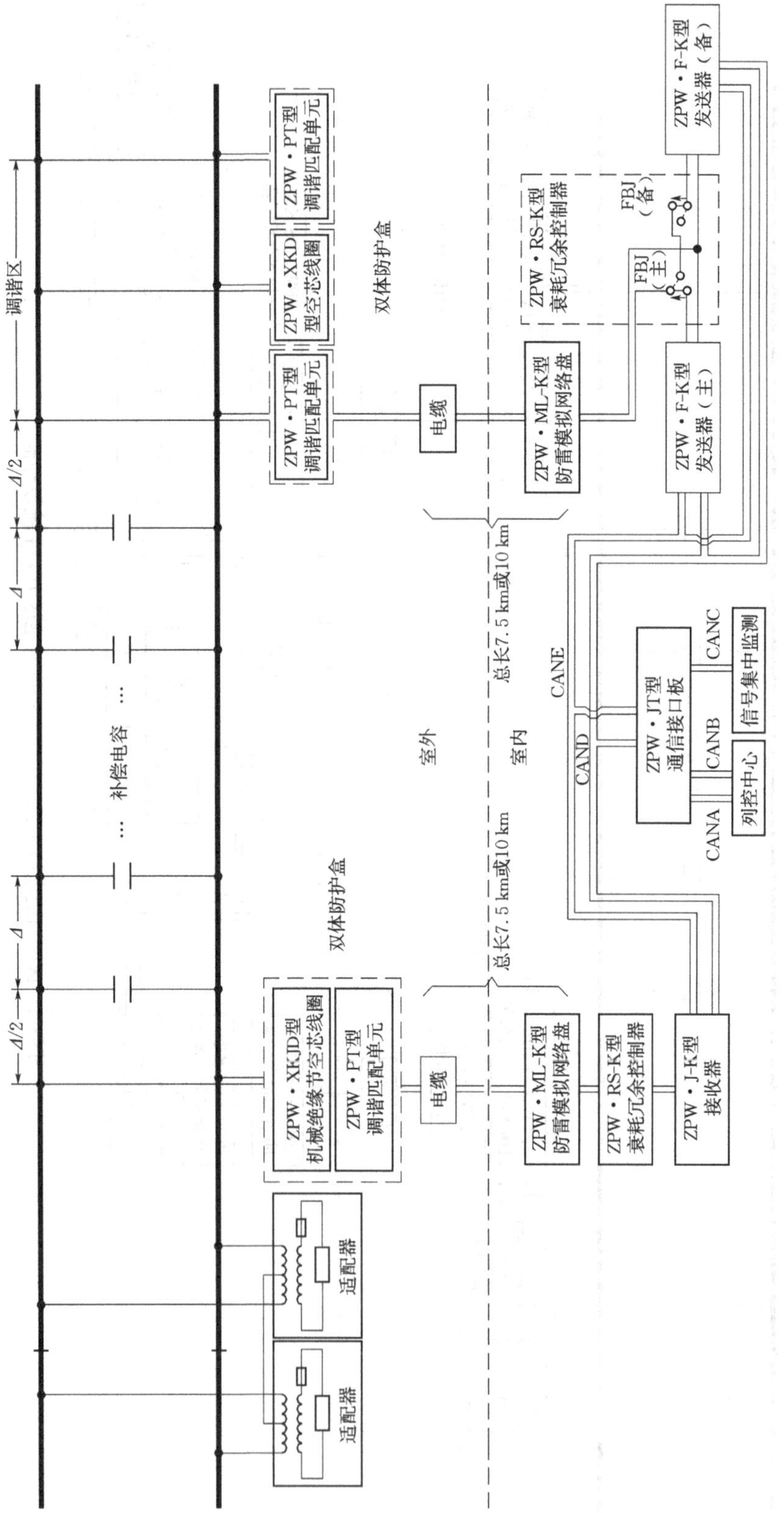

图3-4　站内轨道电路（机械绝缘节—电气绝缘节）系统原理框图

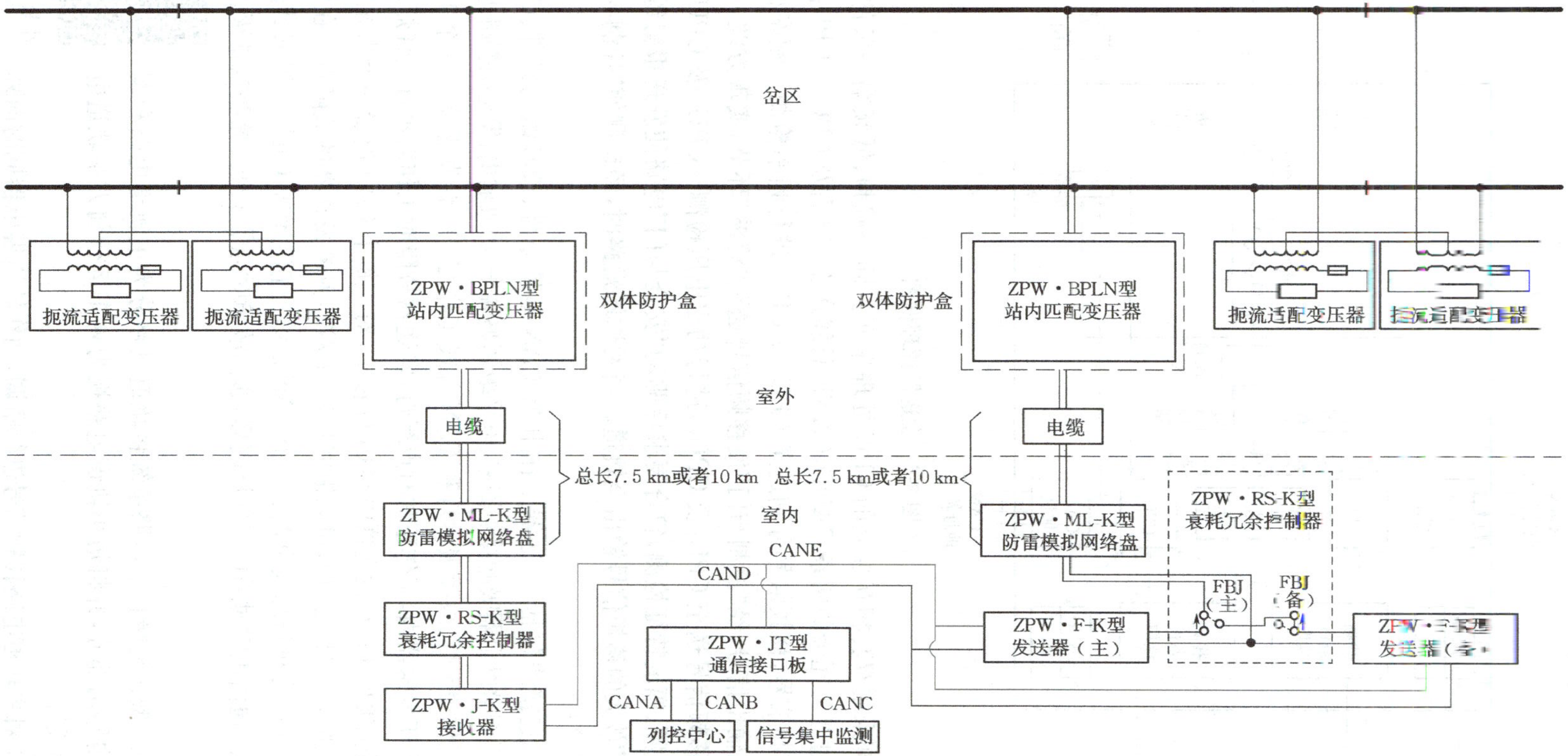

图3-5　站内轨道电路（机械绝缘节–机械绝缘节）系统原理框图

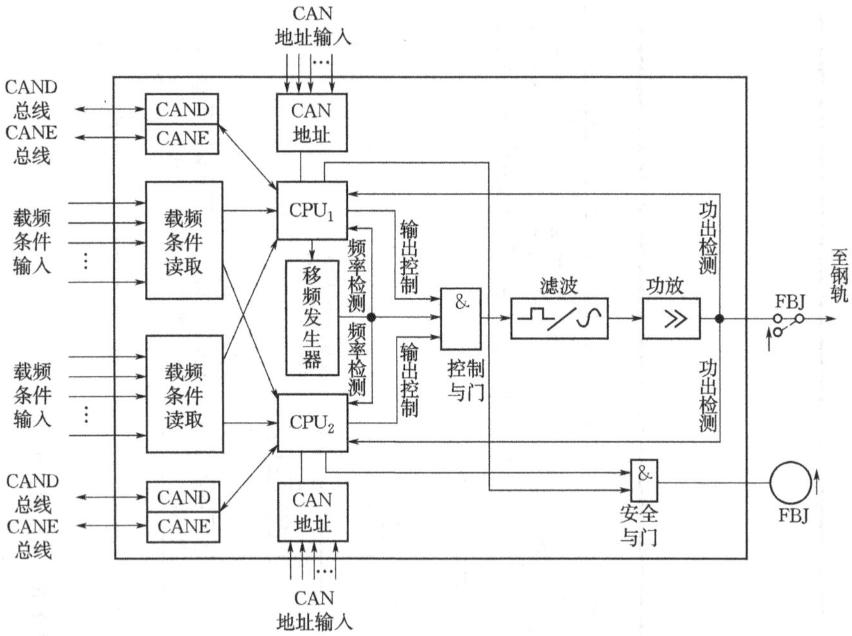

图 3-6　发送器原理框图

发送器内部采用双套相互独立的 CPU 处理单元。同一载频、低频编码条件源，以反码的形式分别通过互为冗余的两条 CAND、CANE 总线送至 CPU_1 及 CPU_2。CPU_1 控制“移频发生器”产生移频信号，移频信号分别送至 CPU_1 及 CPU_2 进行频率检测。频率检测结果符合规定后，控制输出信号，经“控制与门”使移频信号送至“滤波”环节，实现方波—正弦变换。“功放”输出的移频信号送至 CPU_1 及 CPU_2，进行功出电压检测。CPU_1 及 CPU_2 对移频信号进行低频、载频、幅度特征检测，符合要求后驱动“安全与门”电路使发送报警继电器吸起，并使经过“功放”放大的移频信号输出至轨道。当发送端短路时，经检测使“控制与门”有 10 s 的关闭（休眠保护）。

发送器对外连接线包括：发送器工作电源、CAN 地址条件、载频编码条件、CAND 总线、CANE 总线、发送报警继电器吸起接点回采、电平级调整端子、功放输出、发送报警继电器输出。

发送器设工作表示灯、故障表示灯和 CAN 总线工作灯。每台发送器设一个工作表示灯，工作表示灯设置于发送器内，工作正常时点绿灯，发送器故障时工作表示灯点红灯。为了便于对发送器数字电路的维修，在发送器内部 CPU 板上，对应每个 CPU 设置一个指导维修人员查找设备故障的故障表示灯（红灯），可以根据其闪动状况，判断发送器的故障点。在发送器内部 CPU 板上每个 CPU 为每条总线设置了一个 CAN 总线通信工作灯（黄灯），根据其闪烁状况判断设备的故障点，通信正常时通信工作灯闪烁，通信故障时通信工作灯常亮或常灭。

2. 接收器

ZPW-2000A 型无绝缘轨道电路系统将轨道电路分为主轨道电路和调谐区短小轨道电路两部分，并将短小轨道电路视为列车运行前方主轨道电路所属的“延续段”。

小轨道电路所属
区段介绍

接收器用于对主轨道电路移频信号进行解调，动作轨道继电器同时向列控中心上传轨道空闲或占用信息；实现调谐区短小轨道电路移频信号的解调，给出短小轨道电路断轨及调谐区设备故障的报警条件，并通过CAND及CANE总线送至监测维护终端；检查轨道电路完好，减少分路死区长度，用接收门限控制实现对调谐匹配单元（BA）断线的检查；采用双机并联运用方式，故障时向监测维护主机发出报警信息，接收器由本接收“主机”及另一接收“并机”两部分组成，构成成对双机并联运用，双机并联运用原理如图3-7所示。

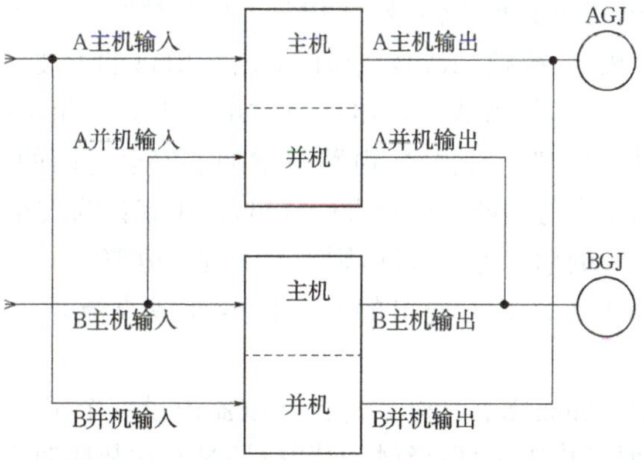

图3-7　双机并联运用原理框图

接收器对外连接线包含：接收器工作电源、CAN地址条件、载频编码条件、小轨道类型编码条件、CAND总线、CANE总线、主轨道（主机）信号输入、小轨道（主机）信号输入、主轨道（并机）信号输入、小轨道（并机）信号输入、轨道继电器（主机）输出、轨道继电器（并机）输出、接收器报警条件输出。接收器原理如图3-8所示。

接收器采用两路独立的CPU处理单元，对输入信号分别进行解调分析，满足继电器吸起条件时输出方波信号，输出至安全与门电路。与另一台接收器的安全与门输出共同经过隔离电路，动作轨道继电器。

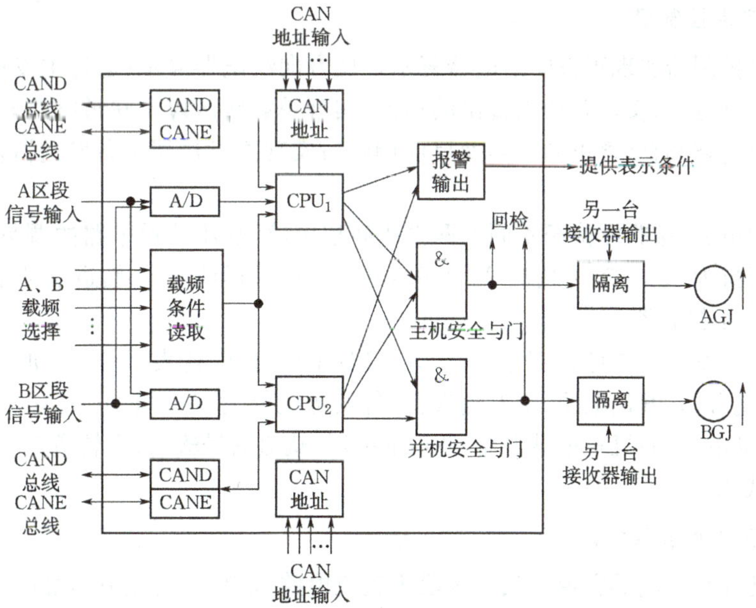

图3-8　接收器原理框图

A/D为模数转换器，将输入的模拟信号转换成计算机能处理的数字信号。

载频条件读取电路设定主机、并机载频条件，由CPU进行判决，确定接收器的接收频率。同一载频、低频编码条件源，以反码形式分别通过CAND、CANE总线送至CPU_1及CPU_2。

CPU_1、CPU_2根据确定的载频编码条件，通过各自识别、通信、比较确认一致，判断该条件有效，视为正常，不一致时，视为故障并报警。条件有效时，外部送进来的信号分别经过主机、并机两路模数转换器转换成数字信号。CPU_1、CPU_2对外部信号进行单独的运算，判决处理。当接收信号符合幅度、载频、低频要求时，输出3 kHz的方波，驱动安全与门电路。安全与门电路收到两路方波后，转换成直流电压驱动继电器。如果CPU_1、CPU_2的结果不一致，安全与门输出不能构成，则同时报警，电路中增加了安全与门的反馈检查；如果CPU_1、CPU_2有动态输出，那么安全与门就应该有直流输出，否则就认为安全与门故障，接收器进行报警。如果接收器接收到的信号电压过低，则判断为列车分路。

安全与门电路将CPU_1、CPU_2输出的动态信号变成直流输出，驱动继电器(或执行条件)。

接收器设工作表示灯和故障表示灯。每台接收器内设一个工作表示灯，工作正常时工作表示灯亮绿灯，故障时工作表示灯点红灯(其中CAN总线故障时不表现在工作指示灯上，在信号集中监测系统报警)。为了便于对接收器数字电路的维修，每个CPU设置一个指导维修人员查找设备故障的故障表示红灯，根据故障表示灯闪动状况，判断设备故障点。

3. 通信接口板

通信接口板(CI-TC)实现列控中心与轨道电路CAN总线通信协议间的互换。其中，CAN总线——CANA、CANB用于和列控主机交换数据；CAN总线——CANC用于发送监测数据给监测主机；CAN总线——CAND、CANE用于和轨道电路交换数据；采用双机热备冗余方式，可满足10个轨道电路通信；通信接口安装在列控中心主机柜中。

4. 衰耗冗余控制器

衰耗冗余控制器实现正方向继电器复示及反方向继电器复示；通过主发送报警继电器或备发送报警继电器，实现总功出输出的切换；实现单载频区段主轨道电路调整；实现单载频区段小轨道电路调整(含正向调整及反向调整)；实现主发送器和备发送器发送报警条件的回采。

根据方向电路，接收端接至不同的两端小轨道电路，故小轨道电路的调整按正、反方向进行。负载阻抗为3.3 kΩ，为提高A/D模数转换器的采样精度，小轨道信号经过1∶3升压变压器B_2输出至接收器。

面板上有主发送工作灯、备发送工作灯、接收工作灯、轨道表示灯、正向指示灯、反向指示灯；主发送电源、备发送电源、主发送报警、备发送报警、总功出电压、总功出电流、接收电源、主机轨道继电器、并机轨道继电器、轨道继电器、轨道信号输入、主轨道信号输出、小轨道信号输出测试塞孔。

5. 双频衰耗冗余控制器

双频衰耗冗余控制器实现双载频区段主轨道电路调整；实现正方向继电器复示及反方向继电器复示；通过主发送报警继电器或备发送报警继电器，实现总功出输出的切换(总功出电压是主发送器输出还是备发送器输出)；实现主发送器、备发送器发送报警条件的回采。

根据方向电路，接收端接收不同载频的移频信号，故于轨道电路的调整按正、反方向进行。主轨道信号经变压器 $3D_1$ 或 $3D_2$ 输入，变压器 SB_1 或 SB_2 的匝数比为 118 : (1～146) 次级通过变压器抽头连接，可构成 1～146 级变化，按轨道电路调整参考表调整接收器电平。

面板上有主发送工作灯、备发送工作灯、接收工作灯、轨道表示灯、正向指示灯、反向指示灯；主发送电源、备发送电源、主发送报警、备发送报警、总功出电压、总功出电流、接收电源、主机轨道继电器、并机轨道继电器、轨道继电器、轨道信号输入、主轨道信号输出测试塞孔。

6. 防雷模拟网络盘

防雷模拟网络盘用于对 SPT 电缆长度的补偿，便于轨道电路调整，对通过传输电缆引入室内的雷电进行横向防护和纵向防护。室内外设备的信号传输是由信号传输电缆实现的，移频信号在电缆中传输有损耗，由于各信号点与信号楼的距离不同，信号传输电缆长度也是不同的。因此，对于各轨道电路信号的损耗值也是不同的，这对轨道电路的调整是非常不利的。为此将不同传输长度的实际电缆用电缆模拟单元补齐后，每个轨道电路的传输电缆长度就可以统一成一个固定值，每个轨道电路传输电缆对信号的损耗值也就相同了。每个电缆模拟单元内含若干个不同长度的电缆模拟节，选择不同的电缆模拟节通过跳线连接后组成不同长度的电缆模拟四端网。

电缆模拟单元用集中参数四端网络去等效于具有分布参数的实际电缆四端网络，二者特性阻抗和衰耗常数均相等。

防雷模拟网络盘原理图如图 3-9 所示，电缆单元内部包含 0.25 km、0.5 km、1 km、2 km、2 km、2×2 km 六节模拟电缆网络。模拟电缆补偿原则是实际电缆加模拟电缆长度之和为一个固定值。具体方法是根据实际电缆长度确定模拟电缆长度，然后将相应长度的模拟电缆串接进去。补偿精度为 0.25 km。

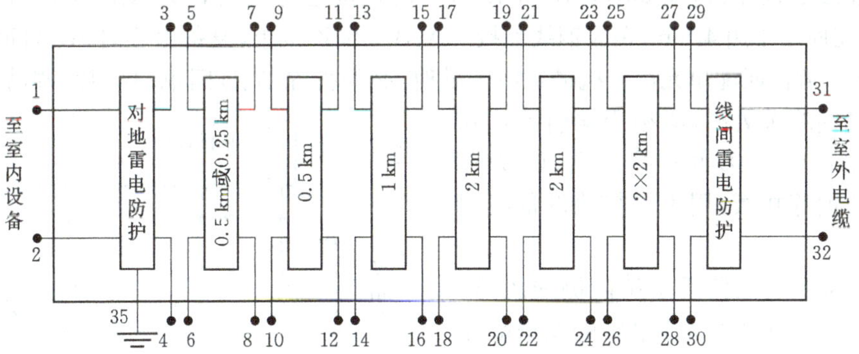

图 3-9 防雷模拟网络盘原理图

7. 无绝缘轨道电路机柜

无绝缘轨道电路机柜可安装 20 台发送器、10 台接收器、10 台衰耗冗余控制器或者 10 台双频衰耗冗余控制器及主发送器断路器、备发送器断路器、接收器断路器、6×8 柱零层端子、电源端子。

每台机柜可安装10套轨道电路设备，每套轨道电路由主发送器、备发送器、接收器、衰耗冗余控制器组成。发送器冗余工作方式为主发送器、备发送器在机柜内部自行构成“1+1”双机热备结构。接收器按照1、2；3、4；5、6；7、8；9、10在机柜内部自行构成双机并联运用结构。

机柜正面由8层设备组成，由上至下分别是主发送器、备发送器、接收器、衰耗冗余控制器、衰耗冗余控制器、主发送器、备发送器、接收器。

机柜背面由上至下分别安装零层端子板、断路器组合板、零层端子板、电源端子板。上部的零层端子板用于机柜上半部五个轨道电路设备的对外接线；下部的零层端子板用于机柜下半部五个轨道电路设备的对外接线及列控中心与机柜之间的通信线连接。断路器组合版安装20个10 A和10个5 A断路器，10 A用于发送器的过流保护；5 A用于接收器的过流保护；电源端子用于发送器电源、接收器电源与供电电源屏的连接。无绝缘轨道电路机柜对外连接采用下出线或者上出线方式，可根据现场走线需要选定。

8. 无绝缘轨道电路接口柜

无绝缘轨道电路接口柜可安装9层模拟网络组匣，每层模拟网络组匣可安装8台防雷模拟网络盘，出线方式可根据现场实际需要采用下出线或者上出线方式。

(二)室外设备

1. 调谐匹配单元

调谐匹配单元用于无绝缘轨道电路中的电气绝缘节和机械绝缘节处。调谐部分对于相邻区段的移频信号形成串联谐振，呈现零阻抗，实现了对相邻区段信号的电气隔离；对于本区段移频信号呈容性，与调谐区综合电感构成并联谐振，呈现极阻抗，使本区段移频信号能够稳定传输；匹配部分实现钢轨阻抗和电缆阻抗的匹配连接，以实现轨道电路信号的有效传输。调谐匹配单元可以简单地看作是原ZPW-2000A轨道电路中调谐单元(BA)和匹配变压器(TAD)的二合一设备，共分为四种型号，根据本区段的载频频率选用。

调谐匹配单元原理图如图3-10所示。E_1、E_2连接电缆，V_1、V_2为匹配单元的测试端子，V_1与V_3在使用中用4 mm^2多股铜线连接。A、B为铜连接板，设备出厂时A、B间使用铜引接片连接。调谐匹配单元用于机械绝缘节处时，必须拆除A、B间铜引接片；调谐匹配单元用于电气绝缘节处时，必须用铜引接片和ϕ4 mm螺母将A、B间短接。U_1、U_2为盒体外方的铜连接板，用于与其他设备或钢轨连接。

站内匹配变压器用于站内侧线股道、道岔区段及其他双频轨道电路的发送端和接收端，主要完成钢轨阻抗和电缆阻抗的匹配连接，达到向钢轨输出较大功率信号的目的。此匹配单元中的匹配变压器为变比可变型，可以根据站内多变的站场情况依据调整表进行设置。

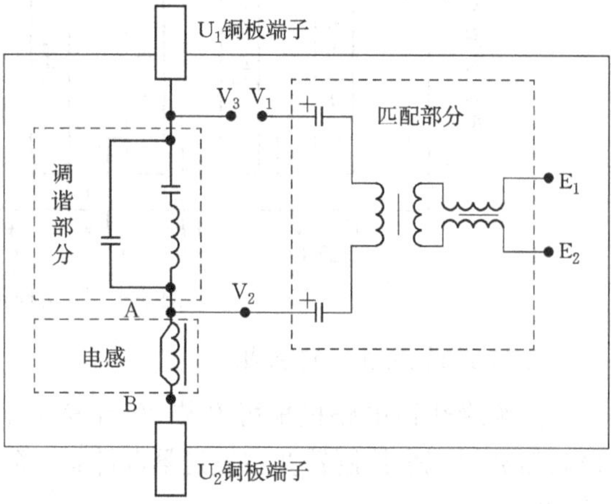

图3-10　调谐匹配单元原理图

2. 空芯线圈

空芯线圈设置于电气绝缘节中心位置，用于平衡牵引电流和稳定调谐区阻抗，线圈中点可以作为钢轨的横向连接、牵引电流回流连接和纵向防雷的接地连接使用。

机械绝缘节空芯线圈用于进/出站口处，该设备与调谐匹配单元形成并联谐振，使机械绝缘节电气参数与电气绝缘节等效，从而使含有机械绝缘节的轨道电路区段与双端均为电气绝缘节的区段达到等长传输距离。线圈中点同样可以作为钢轨的横向连接，与相邻区段扼流中心点连接和纵向防雷的接地连接使用。

3. 补偿电容

补偿电容用来补偿因钢轨电感的感抗所产生的无功功率损耗，保证接收端信号有效信干比，使得轨道电路具有良好传输性能。补偿电容按照等间距原则进行布置，电容间距根据不同情况通过计算确定。

4. 扼流变压器

扼流变压器用于区间 ZPW-2000A 无绝缘轨道电路区段，需要将牵引回流线或保护线引入钢轨及其上、下行线路间横向连接线的地方，平衡牵引回流，使之不影响轨道电路的正常工作，其作用有二：一是降低不平衡牵引电流在扼流变压器两端产生的 50 Hz 电压，使其不大于 2.4 V；二是导通钢轨内的牵引电流，使其畅通无阻。为了降低该设备的引入对区间轨道电路的影响，在不大于规定的不平衡牵引回流条件下，其对于轨道电路信号的阻抗不小于 17 Ω。BE(K)型扼流变压器接线图如图3-11所示。

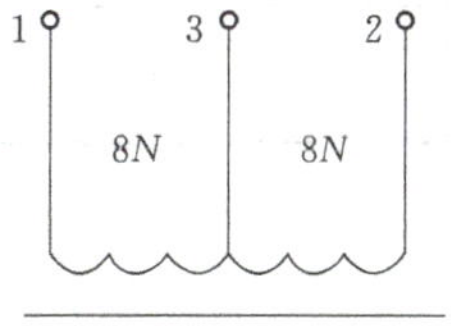

图 3-11　BE(K)型扼流变压器接线图

(三)高速铁路一体化轨道电路与普速铁路 ZPW-2000A 轨道电路结构上的区别

1. 室内设备的区别

(1)高速铁路一体化轨道电路移频柜内发送盒采用的是“1＋1”冗余结构；普速铁路 ZPW-2000A 轨道电路发送盒采用的是“N＋1”冗余结构。

(2)高速铁路一体化轨道电路的低频码发码使用列控中心计算机通过 CAN 总线的方式向发送盒发出的，而普速铁路 ZPW-2000A 轨道电路使用计算机联锁驱动 24 V 电源通过继电器编码条件、编码电路中的读取光耦和控制光耦，产生方波信号实现的。

既有线 ZPW-2000A 轨道电路的结构

(3)高速铁路一体化轨道电路的模拟网络盘模拟区间电缆长度是按 7.5 km 设置，站内区段按 10 km 设置；普速铁路 ZPW-2000A 轨道电路则按电缆配置长度不同分为 10 km、12.5 km 和 15 km 三种设置。

(4)高速铁路轨道电路的发送功出电平级和主轨出电压、小轨出电压及轨入的调整表是和普速铁路 ZPW-2000A 轨道电路不同的，高铁一体化轨道电路分得更细，按照道床漏泄和模拟电缆长度的电气特性不同有无砟、有砟；桥梁、隧道、路基等不同组合的调整表，而普速铁路 ZPW-2000 轨道电路只有一种。

2. 室外设备区别

(1)高速铁路一体化轨道电路低频码共有 12 种，分别为：检测码 27.9 Hz、H 码 29 Hz、HU 码 26.8 Hz、U 码 16.9 Hz、UU 码 18 Hz 、UUS 码 19.1 Hz 、LU 码 13.6 Hz、L 码 11.4 Hz、L2 码 12.5 Hz、L3 码 10.3 Hz、L4 码 23.5 Hz、L5 码 21.3 Hz；普速铁路 ZPW-2000 轨道电路低频

码中没有检测码、L2 码、L3 码、L4 码、L5 码;这是根据列车运行的速度和制动距离决定的。

(2)一体化轨道电路不论区间和站内所有的补偿电容均采用 25 μF(当道床漏泄电阻为 2.0~3.0 Ω·km 时,补偿电容容值为 25 μF 一种);而普速铁路 ZPW-2000A 轨道电路则是按照不同的载频及轨道电路长度采用不同的补偿电容,见表 3-1。

表 3-1 普速铁路自动闭塞与高速铁路自动闭塞的比较

载频(Hz)	补偿电容容量(μF)	轨道电路长度(m)
1 700	55	250~1 450
	40	1 451~1 500
2 000	50	250~1 400
	33	1 401~1 500
2 300	46	250~1 350
	30	1 351~1 500
2 600	40	250~1 350
	28	1 351~1 500

第三节 高速铁路闭塞电路的原理

一、轨道电路的设置

区间采用高速铁路 ZPW-2000A 型无绝缘轨道电路。发送双机热备、接收双机并联运用;故障监测和发送切换由轨道电路实现;低频信息编码和切频控制由列控中心实现。

区间上行正线载频采用 2 000/2 600 Hz;区间下行正线采用 1 700/2 300 Hz。区间、车站轨道电路载频统一排列,绝缘节两侧采用不同频率。区间正向增加 L4、L5 低频信息码,反向按追踪码序发码。轨道电路实现轨道空闲检查,并连续向列车传送空闲闭塞分区数量、道岔侧向允许速度等信息。调谐区小轨道条件不纳入联锁,仅作为检测内容。

ZPW-2000A 轨道电路保留接收器驱动的轨道继电器 GJ,为其他系统提供轨道区段的空闲状态,并作为区间信号机点灯的控制条件。列控中心采集区间 GJ,用于轨道状态的校核。接近区段和离去区段轨道占用/空闲状态,由计算机联锁直接采集区间 GJ。中继站管辖范围的轨道状态,由列控中心通过站间通道传至邻站,将占用/空闲状态信息提供给 CTC。

轨道电路控制电缆长度原则上按不超过 10 km 设计。对 200 km/h 及以下区间(有砟轨道),最小道床漏泄电阻取 2.0 Ω·km,标准分路电阻取 0.15 Ω;160 km/h 及以下低速区段最小道床漏泄电阻取 1.0 Ω·km;标准分路电阻 0.15 Ω。

二、列控中心与轨道电路的通信

(一)列控中心与轨道电路的接口

列控中心通过与轨道电路的接口(T 口)和轨道电路通信。轨道电路状态(GJ)和低频编码信息以通信方式交互。列控中心根据 ZPW-2000A 提供的基于 CAN 总线的通信协议实现互联。轨道电路与列控中心的通信拓扑结构如图 3-12 所示。

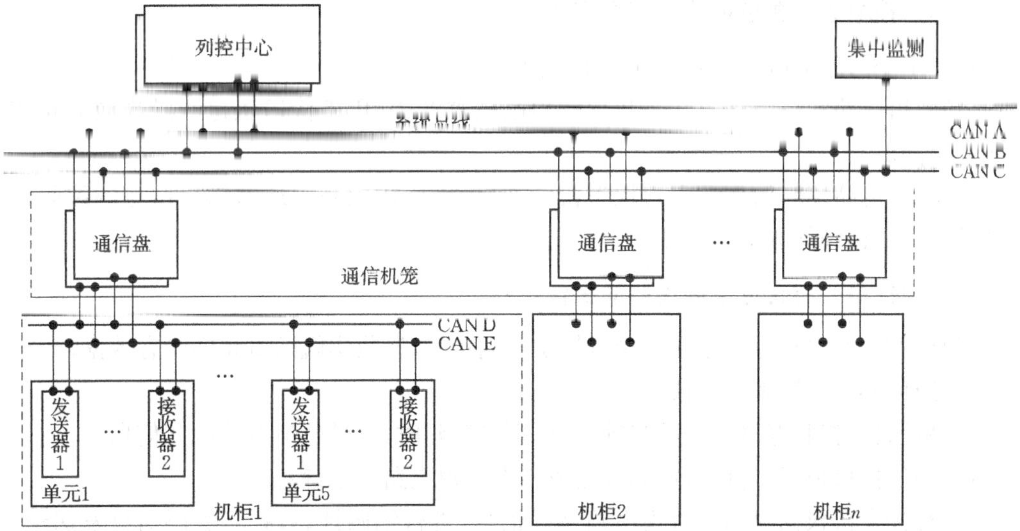

图 3-12　轨道电路与列控中心的通信拓扑结构图

通信接口单元实现列控中心设备对外的通信接口，主要实现列控中心对轨道电路、LEU 及 CTC 设备的通信。

通信接口单元为一个 4U 的机笼单元，配置在列控中心的主机柜中。通信接口单元中包含三种类型的通信接口板：轨道电路通信接口板（CI-TC）、CTC 通信接口板（CI-GS）和应答器报文实施编码板（CI-TIU）。

CI-TC 为轨道电路通信接口板，用于实现列控中心和轨道电路设备的编码通信。其中，CAN 总线的 CANA、CANB 用于和列控主机交换数据；CAN 总线的 CANC 用于发送监测数据给监测维护机；CAN 总线的 CAND、CANE 用于和轨道电路设备交换数据。列控中心与轨道电路的数据通信接口如图 3-13 所示。

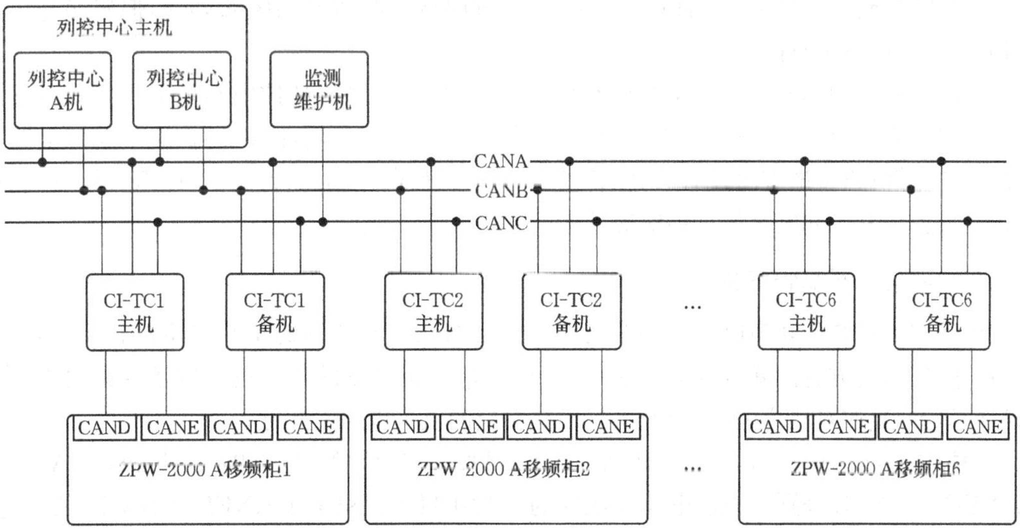

图 3-13　列控中心与轨道电路的数据通信结构

(二)列控中心与轨道电路的信息交换

列控中心与轨道电路主要交换如下信息：

(1)轨道电路状态信息。状态数据帧由接收器产生，用于传送轨道区段当前的状态，即占用或空闲。

(2)轨道电路编码信息。由列控主机产生，用于传输控制发送器输出信号的编码命令，即载频编码数据和低频编码数据。

(三)列控中心与轨道电路接口的工作过程

(1)列控中心向轨道电路通信接口板发送同步帧，以收集轨道电路的状态数据。

(2)通信接口板转发同步帧。

(3)发送器、接收器接收到同步帧后，分别进行延时，发送轨道电路状态信息。

(4)通信接口板经过打包，向列控主机转发轨道电路状态信息。

(5)列控主机根据收到的轨道电路状态信息，进行编码计算，并将编码信息发送给轨道电路通信接口板。

(6)通信接口板转发编码信息，发送器根据编码信息，产生调制信号向钢轨发送；接收器根据编码信息，处理轨道上返回的调制信号。

三、200～250 km/h 自动闭塞的实现

区间正向按自动闭塞方式追踪运行，正向旅客列车最小追踪间隔 4 min，反向按站间闭塞方式运行。闭塞分区的划分应满足动车组列控车载设备按照目标—距离模式控车和按四显示自动闭塞行车的要求。

有运行非动车组列车的 200～250 km/h 高速铁路保留区间通过信号机，以满足未装设 ATP 车载设备非动车组列车的行车需要。

增加防护码——H 码；增加 L2～L5 码；反方向运行时按站间闭塞办理，但码序与正方向相同，所有区段都有码。

在高速铁路的车站和中继站都设有列控中心，高速铁路的列控中心除了必须具备接发车进路报文发送、临时限速报文发送、进站信号机降级显示等功能外，还扩展了轨道电路低频编码、轨道电路发送方向控制、区间轨道电路状态判断、区间运行方向与闭塞控制、区间信号机点灯控制和站间安全信息传输等功能。

(一)轨道电路编码控制

列控中心接收各轨道电路的列车占用轨道区段信息和联锁的车站进路信息，根据每个轨道电路运行前方各闭塞分区的状况(对于进站信号机外方的各接近区段还要根据进站信号机的显示)生成对轨道电路低频编码，发往对应的轨道电路发送器。

列控中心通过 T 口与轨道电路接口，列控中心 CAN 总线的 CANDH、CANDL、CANEH、CANEL 分别与轨道电路发送器的 CANDH、CANDL、CANEH、CANEL 相连，实现无接点载频和低频编码。轨道电路编码控制原理如图 3-14 所示。

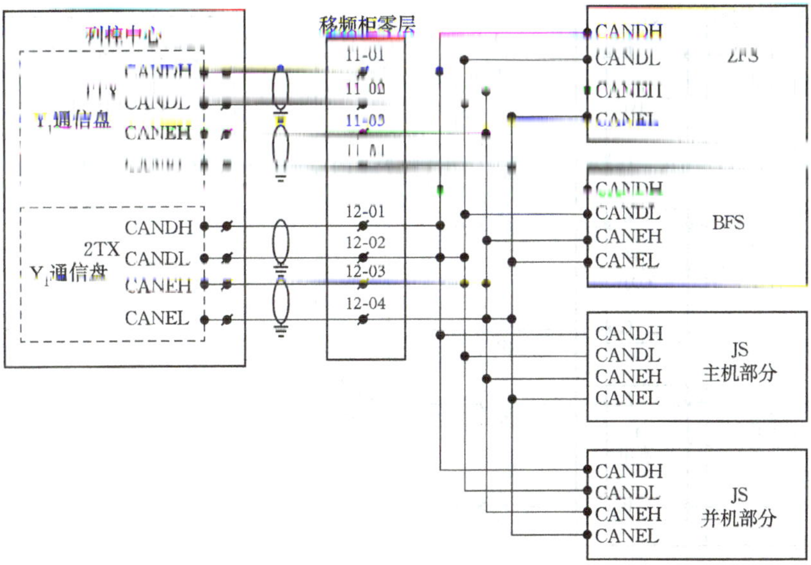

图 3-14　轨道电路编码控制原理

(二)区间通过信号机点灯控制

列控中心根据运行前方各闭塞分区的状况,决定防护本闭塞分区通过信号机的显示,同时对灯丝断丝做相应处理,具备红灯灯光转移功能;接收来自 CTC 的命令,完成无岔站信号点灯及进路状态的控制。

列控中心根据各闭塞分区状态信息,通过信号点灯控制接口(V 口)驱动区间通过信号机,并驱动红灯继电器 HJ、黄灯继电器 UJ、绿灯继电器 LJ,HJ、UJ、LJ 电路如图 3-15 所示。由 HJ、UJ、LJ 接点构成通过信号机点灯电路,如图 3-16 所示。为了保持编码与信号机显示的一致性,列控中心采集灯丝继电器 DJ 的状态。

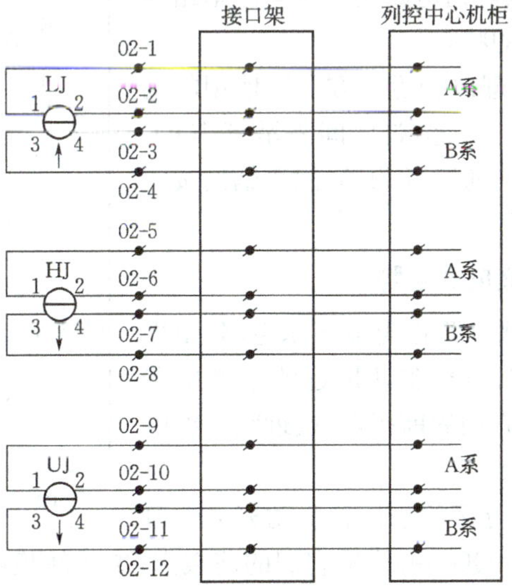

图 3-15　HJ、UJ、LJ 电路

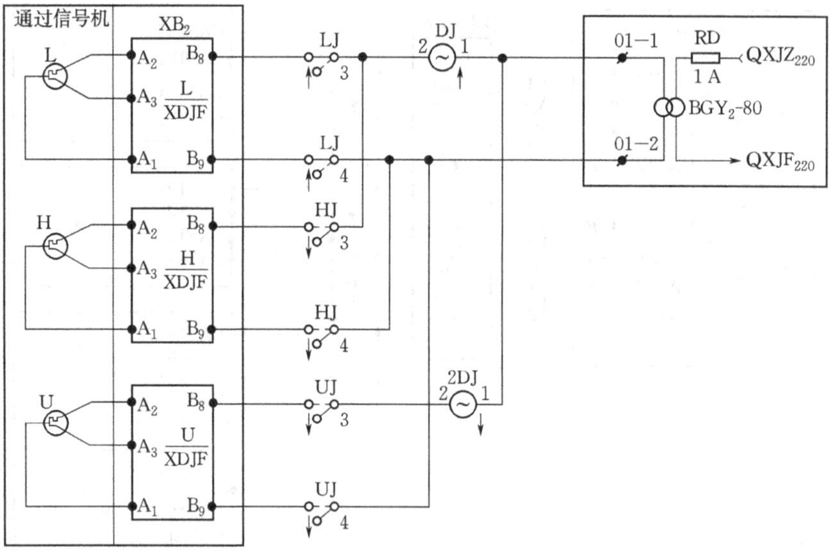

图 3-16　通过信号机点灯电路

(三)区间方向控制电路

行车人员根据调度命令在车站联锁控制台上进行改变运行方向操作后,列控中心接收来自联锁的区间方向控制信息,通过车站间通信完成区间运行方向与闭塞的控制,驱动区间轨道电路方向继电器,控制轨道电路的发码方向。

列控中心根据区间方向控制信息,驱动各个方向每个信号点的方向切换继电器 FQJ,区间方向控制电路如图 3-17 所示。FQJ 落下表示正方向;FQJ 吸起表示反方向,然后由 FQJ 动作方向继电器 FJ 和方向复示继电器 FJF,FJF 用于切换轨道电路发码方向。车站列控中心回采各 FJ 和 FJF 的状态。

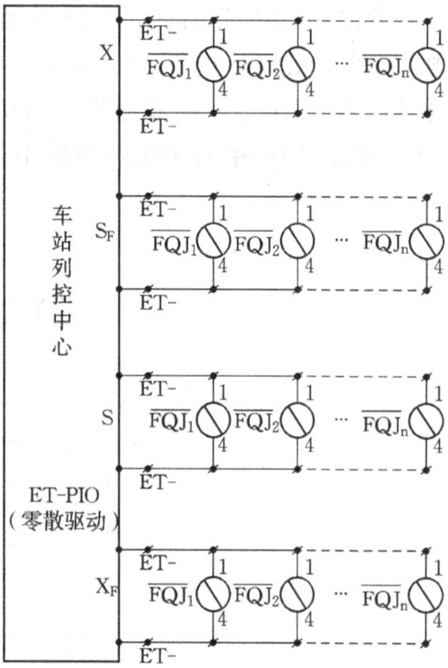

图 3-17　区间方向控制电路

车站联锁终端设置办理改变运行方向所使用的接车表示灯 JD、发车表示灯 FD、监督区间表示灯 JQD、辅助办理表示灯 FZD、总辅助按钮 ZFA、发车辅助按钮 FFA、接车辅助按钮 JFA。

(四)接近、离去轨道继电器电路

列控中心设接近、离去轨道继电器驱采电路,由列控中心根据闭塞分区状态信息驱动接近轨道继电器 1JGJ、2JGJ、3JGJ,并回采它们的前接点,接近轨道继电器驱采电路如图 3-18 所示。

由列控中心根据闭塞分区状态信息驱动离去轨道继电器 1LQGJ、2LQGJ、3LQGJ,并回采它们的前接点,离去轨道继电器驱采电路如图 3-19 所示。

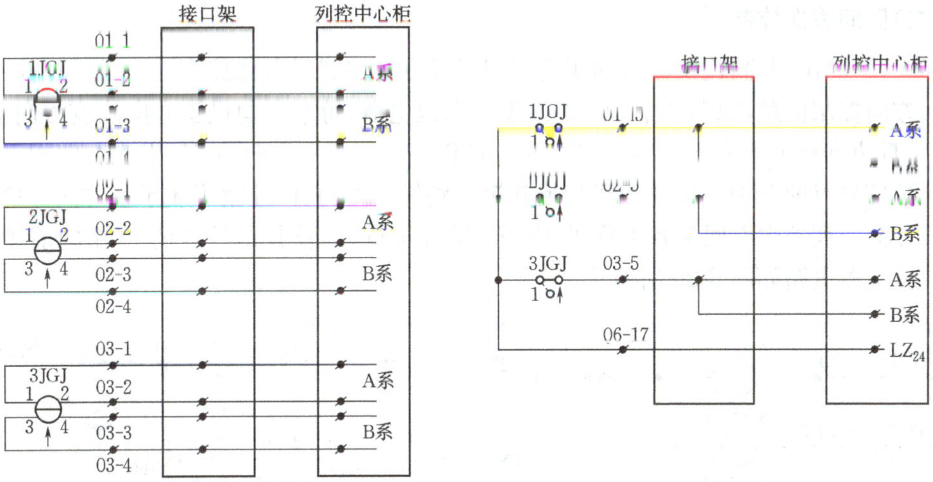

(a) 接近轨道继电器驱动电路　　(b) 接近轨道继电器采集电路

图 3-18　接近轨道继电器驱采电路

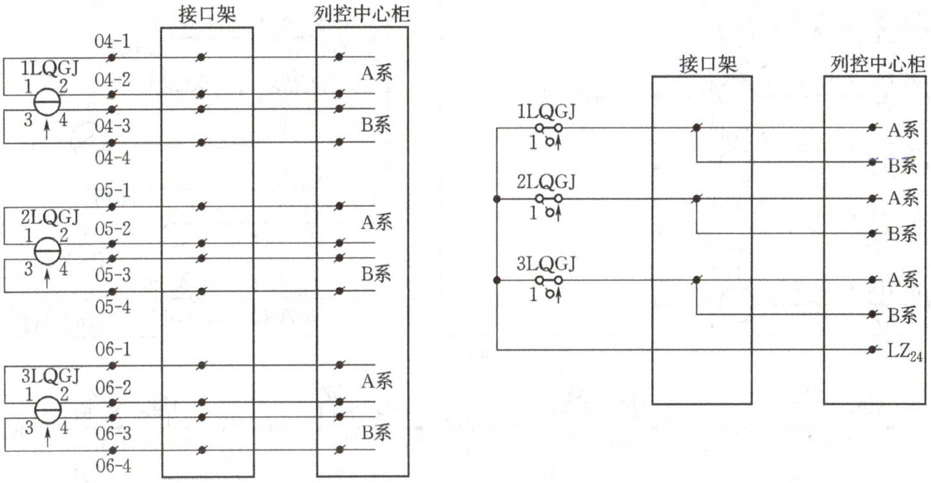

(a) 离去轨道继电器驱动电路　　(b) 离去轨道继电器采集电路

图 3-19　离去轨道继电器驱采电路

四、300～350 km/h 自动闭塞的实现

区间采用计算机编码控制的 ZPW-2000 系列无绝缘轨道电路，轨道电路的传输长度满足相关技术条件。轨道电路的正常码序为 L5—L4—L3—L2—L—LU—U—HU，满足 CTCS-3 级 300 km/h 速度列车安全运行的要求。为满足 300 km/h、3 min 列车追踪运行的要求，并考虑轨道电路传输长度等条件，闭塞分区长度原则上按照不少于 2 000 m 进行设计（为便于闭塞分区标志牌的安装，闭塞分区分界点考虑与某个接触网支柱同里程）。闭塞分区配置要考虑电气化分相绝缘器的位置，以防止列车停车再运行时无法越过无电区域。

（一）轨道电路编码控制

300～350 km/h 高速铁路自动闭塞和 200～250 km/h 高速铁路自动闭塞一样，轨道电路的编码由列控中心完成。闭塞分区空闲时，发送器的输出使本闭塞分区的 GJ 吸起。列控中心采集 GJ 的前接点。

(二)区间方向控制

300～350 km/h 高速铁路自动闭塞区间运行方向控制仍由列控中心完成。列控中心根据区间方向控制信息,驱动各个方向的改变方向继电器,每个方向设正方向改变方向继电器 ZGFJ 和反方向改变方向继电器 FGFJ,再由他们去控制每个方向的 FJ,由本方向的 FJ 控制本方向各信号点的 FQJ。FQJ 用于切换轨道电路发码方向,FQJ 落下表示正方向;FQJ 吸起表示反方向。列控中心回采各方向的 FJ 定、反位接点,以及各信号点的 FQJ 的前接点,改变方向继电器电路如图 3-20 所示。

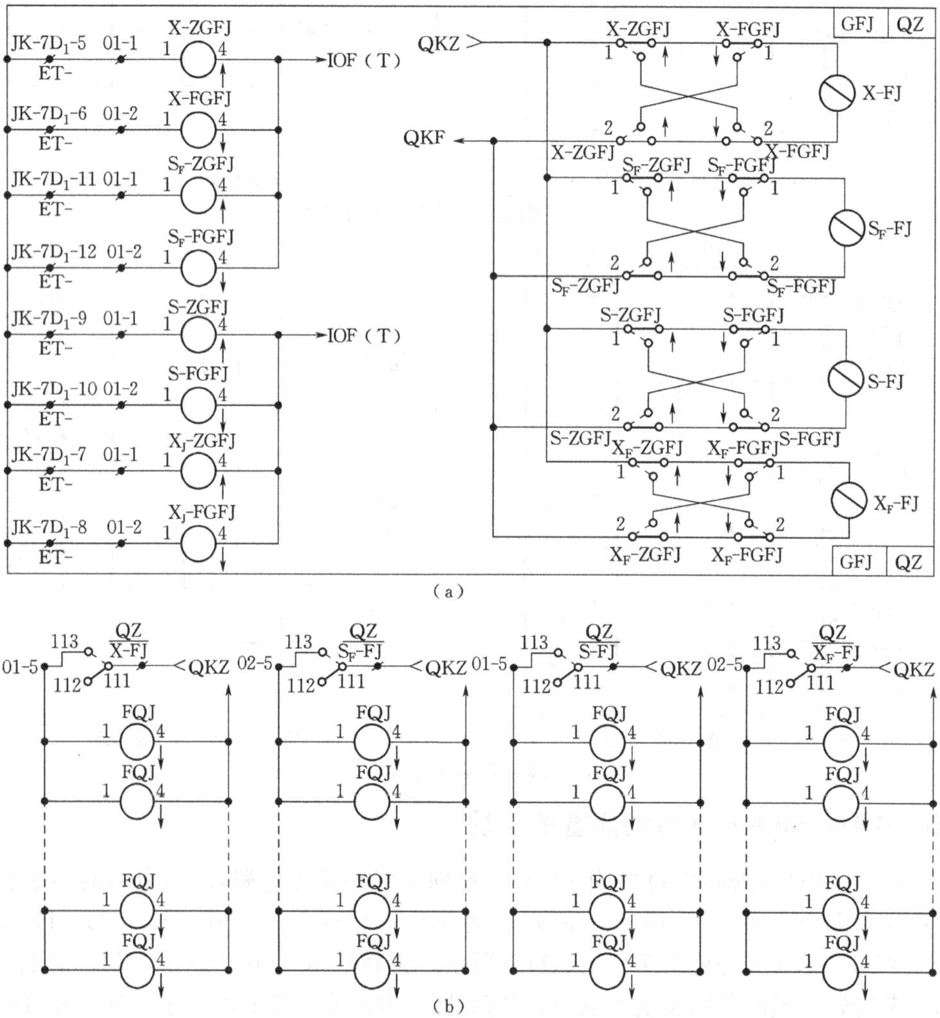

图 3-20　改变方向继电器电路

(三)区间通过信号机点灯控制

区间不设通过信号机,无须点灯控制,在闭塞分区分界处(尽量利用接触网杆)设置标志牌,闭塞分区信号标志牌如图 3-21 所示。

(四)普速铁路自动闭塞与高速铁路自动闭塞的比较(表3-2)

1. 轨道电路低频编码

普速铁路自动闭塞采用继电式编码，高速铁路自动闭塞由列控中心进行编码。

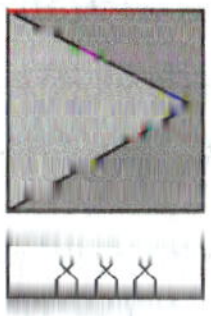

图3-21 闭塞分区信号标志牌

普速铁路ZPW-2000移频自动闭塞的编码原理

2. 区间通过信号机点灯

普速铁路自动闭塞采用继电式控制通过信号机点灯；高速铁路自动闭塞200～250 km/h的线路由列控中心控制HJ、UJ、LJ点灯；300～350 km/h的线路不设通过信号机，无须点灯。

3. 区间方向切换

普速铁路自动闭塞采用继电式改变运行方向；高速铁路自动闭塞由列控中心控制轨道电路发码方向。

普速铁路ZPW-2000移频自动闭塞的点灯原理

普速铁路自动闭塞改变运行方向原理

表3-2 普速铁路自动闭塞与高速铁路自动闭塞的比较

自动闭塞			控制方式	对应的轨道区段及使用的继电器			
				三接近区段	二接近区段	一接近区段	一般闭塞分区
普速铁路		编码	继电式	LXJ2F、ZXJF、LUXJF、TXJF、YXJF、4GJ、5GJ	LXJ3F、ZXJ2F、LUXJ2F、4GJ、5GJ、1GJ	1GJ～5GJ	1GJ～5GJ
		点灯	继电式	LXJ2F、ZXJF、LUXJF、GJF	LXJ3F、ZXJ2F、1GJ、GJF	1GJ、2GJ、GJF	1GJ、2GJ、GJF
		方向切换	继电式	FJ_1、FJ_2、QZJ、QFJ			
高速铁路	200～250 km/h	编码	列控中心控制	列控中心编码			
		点灯		列控中心控制HJ、UJ、LJ点灯			
		方向切换		由列控中心控制FQJ，FQJ动作FJ和FJF，FJF用于切换轨道电路发码方向			
	300～350 km/h	编码	列控中心控制	列控中心编码			
		点灯		无须点灯			
		方向切换		由列控中心控制ZGFJ和FGFJ，再由它们去控制每个方向的FJ，由本方向的FJ控制本方向各信号点的FQJ，进而由FQJ切换轨道电路发码方向			

五、区间逻辑占用检查

自动闭塞区段，无论是通过信号机显示还是车载设备收到的行车信息，均是以闭塞分区占用、空闲作为判断的基础。由于钢轨、轮对表面存在影响分路电阻的物质(如撒沙、油污、锈蚀等)，会造成轮轨间电气性能的变化，从而出现占用丢失现象。发生占用丢失后，可能会造成一个闭塞分区中同时存在两辆列车运行的情况。但是，仅从轨道电路方面采取措施无法根本解决区间占用丢失问题。鉴于以上情况，有必要采取类似站内三点检查的逻辑判断方式，对区间闭塞分区占用丢失进行安全防护。

区间占用逻辑检查是指列控中心采集区间轨道区段的物理占用状态，并结合列车的占用顺序，判断出闭塞分区的逻辑状态。

轨道区段的物理状态分为两种：

(1)占用。当列控中心采集到的轨道继电器落下或者 ZPW-2000A 轨道电路上传区段占用时，列控中心判断物理状态占用。

(2)空闲。当列控中心采集到的轨道继电器吸起并且 ZPW-2000A 轨道电路上传区段空闲且持续 3 s 时，列控中心判断物理状态空闲。

闭塞分区的逻辑状态分为四种：

(1)空闲。表示列车未占用该闭塞分区且该闭塞分区轨道电路所反映的线路状态为空闲。

(2)正常占用。表示列车占用该闭塞分区且该闭塞分区轨道电路所反映的线路状态为占用。

(3)故障占用。表示列车未占用该闭塞分区，但该闭塞分区轨道电路所反映的线路状态为占用。

(4)失去分路。表示列车占用该闭塞分区，但该闭塞分区轨道电路所反映的线路状态为空闲。

在高速铁路，通过列控中心 TCC 的软件实现区间占用逻辑检查。区间逻辑检查软件的核心逻辑是从列车出发开始，TCC 追踪列车的运行轨迹，根据区间的运行方向和列车当前的占用位置，判断列车下一时刻可能占用的闭塞分区。如果下一个出现占用的闭塞分区位置符合判断，则轨道电路设备正常；如果某时刻出现占用或空闲的闭塞分区前后空间位置逻辑关系与列车运行轨迹不符合物理位置空间连续性的要求，则轨道电路设备可能出现异常，此时将对应闭塞分区的逻辑状态置为故障占用或失去分路，其后方闭塞分区发送 HU 码，防护该闭塞分区的信号机点亮红灯对其进行防护。

列车在区间线路运行，当某闭塞分区发生列车占用丢失时，其运行后方至少有一架信号机保持红灯对其进行防护。随着列车运行，列控中心根据本闭塞分区及前方闭塞分区顺序占用、出清的状态变化，对处于故障占用或占用丢失状态的闭塞分区进行逻辑判断，当达到安全防护自动解锁条件时，列控中心对该闭塞分区实施安全防护自动解锁。实施安全防护自动解锁或使用区间逻辑状态确认命令人工解锁后的闭塞分区，其防护信号机、闭塞分区轨道区段状态和码序恢复正常，后续列车可按照车载或地面信号机显示正常运行。当因某种特殊情况，系统故障或不具备自动解锁防护措施时，需使用区间解锁按钮按照规定程序进行人工解锁。

为了防止在紧追踪情况下列控中心错误的自动解除失去分路，列控中心为每列车分配一个信号许可，作为列控中心进行占用逻辑检查的检查范围。

信号许可 SA 是指 TCC 用来空间隔离不同列车，确定列车对其他闭塞分区逻辑状态影响范围的辅助标志。SA 包含一个或若干个连续的闭塞分区，在一个 SA 内只允许有一列车。

信号许可沿着区间运行方向，自列车占用的闭塞分区开始，至前方非空闲的闭塞分区或进站信号机结束。

该方案实现了当出现占用丢失时的红灯防护，从而提高自动闭塞区间列车运行的安全性，而且将改善运输应急处置方式，降低对运输效率的影响。

第四节 高速铁路闭塞系统维护

一、高速铁路自动闭塞系统日常维护项目

室内设备日常巡视项目如下：

(1)移频柜、接口柜、组合柜外观检查。

①各机柜安装牢固，无倾斜，组合柜柜门关闭良好。

②器材安装牢固、插接可靠、平整，无松动、无过热、异声、异味等异常现象，无报警。

(2)发送器、接收器、衰耗器、防雷模拟网络盘、空气开关、继电器外观检查。

①设备名称标识正确、齐全。

②各指示灯指示正确。

③防雷元件安装良好，劣化指示窗显示绿色。

(3)日测试(每班1次)衰耗盘轨入、主轨出、小轨出电压、发送功出电压。

①轨入电压：主轨道电压符合本区段调整表指标，小轨道电压≥20 mV。

②主轨出电压：≥240 mV

③发送功出电压符合本区段调整表要求。

(4)机房环境

室内温度：15 ℃～30 ℃；相对湿度：10%～75%(设备可靠工作环境温度：－5 ℃～40 ℃；相对湿度：不大于95%)。

二、高速铁路自动闭塞系统集中检修项目

(一)室内设备集中检修项目

(1)移频柜、接口柜、组合柜检修。

①各机柜安装牢固，无倾斜，组合柜柜门关闭良好。

②配线整齐，绑扎、固定牢靠，不紧绷，万可端子配线插接牢靠，端子紧固，线头焊接良好，无霉变、无毛刺，断股不超过1/5，线条无破损，屏蔽线成端良好，无破损，线槽盖板齐全。

(2)发送器、接收器、衰耗器、防雷模拟网络盘、空气开关、继电器。

①器材安装牢固、插接可靠、平整，无松动、无过热、异声、异味等异常现象，无报警。

②发送器、衰耗盘、防雷模拟网络盘调整用封线插接可靠。

(3)各部螺栓检查、紧固、清扫，走线架、各机柜配线及电缆检查、清扫。

螺栓紧固，附件齐全，走线整齐、平直，配线清洁、干净，线槽盖板完好。

(4)地线及防雷元件检查。

防雷地线、安全地线连接良好，螺栓紧固，防雷元件齐全，规格型号使用正确，接触良好、不松动，劣化指示窗显示绿色。

(5)室内防潮、防尘、防鼠检查。

室内密封良好，无鼠害隐患。

(6)移频报警试验。

关闭任一发送器、接收器，控制台有正常声、光移频报警。

(7)熔丝断丝报警试验。

断开任一空气开关，控制台有正常声、光熔丝断丝报警。

(8)发送器转换至备发送器试验(每年1次)。

逐一关闭发送器，能正常转换至备发送器工作，设备正常。

(9)接收器单独工作试验(每年1次)。

逐一关闭接收器，另一并联接收器能单独工作，设备正常。

(10)衰耗器电气特性测试。

①发送电源电压(24±0.5)V。

②接收电源电压(24±0.5)V。

③发送功出电平、电压、低频(±0.03 Hz)、中心频率(±0.15 Hz)。

④轨入、主轨出、小轨出电压、中心频率(±0.15 Hz)。

⑤GJ(Z)、GJ(B)、GJ电压≥20 V。

(11)防雷模拟网络盘测试。

①发送端主轨道载频设备侧、防雷侧、电缆侧电压。

②接收端主轨道、小轨道载频设备侧、防雷侧、电缆侧电压。

(12)信号电缆绝缘(每月测试1次)。

信号电缆全程综合对地绝缘大于或等于1 mΩ。

(13)地线测试。

地线电阻小于或等于1 Ω。

(14)检查贯通地线，不良整修。

贯通地线全程贯通，无损坏，接地电阻小于或等于1 Ω。

(二)室外设备集中检修

(1)轨道电路与车站分界点绝缘节检查。

绝缘节轨缝6～10 mm，轨缝完整无破损。每半年1次(隧道内禁停标志牌检查每季度)。

(2)轨距杆及护轮轨绝缘检查。

绝缘良好无破损。

(3)钢轨引接线、接续线、横向连接线、吸上线及地线检查、注油。

连接牢固、可靠，无严重锈蚀，断股不超过1/5，注油防锈；引接线、接续线塞钉头露出轨腰1～4 mm，无松动，线头连接良好，塞钉头涂油，线条平行绑扎，固定良好，地线标桩完整、齐全。

(4)扼流变压器检查。

安装牢固、连接端子螺栓牢固，无异常现象。

(5)补偿电容检查。

塞钉连接牢固、可靠，线条无损伤，固定良好，防护罩完好。

(6)调谐匹配单元、空心线圈、箱盒外观及禁停标志牌检查。

箱盒及防护罩完好、无破损、加锁良好，固定牢靠，方正；设备间连接螺丝紧固，线条完好；禁停标志牌稳固、完好、清晰。

(7)防雷元件检查。

防雷元件安装良好，劣化指示窗显示绿色。

(8)电缆径路及电缆盒检查同中继径路及电缆盒日常养护内容。

同中继径路及电缆盒日常养护作业标准。

二、高速铁路自动闭塞系统常见故障维修流程与方法

(一)ZPW-2000A 轨道电路与列控中心接口故障

列控中心与轨道电路接口故障主要有收到无效数据和未收到数据两种情况。在这两种情况下，列控中心不能立刻判定与轨道电路接口故障，可能使轨道电路闪红灯，影响整个系统的可用性和稳定性。列控中心应等待一定的时间以确认主通道是否永久故障，当列控中心与轨道电路接口发生故障时，列控中心等待一定的时间，如在该时间内收到有效数据，则继续正常工作；如未收到有效数据，则进行双系切换。切换完成后，重新与轨道电路建立通信，如通信建立，则切系后正常工作；如失败，则轨道电路发 27.9 Hz 占用检测码。

轨道电路通信接口组匣内的通信接口板将列控中心(CANA、CANB 总线)发出的低频、载频编码信息转发给接收器和发送器(CAND、CANE 总线)，把轨道占用及空闲信息发给列控中心，并将接收器和发送器监测信息(CANC 总线)转发给监测维护终端。

当接收器通信功能故障无法正常上传通信数据帧信息而轨道继电器正常吸起时，列控中心判定为通信故障，判定相应区段轨道状态为占用。当接收器通信功能正常而轨道继电器由于断线等原因落下时，列控中心 PIO 采集轨道继电器为落下，判定相应区段轨道状态为占用。轨道区段发生红光带故障时，首先应根据轨道电路自身工作状态、与列控中心通信状态及列控中心对轨道电路采集状态，判断红光带是否由于轨道电路自身故障导致，其判断流程如图 3-22 所示。

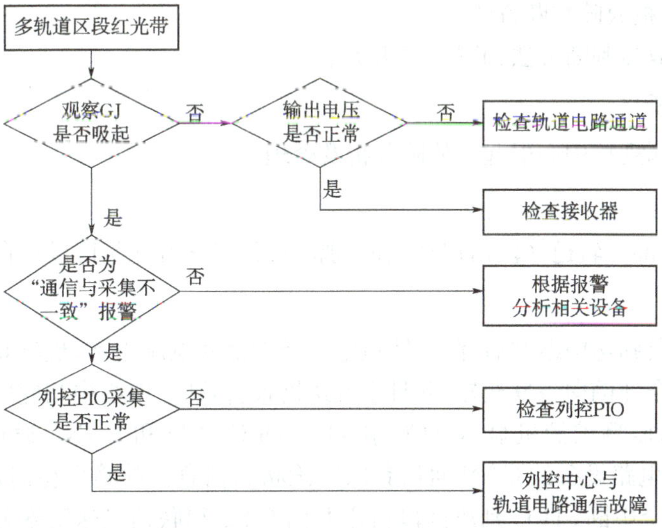

图 3-22　轨道电路与列控中心接口故障判断流程图

(二)ZPW-2000A 轨道电路与列控中心通信故障

1. CANA、CANB 通信故障

(1)CANA、CANB 通信故障分析

根据 CAN 通信线接线图,通信接口单元与列控中心双系通过 CANA、CANB 总线连接,均达到冗余通信功能。单一 CAN 总线故障时,并不影响列控中心对轨道电路状态的判断,只会产生相应的报警信息。同时,只有在列控中心双系故障或 CANA、CANB 总线故障时,才会造成红光带的故障,并且会造成管辖范围内所有轨道区段出现红光带故障。

(2)CANA、CANB 通信故障处理方法

检查通信接口单元与列控中心对应的 CANA、CANB 通信线缆是否完好、列控中心的工作状态是否正常,通信接口单元工作是否正常。

2. CAND、CANE 通信故障

(1)CAND、CANE 通信故障分析

根据 CAN 通信线接线图,通信接口单元与轨道电路移频柜的设备通过 CAND、CANE 总线连接,通信总线、通信接口板及轨道电路设备均具备冗余通信功能。单一 CAN 总线、通信接口板故障时,并不影响列控中心对轨道电路状态的判断,只会产生相应的报警信息。当发生红光带故障时,应确认是大面积故障还是单一的轨道区段故障,并首先应查看轨道电路自身工作状态是否正常、GJ 是否吸起、PIO 采集是否正确。

(2)CAND、CANE 通信故障处理方法

检查通信接口板与移频柜对应的 CAN 通信线缆是否完好及通信接口板的工作状态是否正常,检查轨道电路发送盒、接收盒是否正常工作。当单一区段通信故障或红光带时,应首先考虑轨道电路本身的设备及 PIO 采集问题;当本移频柜多个区段红光带故障时,应考虑 CAN 通信线、通信接口板故障及本架移频柜某个设备存在 CAN 短路的可能。

(3)通信接口板故障判断方法

通信接口板故障判断方法如图 3-23 所示。

(三)案例分析

【案例一】 因列控中心引起的故障分析及处理

1. 故障现象

××中继站,部分轨道区段出现红光带,现场确认出现红光带区段均在一个移频柜内。

2. 分析处理

现场工区人员到达中继站后,测试轨道电路受端信号电压正常,现场观察发现第 3 个移频柜中主发送器全部倒向备发送器,并且主发送器报警,列控中心中相应的轨道电路通信板也显示红灯报警,监测维护机显示 TCC 和 QY3 的 CAND 和 CANE 通道通信状态故障,TCC 通过与轨道电路设备的 CAN 通信获取区段状态信息。故障发生时,列控中心与轨道电路设备通信完全中断,TCC 判决区段占用并向 CTC 和联锁发送闭塞分区占用信息。通过重启整个机柜的主发送器后故障恢复。

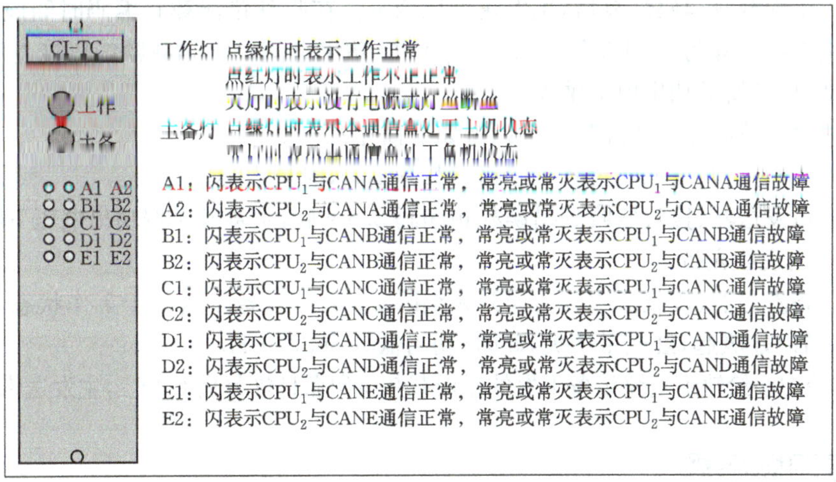

图 3-23　通信接口板故障指示灯对应图

3. 故障原因

发送器瞬间短路造成 CAND 和 CANE 通道通信状态故障，重启后设备恢复正常。分析如下：因 ZPW-2000 设备通过 CAN 总线与列控中心互相交换信息，若 TCC 中心发生故障，将可能导致 ZPW-2000A 设备出现红光带故障。通信板故障会中断 TCC 与轨道电路机柜、轨道电路机柜与轨道电路监测维护终端间的通信，其所控制的轨道区段仅发送轨道检测码 27.9 Hz，此种情况一般表现为一个轨道电路机柜的所有轨道区段的工作或某站某中继站管辖范围内的所有区段都出现红光带，所管辖的区段发送检测码。

故障的原因有可能是：

(1)列控中心双系均故障或 PIO 板故障。

(2)通道质量误码率较高或信息拥堵。

(3)信号安全数据网中断(交换机故障)。

(4)区间综合柜的 LKZ 电源断路器跳起。

(5)地震继电器落下，吸起相关条件不满足。

(6)异物继电器 YWJ 落下，造成轨道电路红光带。

此时，可通过列控维护机的网络通信状态拓扑图查找处理，可通过重启列控中心或检查信号安全数据网通道、检查 LKZ 电源等尝试解决。

【案例二】 列控编码错误造成车站多区段同时闪红光带

1. 故障现象

某站连续发生同一时段内主备发送器功出电压突降，并发出设备故障报警，多个区段 2.5 s 时长红光带故障。调阅监测数据发现，主备发送器故障前其载频编码出现无效值情况。

2. 分析处理

对轨道电路监测数据进行分析，发现红光带现象是由于列控下发无效载频编码信息造成。在收到错误载频编码时间段 2.5 s 内，主/备发送电压同时下降为 0。12.5 s 后，备发送电压恢复。错误载频编码恢复后，主发送电压恢复。在收到错误载频编码时间段 2.5 s 内，主发送功出电流下降为 0。12.5 s 后备发送工作，功出电流。错误载频编码恢复后，主发送功出电流恢复，备发送功出电流消失。

整个轨道电路红光带故障过程可以做如下描述：

(1)列控中心给轨道电路设备下发错误载频编码，时长 25 s。

(2)主/备发送器、接收器收到错误载频编码 2.5 s 后，主备发送器功出电压下降为 0，4 s 后 GJ 落下，出现红光带。

(3)主/备发送器、接收器收到错误载频编码 12.5 s 后，备发送处于工作状态，主发送不工作。15 s 后 GJ 吸起，红光带消失，此时，功出低频为 27.9 Hz。

(4)列控中心给轨道电路设备下发的错误载频编码条件恢复后 0.25 s，主发送恢复工作。

复习思考题

1. 简述高速铁路自动闭塞的特点。
2. 简述高速铁路自动闭塞设备的构成。
3. 简述通信接口板的作用。
4. 高速铁路轨道电路编码是如何实现的？
5. 高速铁路区间通过信号机的点灯如何实现？
6. 200～250 km/h 和 300～350 km/h 高速铁路的区间方向切换分别是如何实现的？
7. 简述普速铁路自动闭塞和高速铁路自动闭塞的异同，从设备构成、轨道电路编码、通过信号点灯和方向切换等几方面说明。

第四章 列车运行控制系统

列车运行控制系统是保障列车安全运行,提高运输效率的重要行车装备,是信号系统的主要组成部分,随着高速铁路的发展,铁路信号系统逐渐从以车站联锁为中心向以列控系统为中心转化。本章主要介绍列车运行控制系统的概述、CTCS-2/CTCS-3 级列控系统的发展、功能、系统结构、车载设备的工作模式,以及系统维护等知识。

第一节 列车运行控制系统概述

一、列车运行控制系统的基本描述

列车运行自动控制系统,简称列控系统,是对列车运行中的全部或部分作业实现自动控制的系统,根据列车运行的实际情况,对列车运行速度和控车方式等状态进行监督、控制和调整,保证列车安全运行的同时,提高行车效率。

列车在运行过程中,列控系统不间断获取地面信息和行车命令,生成列车运行速度曲线,控制列车按照不高于计算曲线的速度运行,并调整与前行列车之间的追踪距离。

列控系统一般包括地面设备、车载设备、数据传输网络、车—地信息传输设备等。地面设备连续向运行中的列车提供线路信息、目标距离、进路状态等基本信息;车载设备实时采集列车运行速度,根据接收到的信息生成目标—距离速度控制模式曲线,控制列车按照曲线速度运行;数据传输网络实现地面设备之间的数据信息交互;车—地信息传输设备用于完成车载设备对地面信息的接收和传递。

列控系统的主要目标是保证行车安全,提升运输效率,保证乘客舒适度。当列控系统发现危及行车安全的因素时,立刻向列车发送停车或降速命令,避免列车驶入危险区段或超速行驶。列控系统根据列车运行速度和制动性能确定列车安全制动距离,控制列车与前行列车之间保持最小追踪间隔安全运行,最大限度提高线路通过能力,保障运输效率。通过合理的控制技术,列控系统可以控制列车按照平滑的目标—距离速度控制模式曲线运行,增加乘客舒适度,提高正点率,为铁路乘客提供优质服务。

为了实现上述目标,列控系统需要实现几个基本功能:一是检查线路空闲状态,只有当线路处于空闲状态时,列车才能得到进入该区段的行车许可。二是检查危及行车安全的因素,危及行车安全的因素是多方面的,有很多甚至不可预测,列控系统需要逐步通过技术手段识别、消除或者减弱这些因素,使列车不会驶入危险区段或者按照规定的低速通过危险区段。三是控制列车运行速度和追踪间隔,“高速度”和“高密度”是现代轨道交通的发展趋势,列控系统既要保证行车速度，又要控制制动距离，保证列车不会追尾，同时也要缩短列车之间的追踪间隔，以提升线路列车密度，保障运输效率。

二、列控系统的分类

(一)根据车—地信息传输通道分类

根据车—地信息传输通道不同，列控系统可分为点式列控系统、连续式列控系统和点连式列控系统。

点式列控系统采用点式设备(如地面应答器)，在固定地点向列车传递控车信息，实现列车安全控制。

连续式列控系统的地面控制中心可实时、连续地向车载设备传输控制信息。连续式列控系统地对车的信息传输手段包括：轨道电路、轨道电缆(交叉环线)、波导管、漏泄电缆、无线通信等。

点连式列控系统兼顾了点式和连续式列控系统的优点，是一种连续式和点式相结合的列控系统。CTCS-2 级列控系统就是典型的点连式列控系统，车载设备从轨道电路提供的实时连续信息中得知前方轨道区段空闲数量、进/出站信号开放状态等信息，再根据应答器提供的信息得知轨道区段长度、坡度和速度等线路数据控制列车运行。

(二)根据人机优先等级分类

根据人机关系和控制的优先等级，列控系统分为设备制动优先方式和司机制动优先方式。

在设备制动优先方式下，车载设备通过自动触发不同等级的常用制动实现降速过程的自动速度控制；当列车速度低于缓解速度时，车载设备自动停止输出相应等级的常用制动命令，不必司机人工介入。

在司机制动优先方式下，司机负责操纵包括降速等环节在内的驾驶全过程；车载设备实施常用制动后，当列车速度低于缓解速度时，车载设备向司机提示允许缓解信息，司机按压缓解键后，“缓解”常用制动。

(三)根据控制模式分类

根据控制模式，列控系统可分为速度码阶梯控制方式和速度—距离模式曲线控制方式。

速度码阶梯控制方式是指在一个闭塞分区内只设置并控制一个速度等级，即在一个闭塞分区中只按照一个固定的参考速度判断列车是否超速运行。由于一个闭塞分区内的参考速度值是一定的，所以阶梯速度控制方式一般只在闭塞分区的入口或出口检查列车运行是否超速。

速度—距离模式曲线是根据目标速度、线路参数、列车参数、制动性能等信息计算生成反映速度与目标距离间关系的平滑曲线。速度—距离模式曲线反映了列车在各点允许的速度值。列控系统根据速度—距离模式曲线实时给出列车当前的允许速度，当列车超过当前允许速度时，设备自动实施常用制动或紧急制动，保证列车能在停车地点前停车。

三、CTCS 定义与分级

CTCS 是 Chinese Train Control System 的英文缩写，即中国列车运行控制系统，由国铁集团规划组织，在充分吸取国际列控系统先进经验的基础上，参照开放、统一的欧洲列车运行控制系统(ETCS)规范和国外高速铁路列控系统运用经验,结合我国铁路运输特点和实际情况,遵循全路统一的原则构建而成。CTCS 规范是中国铁路为了保证列车安全运行,并以分级形式满足不同线路运输需求的技术规范。

CTCS 系统分为 CTCS-0 级至 CTCS-4 级五个技术应用等级,每个级别都采用目标—距离控制模式,不同等级之间根据设备配置划分,主要体现在地—车传输方式、线路数据来源、闭塞方式、地面信号设置、轨道占用检查等方面。

CTCS-0 级,是非安全型系统,在设备配置上,车载设备为通用式机车信号系统和列车运行监控装置,地面设备使用轨道电路检查线路占用状态,适用于我国既有铁路列车运行速度不超过 160 km/h 的干线区段。

CTCS-1 级,车载设备由主体化机车信号和安全型列车运行监控装置组成,地面除轨道电路之外,增加点式设备,实现列车运行安全监控功能,适用于我国既有铁路列车运行速度不超过 160 km/h 的干线区段。

CTCS-2 级,车载设备除了主体化机车信号和安全型列车运行监控装置之外,增设车载列控系统 ATP,地面设备除了轨道电路和点式设备之外,增设列控中心,可以向列车传输线路占用状态和进路状态信息,车—地之间采用一体化设计,适用于 200～250 km/h 既有线提速区段和新建高速铁路。

CTCS-3 级,保留 CTCS-2 级系统设备作为备用系统,同时基于无线信息传输技术,地面系统增设 RBC 无线闭塞中心和无线通信设备,车载设备增设无线信息处理系统。一般情况下,采用 CTCS-3 级系统控制列车运行,出现危及行车安全的因素时,切换至 CTCS-2 级系统控车。CTCS-3 级列控系统适用于 300～350 km/h 高速铁路。

CTCS-4 级是完全基于无线信息传输技术的列车运行控制系统,地面轨道电路设备可取消,由无线闭塞中心和车载列控设备共同完成列车定位和完整性检查,按虚拟闭塞或移动闭塞方式动态监控列车追踪间隔,是高速铁路未来的发展方向,面向高速铁路和特殊线路。

第二节 CTCS-2 级列控系统

CTCS-2 级列控系统在 ZPW-2000 轨道电路基础上,通过地面加装点式应答器、列控中心 TCC、临时限速服务器 TSRS 等设备,动车组装备列控车载设备,实现与计算机联锁 CBI 系统、调度集中 CTC 系统等的有机结合,由地面设备、车载设备、信号安全数据网共同构成完整的 CTCS-2 级列控系统,满足 200～250 km/h 列车运行速度的运营要求,同时满足作为 300～350 km/h 线路后备模式的运营要求。

一、CTCS-2 级列控系统概述

(一)基本概念

CTCS-2 级列控系统面向提速干线和高速线路,适用于各种限速区段,是基于轨道电路和点式设备传输列车运行许可信息,采取目标—距离控制模式,实行一次制动方式来监控列车运行的车—地一体化列车运行控制系统,地面可不设通过信号机,司机凭车载信号行车。

CTCS-2 级列控系统是一种点连式列车运行控制系统,功能比较齐全,适合我国铁路实

际情况，系统通过轨道电路完成列车占用及完整性检查，连续向列车传送控制信息；点式信号设备向机车传输定位信息、进路参数、线路参数、限速信息和停车命令。

CTCS-2级列控系统采取准移动闭塞方式，其追踪运行间隔比固定闭塞小，适用于ZPW-2000和UM系列自动闭塞，能够很好地与既有车站计算机联锁或电气集中联锁和调度集中或调度指挥系统兼容，同时也能够支撑更高等级列车运行控制系统的发展，是兼备承上启下的列控系统，满足200～250 km/h线路的运营要求，也满足作为300～350 km/h高速线路后备模式的运营要求。

(二)系统特点

在系统结构方面，CTCS-2级列控系统在保留原有主体化机车信号和列车运行监控装置的基础上，车载设备增加了ATP设备，包括：安全计算机、轨道电路信息接收模块STM、应答器传输模块BTM、人机界面DMI等，在车站增设列控中心，在区间铁路沿线设置轨旁电子单元LEU和应答器。为了实现列车能够在不同的区段行驶，地面还设有切换应答器，列控设备与列车运行监控装置同时工作，司机根据接收的应答器信息切换控车方式。

在系统功能方面，车载安全计算机能够实现不同模式下对列车运行的监控和超速防护功能；车站列控中心可以向机车传输进路信息；地面应答器可以根据实际情况向车载设备传输临时限速等行车信息。

对于列车运行速度为200～250 km/h的动车组列车，车载装备CTCS-2级列控车载设备和列车运行监控装置LKJ，实现两者的有机结合和系统集成。当具备CTCS-2级控车条件时，采用列控车载设备控车方式；停车后可通过司机操作，进行列控车载设备和LKJ控车模式的转换。在CTCS-0级、CTCS-1级区段采用LKJ控车方式，准许的最高列车运行速度为160 km/h。

对于列车运行速度为300～350 km/h的动车组列车，车载装备CTCS-3级列控系统车载设备，同时具有CTCS-2级列控功能。在安装CTCS-3级列控系统地面设备的区段，按CTCS-3级控车，满足最高速度350 km/h的运行要求；在CTCS-3级设备故障的情况下，降速至300 km/h后自动转入CTCS-2级控车模式，在CTCS-3级设备故障恢复后可根据应答器提供的等级转换信息自动转回CTCS-3等级。在只安装CTCS-2级列控地面设备的区段，按CTCS-2级控车模式运行。

(三)CTCS-2级列控系统主要技术条件

(1)CTCS-2级列控系统能够满足运营速度300 km/h的需要。

(2)兼顾货运的高速铁路，CTCS-2级列控系统适应客车4 min、货车5 min的追踪间隔要求。仅开行动车组的高速铁路，CTCS-2级列控系统应满足正向运行追踪间隔3 min的要求。

(3)CTCS-2级列控系统采用统一的设备配置和运用原则，具备互联互通运行条件。

(4)CTCS-2级列控系统满足正向按自动闭塞追踪运行，反向按自动站间闭塞运行的要求。

(5)CTCS-2级列控系统满足跨线运行的运营要求。

(6)CTCS-2级列控系统车载设备采用目标—距离连续速度控制模式、设备制动优先的方式监控列车安全运行。

(7)CTCS-2 级列控系统作为 CTCS-3 级列控系统的后备系统。

(8)CTCS-2 级列控系统统一接口标准，涉及安全的信息采用满足 IEC 62280 标准要求的安全通信协议。

(9)CTCS-2 级列控系统安全性、可靠性、可用性、可维护性满足 IEC 62278 等相关标准的要求，关键设备冗余配置。

CTCS-2 级
列控系统构成

二、CTCS-2 级列控系统构成

CTCS-2 级列控系统包括地面设备和车载设备，总体结构如图 4-1 所示。

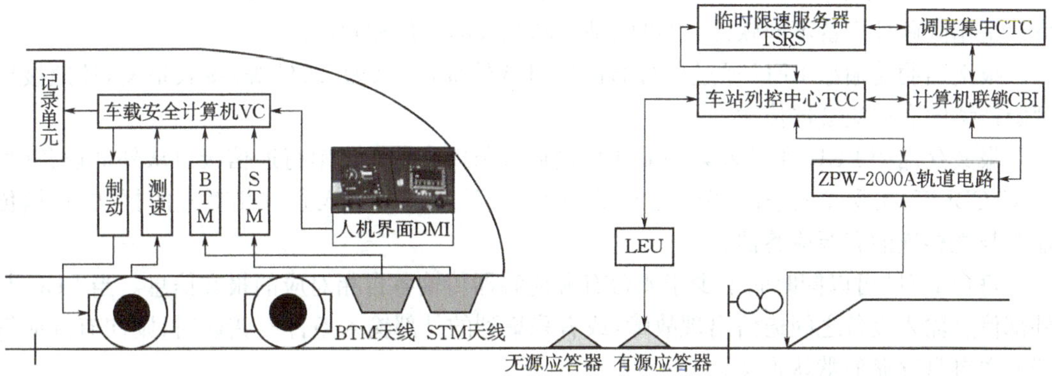

图 4-1 CTCS-2 级列控系统构成

CTCS-2 级列控系统基于轨道电路和点式应答器传输列车运行许可信息，采用目标—距离模式曲线监控列车安全运行，以车载信号显示作为行车凭证。

系统通过轨道电路实现轨道占用状态和列车完整性检查，连续向列车传送运行前方空闲闭塞分区数量等信息。通过应答器向车载设备传输定位信息、线路参数、临时限速等信息。列控中心 TCC 进行轨道电路编码，对应答器报文进行组帧与编码，控制区间信号机点灯电路，传输区间安全信息(包括轨道电路状态、中继站临时限速信息、区间闭塞方式和上下行方向等)，并根据轨道电路状态、进路状态及临时限速信息产生行车许可，通过轨道电路和有源应答器将行车许可传输至车载设备。临时限速服务器 TSRS 完成临时限速命令的存储、校验、拆分、设置和取消等。车载设备接收地面设备发送的行车许可、线路参数、临时限速信息等，结合动车组参数，按照目标—距离模式生成速度控制曲线，监控列车安全运行。

其中，目标—距离模式曲线是根据目标速度、目标距离、线路条件、列车特性为基础生成的保证列车安全运行的一次制动模式曲线，列控系统根据曲线监控列车运行。目标速度主要有：停车 0 km/h；普通道岔侧向限速：12 号道岔 45 km/h；18 号道岔 80 km/h；大号道岔侧向限速：42 号道岔 160 km/h；线路本身限速和临时限速。

(一)地面设备

CTCS-2 级列控系统地面设备主要包括 ZPW-2000 轨道电路、应答器、地面电子单元 LEU、列控中心 TCC 和临时限速服务器 TSRS 等。

1. ZPW-2000 轨道电路

ZPW-2000 轨道电路实现列车占用及完整性检查，连续向具有 CTCS-2 级功能的列车传送空闲的闭塞分区数量信息，是列车计算速度曲线的基本依据。

2. 应答器

应答器利用电磁感应原理，在设定的地点向车载设备传输安全高速的点式数据。应答器安装于线路上两根钢轨之间，平时处于无电非工作状态。当列车驶入应答器的有效工作范围之内时，应答器因瞬间接收到车载天线的电磁能量而进入激活状态，驱动应答器电路工作，迅速向车载天线循环发送报文信息，直至车载天线离去，电磁能量消失，应答器再次进入休眠状态。

3. 地面电子单元 LEU

LEU 从功能上分为两种类型，报文透明传输型 LEU 和报文存储型 LEU，这两种类型可以是相同硬件配备不同软件，也可以是不同配置的硬件和软件。

报文透明传输型 LEU 通过串行通信接口从外部设备（如 TCC 等）接收报文，按照接口规定连续向有源应答器传输。

报文存储型 LEU 通过采集外部开关量输入条件或者通过串行通信接口从外部设备（如 TCC、CBI 等）接受输入条件，选取已经存储在 LEU 内部与输入条件相对应的报文，连续传输给与之相连的有源应答器。

每台 LEU 可以同时向不少于 4 台有源应答器传输各自相对应的报文信息。当 LEU 与外部信息输入设备之间通信出现故障，或者采集到的外部输入条件有错误时，则向有源应答器发送自身存储的默认报文。

4. 列控中心 TCC

列控中心 TCC 是 CTCS-2 级列控系统地面子系统的核心部分，列控中心设备根据轨道区段占用、进路命令、线路限速等信息，产生行车许可命令，通过轨道电路和有源应答器，将行车许可命令传输给车载设备，保证其控制范围内所有列车的运行安全。

TCC 设备完成的功能主要有：

(1)根据列车进路和轨道区段状态等信息，实现站内和区间轨道电路的载频、低频信息编码功能，并控制轨道电路的发码方向。

(2)通过信号安全数据网接收 TSRS 发送的临时限速信息，根据临时限速设置和列车进路开通情况，实现应答器报文的实时组帧、编码、校验和向 LEU 发送的功能。

(3)通过信号安全数据网通信，实现 TCC 间安全信息的实时传输。

(4)实现区间运行方向与闭塞的控制。

(5)对于区间设置地面通过信号机的线路，TCC 可以实现对信号机点灯电路控制。

(6)实现无配线车站轨道电路的编码控制。

(7)通过继电器与异物侵限系统接口，实现异物侵限灾害防护，并将灾害信息传送至计算机联锁设备和集中监测系统 CSM。

(8)通过与 CTC 通信接口，向 CTC 设备传输区间闭塞分区状态、编码、方向和设备状态等信息。

(9)TCC 具备自诊断与维护功能，实现 TCC 各模块通信接口的故障自诊断和辅助维护功能，同时把监测状态信息和报警信息发送给信号集中监测系统 CSM。

TCC 适用于运用 CTCS-2 级和 CTCS-3 级列控系统线路上的联锁车站、中继站和线路所，亦可用于与 CTCS-2 级或 CTCS-3 级线路相衔接的 CTCS-0 级车站。TCC 与 ZPW-2000

系列轨道电路、计算机联锁设备 CBI、临时限速服务器 TSRS、相邻 TCC、LEU、CSM 和 CTC 设备配置通信接口。

车站 TCC 设置于高速铁路联锁车站，与计算机联锁设备 CBI、轨道电路、临时限速服务器 TSRS、相邻 TCC、LEU、CSM 和 CTC 直接接口，并管辖其范围内的中继站 TCC。

中继站 TCC 设置于信号中继站，与轨道电路、TSRS、主站 TCC、相邻 TCC、LEU 和 CSM 直接接口。中继站 TCC 必须从属于车站 TCC，车站 TCC 接收线路方向信息，并将相应的轨道区段状态信息发送给其从属的车站 TCC。

TCC 设备主要由安全主机单元、通信接口单元、驱动采集单元、辅助维护单元和冗余电源单元等构成，如图 4-2 所示，各个单元设备集中安装于标准尺寸机柜中。

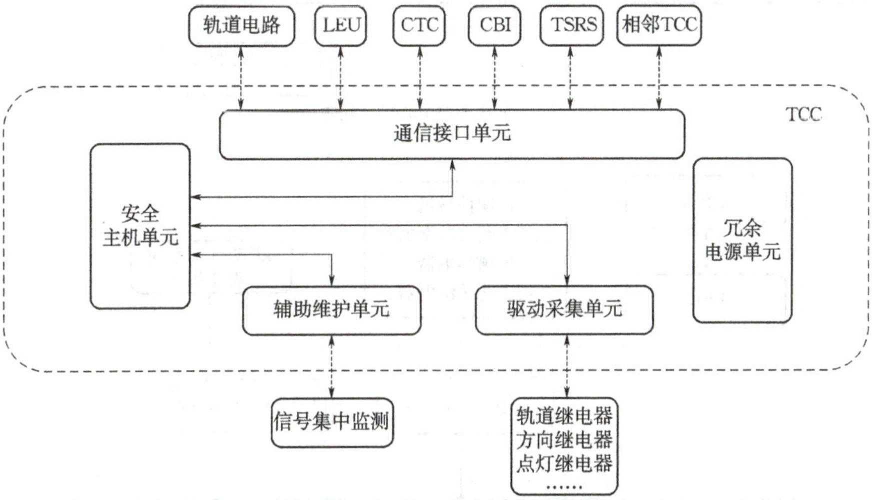

图 4-2　TCC 设备构成图

主机采取二乘二取二冗余方式，符合“故障—安全”原则，与其他单元的通信通道采取冗余配置。通信接口单元通过冗余的通信通道与外部轨道电路、LEU、CBI、TSRS、CTC 等设备进行通信。驱动采集单元实现对外部继电器的驱动和状态采集。辅助维护单元配置显示器和鼠标，安装在 TCC 机柜中，与集中监测设备相连。冗余的电源为 TCC 机柜中的各个单元设备提供可靠的不间断电源。

根据所在车站类型的不同，TCC 分为车站 TCC 和中继站 TCC，不同类型的 TCC 与其他外部设备的接口配置如图 4-3 所示。

5. 临时限速服务器 TSRS

临时限速是指线路固定限速以外的、具有时效性的限速，包括：施工、维修引起的计划性限速，自然灾害、设备故障引起的突发性限速等。

早期的临时限速方案，由 CTC 系统直接面向 TCC 设备，传输和管理临时限速命令。但是 CTC 系统为非“故障—安全”设备，对临时限速命令进行拆分，对临时限速状态进行综合处理等操作存在安全风险。在只有动车组运行的 CTCS-2 级列控系统控制区段，为了提高临时限速命令的安全性，保证 TCC 临时限速命令的一致性、完整性、有效性及冲突检测等功能，设置临时限速服务器 TSRS。

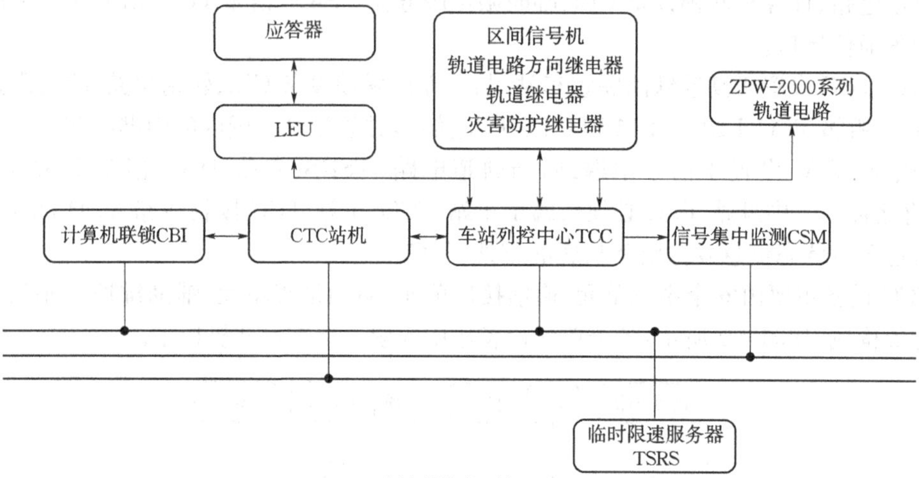

（a）车站列控中心接口配置

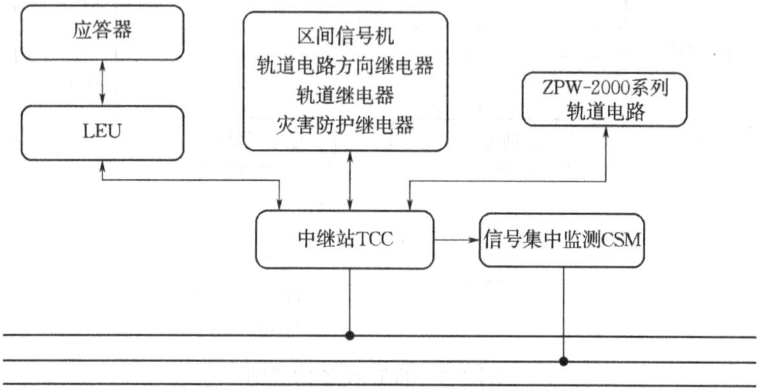

（b）中继站列控中心接口配置

图 4-3　列控中心接口配置

TSRS 的主要功能有：

(1)对限速命令进行安全存储，验证限速命令来源的合法性、限速数据的有效性。

(2)记录限速命令的操作和状态变化日志，以供查询和分析。

(3)直接与信号安全数据网连接，通过该网络实现与 TCC 的通信连接，传输临时限速相关信息。

简单来说，TSRS 具备对全线临时限速命令的存储、校验、拆分、设置和取消及临时限速设置时机的辅助提示等功能。临时限速系统结构如图 4-4 所示。限速命令统一由中心调度员设置，列控限速功能需由列控车载设备和地面设备共同完成。

CTC 系统负责拟定临时限速调度命令，TSRS 进行临时限速规则校验，并将校验结果反馈给 CTC。校验成功后，调度员通过 CTC 终端选取相应的限速命令下达设置，由 TSRS 负责将限速命令拆分给相关的 TCC 执行。最后，再由 TSRS 将 TCC 的执行状况结果反馈给 CTC。此外，无论是车站 TCC 还是中继站 TCC，均由 TSRS 直接与之通信，分发限速命令。

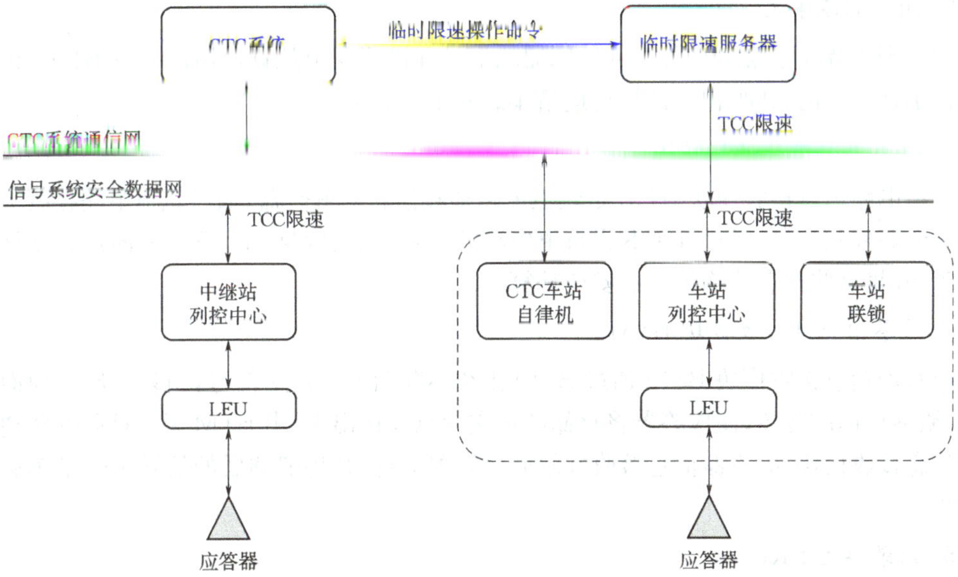

图 4-4　临时限速系统结构图

从工作进程上来说，TSRS 根据 CTC 调度员的临时限速操作指令，实现对各个 TCC 分配和集中管理临时限速指令，保证施工限速计划的顺利实施。TCC 根据临时限速信息，进路状态等信息实时生成应答器报文信息，经 LEU 传输至有源应答器，最终传输至车载设备。

（二）车载设备

CTCS-2 级列控系统车载设备主要包括车载安全计算机 VC、轨道电路信息接收单元 STM、应答器信息接收单元 BTM、记录单元 DRU、制动接口单元 TIU、人机界面 DMI、速度传感器、轨道电路信息接收天线、应答器信息接收天线等。通过车载设备外部接口与动车组、动态监测设备等其他外部设备连接。

CTCS-2 级列控系统车载设备符合“故障—安全”原则，与行车相关设备均采用冗余结构配置，单系独立设备故障后不影响整体系统运行。

1. 车载安全计算机 VC

车载安全计算机 VC 是列控系统车载设备的核心处理单元，实现车载设备的核心安全控制功能，完成 CTCS-2 级列控系统的逻辑处理功能。

在列车运行过程中，车载安全计算机系统不断检测列车运行速度，接收轨道电路低频信息，根据空闲闭塞分区个数确定目标距离，结合地面设备提供的列控动态信息（如行车许可、进路信息）、线路静态信息、临时限速信息及动车组参数信息等，计算生成目标—距离速度模式曲线和控制速度，传输给人机界面 DMI 显示列车当前运行速度、允许速度、目标速度和目标距离等，控制列车运行。

一般情况下，列车实际运行速度在常用制动控制曲线下方，当列车运行速度超过常用制动控制曲线时，将触发报警并实施常用制动；当列车运行速度超过紧急制动控制曲线时，将触发报警并引起紧急制动。在计算列车运行速度曲线时，停车点与目标点时间须留有安全距离。

2. 测速测距单元

测速测距单元采集来自各速度传感器的信号并进行安全处理，计算列车的速度、走行距离和识别运行方向，并将相关信息传递给车载安全计算机。

3. 轨道电路信息接收模块 STM

轨道电路信息接收模块 STM 是轨道电路移频信息的解码器，通过轨道电路接收天线读取轨道电路移频信号，经过处理获得轨道电路的载频、低频信息、上/下行方向信息及绝缘节信息等，并将这些信息传输给车载安全计算机。

4. 应答器信息接收模块 BTM

应答器信息接收模块 BTM 通过 BTM 天线不断向地面发送信号，当列车经过地面应答器时，激活地面应答器，使应答器将存储的报文信息发送出来，由 BTM 天线接收并传递给应答器信息接收模块，应答器信息接收并解调应答器信息，并将解调后的信号传输给车载安全计算机。

5. 记录单元 DRU

记录单元 DRU 用于记录列控车载设备的数据和控制信息，该设备故障时不影响车载设备工作。

6. 与动车组接口单元

CTCS-2 级列控系统与动车组一般采取继电器接口方式，车载设备通过数字输入/输出单元采集从列车输入的开关量信息，并通过控制继电器的输出实现与列车之间的接口，紧急制动与最大常用制动均采用失电制动逻辑。

7. 人机界面 DMI

人机界面 DMI 安装在便于司机观察和操作的位置，是车载设备的显示和操作装置，根据车载安全计算机的命令显示列车速度、目标距离、工作状态及线路条件等信息，并实现声光报警和司机操作等功能，主要由显示屏、键盘、扬声器、航空插座、电源板、主板、嵌入式 CPU 板组成。当与车载安全计算机之间发生通信故障时，人机界面单元导向安全侧显示。

8. 轨道电路信息接收天线

轨道电路信息接收天线安装在动车组头部第一轮对前方，对应钢轨正上方，用于接收轨道电路移频信号。

9. 应答器信息接收天线

应答器信息接收天线安装在动车组头车车体底部的横向中心线位置，必须满足列车高速运行条件下的信息可靠接收，用于接收应答器报文信息。

10. 速度传感器

速度传感器用于采集列车运行速度信息，主要类型有车轮速度传感器和雷达速度传感器两种，为保证信息可靠性，目前动车组列车组合采用车轮速度传感器和雷达速度传感器，当组合采用时，雷达故障后只给出报警信号，但不影响列控系统正常运行。

三、CTCS-2 级列控系统车载设备功能及工作模式

(一)车载设备功能

CTCS-2 级列控车载设备负责接收地面数据命令信息，生成速度模式曲线，监控列车运行，保证列车运行安全，具体能够实现的功能描述如下。

1. 轨道电路信息接收与处理

轨道电路信息接收单元 STM 根据轨道电路载频变化判断是否通过轨道电路绝缘节，并将带有时间戳的轨道电路绝缘节信息发送给 CTCS-2 级列控车载设备主机。

2. 应答器信息接收与处理

应答器信息接收单元 BTM 与 CTCS-2 级列控系统车载主机进行时间同步，向其发送从地面应答器获得的 830 bit 带有时间戳的报文信息。

3. 速度测量与计算

车载设备通过测距确定列车当前的运行位置，通过测速设备获得列车当前运行的速度，根据与目标停车点之间的距离计算列车允许速度，与列车当前的运行速度相比较，产生相应的制动命令。

4. 列车定位及距离校正

车载设备可以通过应答器位置报文信息和经过绝缘节时，对列车的位置进行校正。

5. 最不利限速曲线生成

最不利限速曲线(MRSP)是所有速度限制因素中最低值(最不利部分)的集合。最不利限速曲线根据线路静态限速、临时限速、列车顶棚速度、列车进入降速区段等条件下的安全距离进行计算。

6. 速度容限值选取

在顶棚速度监控(CSM)区，车载设备根据规定选取报警、常用制动和紧急制动的速度限值。其中，报警速度值为规定的允许速度+2 km/h；常用制动速度值为允许速度+5 km/h，其中允许速度为设计的最大限制速度。当列车允许速度高于 250 km/h 时，紧急制动速度值为允许速度+15 km/h；当列车允许速度小于或等于 250 km/h 时，紧急制动速度值为允许速度+10 km/h。

7. 行车许可计算

车载设备采用目标—距离模式曲线方式监控列车运行。目标—距离模式曲线是以目标速度、目标距离、线路条件、列车特性等参数为基础产生的保证列车安全运行的一次制动模式曲线。车载设备根据地面轨道电路信息及应答器报文信息描述的轨道区段信息计算行车许可 MA。

CTCS-2 级列控系统行车许可生成原理

8. 列车溜逸及退行防护

列车停车后，若列车移动方向与方向手柄不一致时，判断列车发生溜逸。当列车溜逸超过规定值(5 m)时，触发紧急制动停车并给出制动原因提示，车载设备也可以在判定列车已经停稳且方向手柄处于中间位置时输出常用制动，主动防止溜逸。若列车移动方向与允许的运行方向不一致时，判断列车发生退行。当列车退行超过规定值(5 m)时，触发紧急制动停车并给出制动原因提示。

9. 司机制动优先与设备制动优先

在司机制动优先模式下，车载设备只采用最大常用制动和紧急制动作为制动输出的控制手段，一旦采取最大常用制动之后必须通过人工缓解。

在设备制动优先模式下，车载设备除了采用最大常用制动和紧急制动作为制动输出的控制手段之外，还根据情况采用 1 级常用制动、4 级常用制动作为制动输出控制手段，常用制动施加以后可在满足缓解条件时自动缓解。

CTCS-2 级列控系统车载设备默认采取设备制动优先配置。

10. 模式曲线计算及速度监控

车载设备根据行车许可、最不利限速曲线 MRSP 及列车制动性能(含坡度等线路因素)计算列车运行的动态监控曲线，再根据计算的动态速度曲线监控列车运行，列车超速时通过输出报警提示、切断牵引及制动的方式控制列车运行速度。

11. 人机交互

通过人机界面 DMI 输入必要的行车信息和显示相应的控车信息、状态信息及故障信息等。

12. 记录诊断

司法/数据记录单元记录车载设备工作状态、相关控制信息及各种输入/输出信息。

13. 过分相控制

在 CTCS-2 系统等级下，列控系统车载主机主控单元通过应答器通过应答器接收分相区信息并实现自动过分相控制。

14. CTCS-2/CTCS-0 等级转换

车载设备在地面应答器的配合下，可以在区间完成与列车运行监控装置 LKJ 的自动切换，完成控车权的交接。为了保证制动的平稳性和连续性，在司机制动优先的模式下，如果在切换时列控车载设备或 LKJ 已经触发制动，则在停车之后或司机缓解之后手动切换。

(二)CTCS-2 级列控系统车载设备的工作模式与转换

CTCS-2 级列控系统车载设备的主要工作模式包括：待机模式(SB)、部分监控模式(PS)、完全监控模式(FS)、引导模式(CO)、目视行车模式(OS)、调车模式(SH)、机车信号模式(CS)、休眠模式(SL)、隔离模式(IS)。

1. 待机模式(SB)

在列控车载设备默认等级设置为 CTCS-2 等级的情况下，上电后，列控车载设备应自动进入待机模式。在待机模式下，列控车载设备应保持接收轨道电路信息功能有效，无条件施加最大常用制动并进行溜逸防护。

当车载设备上电时，执行自检和外部设备测试正确后自动进入待机模式，该模式下，车载设备禁止列车移动。

(1)模式转入条件

车载设备上电启动并自检成功后，自动转入 SB 模式；除 SB、SL、IS 模式外，收到绝对停车信息，紧急制动停车后按压“缓解”键转入 SB 模式；除 SB、SL、IS 模式外，驾驶台关闭，转入 SB 模式；SH 模式下，停车按压“调车”键，转入 SB 模式；SH 模式下，遇调车危险触发紧急制动停车后按压“缓解”键转入 SB 模式；IS 模式下，隔离开关打到正常位，转入 SB 模式。

(2)模式转出条件

停车时按压“启动”键，转入 PS 模式；地面为停止信号（HU、H 或无码），停车时按“目视”键，转入 OS 模式；停车时按压“调车”键，转入 SH 模式；隔离开关打到“隔离”位，转入 IS 模式。

2. 部分监控模式 PS

当车载设备接收到轨道电路允许行车信息，而由于应答器信息接收异常导致线路数据缺失或者无线路数据时，列控车载设备产生一定范围内的固定限制速度，监控列车运行。

(1)模式转入条件

SB 模式下，停车按“启动”键，转入 PS 模式；FS 模式下，线路数据不足时，转入 PS 模式，线路数据不足包含以下情况：侧线接车或侧线发车时缺少侧向进路数据（如接收到默认报文或应答器丢失）；侧线接车后收到允许信号发车（可选）。

①区间运行应答器信息不足时，列车速度低于 45 km/h。

②FS 模式下，若判断列车位置不确定，转入 PS 模式。

③CO 模式下，收到允许信号（HB 除外），线路数据不足或列车位置不确定，转入 PS 模式；OS 模式下，收到允许信号（HB 除外），线路数据不足或列车位置不确定，转入 PS 模式。

(2)模式转出条件

收到绝对停车信息，紧急制动停车后按压“缓解”键，转为 SB 模式；驾驶台关闭，转入 SB 模式；通过应答器组确定列车位置，线路数据满足 FS 监控条件且地面为允许信号（HB 除外）或 HU 码，转入 FS 模式；收到 HB 码，列车速度小于或等于 40 km/h，转入 CO 模式；地面为 HU、H 或无码，停车按“目视”键，转入 OS 模式；停车按“调车”键，转入 SH 模式；隔离开关打到“隔离”位，转入 IS 模式。

3. 完全监控模式 FS

当具有列车控制所需的基本数据（包括列车位置、轨道电路信息、应答器的线路信息、车载设备预置的列车参数等）时，列控车载设备能生成目标—距离模式曲线，并进入完全监控模式。

在完全监控模式下，列控车载设备能判断列车位置和停车位置，在保证列车速度满足线路固定限速、车辆构造速度、停车位置、临时限速等条件的前提下，生成目标—距离模式曲线，并持续监控列车速度，在列车超速时自动输出常用制动或紧急制动命令；同时，通过 DMI 显示列车实际速度、允许速度、目标速度和目标距离等信息。

(1)模式转入条件

PS 模式下，经过应答器组确定位置，线路数据满足 FS 监控条件且地面为允许信号（HB 除外）或 HU 码，转入 FS 模式；CO 模式下，经过应答器组确定位置，线路数据满足 FS 监控条件且地面为允许信号（HB 除外），转入 FS 模式；OS 模式下，经过应答器组确定位置，线路数据满足 FS 监控条件且地面为允许信号（HB 除外），转入 FS 模式。

(2)模式转出条件

收到绝对停车信息，紧急制动停车后按压“缓解”键转入 SB 模式；驾驶台关闭，转入 SB

模式;线路数据不足时,转入 PS 模式;列车位置转为不确定,转入 PS 模式;收到 HB 码,SBI 速度小于或等于 45 km/h,列车速度小于或等于 40 km/h,司机确认后转入 CO 模式;地面为 HU、H、无码,停车后按"目视"键,转入 OS 模式;停车按"调车"键,转入 SH 模式;隔离开关打到"隔离"位,转入 IS 模式。

4. 引导模式 CO

车站办理引导进路时,轨道电路发 HB 码,列控车载设备接收到 HB 码,列车速度降至 40 km/h 的允许速度运行。

(1)模式转入条件

FS 模式下,收到 HB 码,SBI 速度小于或等于 45 km/h,列车速度小于或等于 45 km/h,司机确认后,转入 CO 模式,同时删除原存储的线路描述信息。PS 或 OS 模式下,收到 HB 码,列车速度小于或等于 45 km/h,转入 CO 模式。

(2)模式转出条件

收到绝对停车信息,紧急制动停车后按压"缓解"键转入 SB 模式;驾驶台关闭,转入 SB 模式;收到允许信号(HB 除外),线路数据不足或列车位置不确定,转入 PS 模式;收到允许信号(HB 除外),列车位置确定且线路数据满足 FS 监控条件,转入 FS 模式;收到 HU、H 或无码时,停车按"目视"键,转入 OS 模式;停车按"调车"键,转入 SH 模式;隔离开关打到"隔离"位,转入 IS 模式。

5. 目视行车模式 OS

要越过停止信号时,可在停车时按下"目视"键进入目视行车模式。OS 模式下,车载设备负责列车以 40 km/h 为顶棚速度运行并对列车走行距离和时间进行监控,司机需要对列车安全负责。列车每运行一定距离(300 m)或一定时间(60 s)都需要司机确认一次。

(1)模式转入条件

转入 OS 模式需要满足以下所有条件:地面为 HU、H 或无码;列车停车;按压"目视"键;当前车载设备工作在 FS、PS、CO 或 SB 模式。

(2)模式转出条件

收到绝对停车信息,紧急制动停车后按压"缓解"键转入 SB 模式;驾驶台关闭,转 SB 模式;收到允许信号(HB 除外),线路数据不足或列车位置不确定,转入 PS 模式;收到允许信号(HB 除外),列车位置确定且线路数据满足 FS 监控条件,转入 FS 模式;收到 HB 码,列车速度小于或等于 45 km/h,转入 CO 模式;停车按"调车"键,转入 SH 模式;隔离开关打到"隔离"位,转入 IS 模式。

6. 调车模式 SH

要进行调车作业时,停车后司机按下"调车"键,列控车载设备进入调车模式。该模式下,车载设备监控列车以 40 km/h 顶棚速度运行,且在收到前进方向上的调车危险信息时输出紧急制动。

(1)模式转入条件

除 CS、SL、IS 模式外,停车后按"调车"键,转入 SH 模式。

(2)模式转出条件

收到绝对停车信息,紧急制动停车后按压"缓解"键转入 SB 模式;驾驶台关闭,转入 SB

模式；停车按“调车”键，转入 SB 模式；收到调车危险信息，紧急制动停车后按压“缓解”键，转入 SB 模式；隔离开关打到“隔离”位，转入 IS 模式。

7. 机车信号模式 CS

当列车运行到地面未装备 CTCS-3/CTCS-2 等级列控设备的区段时，根据行车管理办法（含调度命令），经司机操作后，车载设备按最高限制速度 80 km/h 监控列车运行，并显示机车信号，当列车越过禁止信号时触发紧急制动。在 CS 模式下，司机负责以地面信号显示为行车凭证驾驶列车运行并根据地面情况采取相应措施。

(1)模式转入条件

除 SH、SL、IS 模式外，停车后按压“机信”键，转入 CS 模式。

(2)模式转出条件

收到绝对停车信息，紧急制动停车后按压“缓解”键，转入 SB 模式；驾驶台关闭，转入 SB 模式；停车后按压“机信”键，转入 SB 模式；隔离开关转入“隔离”位，转入 IS 模式。

8. 休眠模式 LS

该模式用于非本务端车载设备。休眠模式下，车载设备不监控列车运行，但仍执行列车定位、测速测距、记录等级转换等功能。列车立折，非本务端升为本务端后，车载设备可自动进入正常工作状态。

(1)模式转入条件

SB 模式下，列车停车且驾驶台关闭且收到休眠信号，转入 SL 模式。

(2)模式转出条件

驾驶台激活，转入 SB 模式；无休眠信号且列车停车，转入 SB 模式；隔离开关打到“隔离”位，转入 IS 模式。

9. 隔离模式 IS

当列控车载设备停用时，需在停车情况下，经操作隔离列控车载设备的制动功能。隔离开关转入“隔离”位，制动输出被隔离后，列控车载设备转入 IS 模式。在该模式下，车载设备不具备安全监控功能，司机控制列车运行并对运行安全负完全责任。列控车载设备应能够监测隔离开关状态。

(1)模式转入条件

在任何模式下，将隔离开关打到“隔离”位，车载设备转入 IS 模式。

(2)模式转出条件

IS 模式下，将隔离开关打到“正常”位，车载设备上电自检通过后自动进入 SB 模式。

第三节 CTCS-3 级列控系统

一、CTCS-3 级列控系统概述

(一)高速铁路发展对铁路信号系统技术提出了新的要求

随着铁路大提速和高速铁路的大规模建设，我国铁路技术突飞猛进，高速铁路的宗旨是

“安全、正点、快捷、舒适”。作为高速铁路的“神经中枢”,列控系统是保障高速铁路列车安全运行,提高运输效率的核心。高速铁路对铁路信号提出的要求,促进了铁路信号的大发展,无论从概念、原则、构成,还是技术上都发生了很大的变化,铁路现代化、信息化扩大了“铁路信号”专业的内涵,铁路信号技术向数字化、网络化、智能化、综合化方向迈进。

具体表现主要包括:

(1)高速铁路的信号系统从传统的车站联锁、区间闭塞、调度监督,发展为列控系统、车站联锁、综合行车调度三大系统。

(2)铁路信号从以车站联锁为中心向以列控系统为中心转化。

(3)列车运行调度指挥从列车调度员—车站值班员—司机三级管理向实现由列车调度员直接控制移动体(列车)转化。

(4)列车运行由以人为主确认信号和操作向实现列控车载设备的智能化转化。

(5)车—地信息传输从小信息量到大信息量,线路数据从车上存储方式转为地面实时上传方式。

(6)车—地信息传输从单向传输到双向传输,实现了信号系统级的闭环检查。

(7)信号显示制式从进路式、速差式,发展为目标—距离式(速度式),信号机构从地面信号机为主,发展为车载信号为主,甚至取消地面信号机。

(8)闭塞方式从三显示、四显示的固定闭塞,发展为准移动闭塞。

(9)列车制动方式从分级制动到模式曲线一次制动,制动控制方式从失电制动发展到得电和失电制动优化组合。

(10)信号设备从继电、电子技术为主,发展到信号控制、计算机、通信技术的一体化。

(11)车站联锁从继电联锁发展到计算机联锁。

(12)信号系统从孤立设备组成,发展到通过网络化、信息化构成大系统。

(13)轨道电路从在有砟轨道上运用,发展到在无砟轨道上运用。

(14)站内轨道电路从叠加电码化向一体化站内轨道电路发展。

(15)调度指挥系统从调度监督,发展到分散自律的调度集中,构建综合调度指挥系统,建设大型的高速铁路调度中心。

(16)高速铁路安全性要求更高,防灾报警系统纳入综合调度指挥系统,开始与信号发生联锁。

(17)调度集中的安全等级提高,限速系统采用专门的安全传输通道。

(18)信号系统的传输通道从电缆发展到光缆,并开始采用无线信道,非安全信道用于信号安全领域。

(二)CTCS-3级列控系统的创新研发过程

2007年8月,CTCS-2级列控系统在全路第六次大提速中成功实施应用以后,铁道部依托武广和郑西等高速铁路建设项目,积极开展CTCS-3级列控系统的创新研发工作。

2008年11月,铁道部组织完成CTCS-3级列控系统基本功能试验报告评审,这标志着CTCS-3级列控系统完成实验室建设、关键设备基本功能实现,并进入现场试验验证阶段。

2009年12月,铁道部组织对武广高铁CTCS-3级列控系统综合试验报告进行技术评审，标志着CTCS-3级列控系统完成所有功能的现场试验与验证，CTCS3-300T型列控系统车载设备作为试验样机，也通过了测试和验证，正式在武广高速铁路成功投入运营。

武广高速铁路的开通和运营标志着CTCS-3级列控系统中无线闭塞中心(RBC)和列控车载设备等关键设备实现国产化，完成具有自主知识产权的CTCS-3级列控系统技术标准体系和技术平台创建，CTCS-3级列控系统步入工程运用阶段。

实现CTCS-3级列控系统技术创新，对中国铁路列控系统的技术发展和技术装备现代化具有深远的意义。

(三)CTCS-3级列控系统技术特点和基本功能

CTCS-3级列控系统基于GSM-R无线通信实现车—地信息双向传输，通过无线闭塞中心生成行车许可，通过轨道电路实现列车占用检查，通过应答器实现列车定位，同时具备CTCS-2级列控系统功能，地面可取消信号机，仅凭车载信号行车。

列控车载设备采用目标—距离连续速度控制模式、设备制动优先的方式监控列车运行，满足最高运行速度350 km/h，列车正向运行最小追踪间隔时间3 min的要求，实现了列控车载设备根据地面设备提供的信号动态信息、线路参数、临时限速等信息和动车组参数，按照目标—距离模式生成速度监控曲线，监控列车运行。

系统能够实现的基本功能有：

(1)向司机提供安全驾驶列车的必要信息。

(2)监控列车及调车运行。

(3)采用GSM-R无线通信系统实现车—地信息双向传输。

(4)具备自动过分相功能。

(5)满足跨线运行的运营要求。

(6)具有轨道占用检查功能。

(7)采用固定自动闭塞，以目标—距离连续速度控制模式监控列车运行。

(8)具有设备制动优先和司机制动优先两种控制方式，并且一般采用设备制动优先控制方式。

(9)具有常用制动和紧急制动两种制动模式。

(10)具备临时限速功能。

(11)兼容CTCS-2级列控系统功能。

(四)CTCS-3级与CTCS-2级列控系统的比较

在系统结构上，与CTCS-2级列控系统相比，CTCS-3级列控系统地面设备主要增加了无线闭塞中心RBC；与之对应，列控车载设备主要增加了无线传输模块RTM及GSM-R车载电台和天线。

CTCS-3级与CTCS-2级列控系统主要有以下几个方面的不同：

(1)车—地控车信息传输方式不同

CTCS-3级列控系统采用GSM-R无线通信系统，实现车—地控车信息的双向实时传输；CTCS-2级列控系统采用轨道电路和应答器方式，进行车—地控车信息的单向传输。

(2)行车许可 MA 的生成方法不同

CTCS-3 级列控系统由 RBC 根据列车位置、轨道电路状态及进路信息生成 MA,并将 MA 与线路静态速度曲线、坡度和临时限速等信息一起传送给列控车载设备;CTCS-2 级列控系统则由列控车载设备根据接收的轨道电路编码信息和应答器信息生成 MA。

(3)临时限速传输途径不同

CTCS-3 级列控系统临时限速命令由 RBC 发送给列控车载设备;CTCS-2 级列控系统临时限速命令由 TCC 通过有源应答器发送给列控车载设备。

(4)列控车载设备工作模式不同

CTCS-3 级列控系统列控车载设备的工作模式有完全监控模式(FS)、引导模式(CO)、目视行车模式(OS)、待机模式(SB)、调车模式(SH)、隔离模式(IS)和休眠模式(SL);而部分监控模式(PS)和机车信号模式(CS)则是 CTCS-2 级列控车载设备特有的工作模式。其中:

部分监控模式(PS)是列控车载设备接收到轨道电路允许行车信息,而缺少应答器提供线路数据或限速数据时使用的模式。

机车信号模式(CS)是装备 CTCS-2 级列控车载设备的动车组在 CTCS-0/ CTCS-1 级区段运行时使用的模式。经司机操作后,转为最高限速 80 km/h 控车模式。在该模式下,以地面信号显示为行车凭证。

(5)后备系统不同

装备 CTCS-3 级列控车载设备的动车组,其后备系统为 CTCS-2 级列控系统,并且在一个车载安全计算机内同时集成了 CTCS-3 级和 CTCS-2 级两个控车模块,当无线通信系统超时或由 CTCS-3 区段进入 CTCS-2 区段等级转换后,由 CTCS-2 级列控系统监控列车运行。

装备 CTCS-2 级列控车载设备的动车组,其后备系统为列车运行监控装置(LKJ),而且与 LKJ 是两套独立的设备,当 CTCS-2 级列控车载设备故障或由 CTCS-2 区段进入 CTCS-0/ CTCS-1 区段等级转换后,由 LKJ 监控列车运行。

二、CTCS-3 级列控系统构成

CTCS-3 级列控系统总体结构包括:地面设备、车载设备、GSM-R 无线通信网络、信号数据传输网络四部分,系统外部环境包括:列车、司机、车载设备接口、地面外部设备(联锁、调度集中等)。地面设备采取单向或双向方式向机车连续传输行车许可和各种必要信息,车载设备基于接收到的地面设备传输的信息、列车参数信息等计算生成列车运行速度曲线,监控列车安全高速运行。GSM-R 无线通信系统是 CTCS-3 级列控系统地面设备与车载设备间进行双向信息传输的通道。信号数据传输网络实现无线闭塞中心 RBC、调度集中 CTC、联锁、列控中心 TCC、信号集中监测系统间的信息传输。CTCS-3 级列控系统结构及接口示意图如图 4-5 所示。

无线闭塞中心与车载设备之间交互无线信息,列车向无线闭塞中心发送列车位置报告、列车参数、行车许可请求等信息,无线闭塞中心向列车发送行车许可命令,包含临时限速信息、等级转换命令、交权命令等。

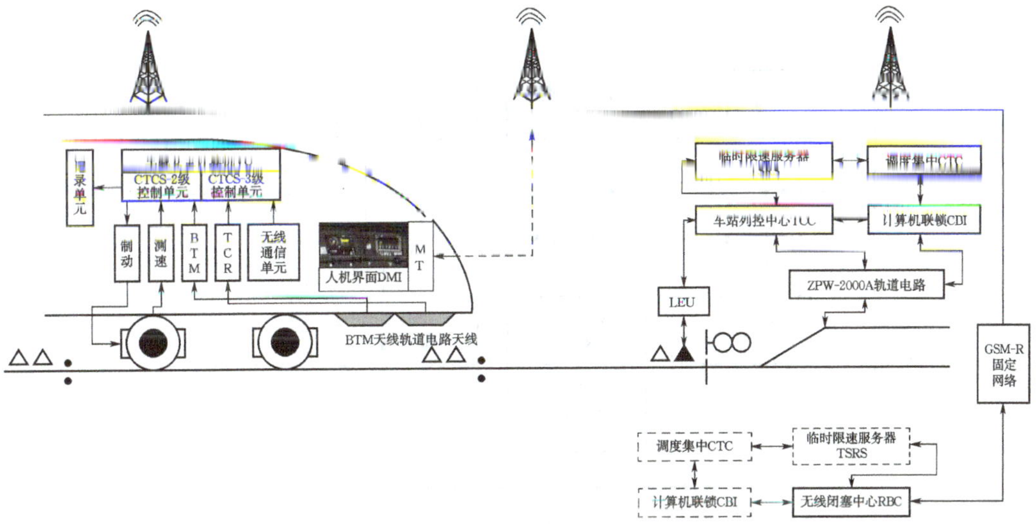

图 4-5　CTCS-3 级列控系统结构

临时限速信息由调度员从 CTC 人机界面输入，由 CTC 系统传输至临时限速服务器，再由临时限速服务器传输至列控中心和无线闭塞中心，无线闭塞中心和列控中心接受限速命令执行情况，反馈给 CTC 系统，显示在 CTC 系统的人机界面上。

CTCS-3 级列控系统的轨道占用信息由轨道电路采集，线路参数信息由应答器提供。对于轨道电路状态信息，除了直接通过轨道电路信息接收天线传输至车载设备之外，同时还要传输至区间列控中心或车站联锁系统，最后由车站联锁系统汇总辖区内所有轨道电路状态信息，传输至无线闭塞中心。

(一)地面设备

CTCS-3 级列控系统地面设备由无线闭塞中心(RBC)、临时限速服务器(TSRS)、轨道电路、列控中心(TCC)、应答器、地面电子单元(LEU)、GSM-R 接口设备等组成。

1. 无线闭塞中心(RBC)

无线闭塞中心根据外部地面设备提供的信息及与车载设备交互的信息生成发送给列车的信息，这些信息主要用于提供行车许可，使列车在 RBC 管辖范围内的线路上安全运行，通过车—地无线通信系统向其控制范围内列车的车载设备传送行车许可及线路状态描述等信息。行车许可 MA 是列车安全运行的行车凭证，一般包含 CTCS-3 级的行车许可、链接信息、坡度曲线、静态速度曲线、线路条件等内容。行车许可以闭塞分区或进路为基本单元，一条行车许可可以包括多段连续的基本单元，一个空闲的基本单元能且仅能分配给一个注册的车载设备。

RBC 是基于"故障—安全"计算机平台的信号控制系统，是 CTCS-3 级列控系统的地面核心设备，根据来自联锁、临时限速服务器、相邻 RBC、调度集中、车载设备的信息和线路参数信息，生成列车运行许可等控制信息，并通过无线通信方式发送给车载设备，保障其管辖范围内的列车安全、可靠、高效运行。

RBC 设备硬件采用冗余的安全结构，包括无线闭塞单元 RBU、接口单元、协议转换器 VIA(可选)、RBC 维护终端、记录单元 JRU(可选)、ISDN 服务器、本地终端等，如图 4-6 所示。

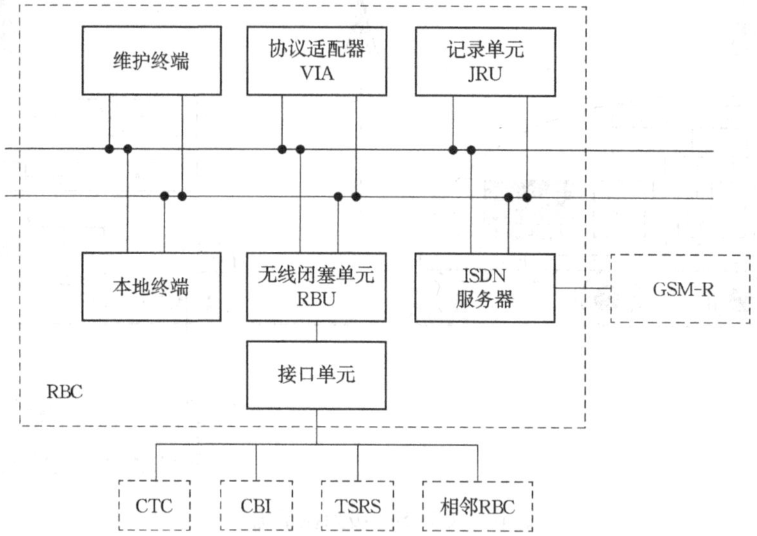

图 4-6 RBC 设备结构图

RBC 主机采用二乘二取二或三取二安全计算机平台，遵循安全型原则，实现 RBC 的安全相关逻辑运用和控制，如列车注册与注销、行车许可计算和发送、RBC 移交等。RBC 主机具有消息加密—解密功能，安全完成度应达到安全完善度 SIL4 级的要求。

RBC 接口单元实现 RBC 和外部设备之间的信息交互，采用硬件冗余结构，安全完整度为 SIL0 级。

GSM-R 接口单元实现 RBC 通过 GSM-R 网络与列控车载设备的信息交互功能，采用硬件冗余结构，安全完整度为 SIL0 级。

RBC 维护单元由服务器和工作站组成，采用硬件冗余结构和以太网数据通信，实现 RBC 的维护与记录功能，可完成站场图形显示、进路及列车运行情况显示、列车的注册与注销、紧急操作及 RBC 设备的维护与诊断等功能。RBC 维护单元要能支持大屏显示，安全完善度为 SIL0 级。

RBC 的主要功能包括设备启动、列车注册、行车许可、列车注销、等级转换、RBC-RBC 移交、临时限速、自动过分相、调车、紧急制动等。

每台 RBC 都要能够控制管辖范围内同时登录的列车、同时设定的进路、同时激活的临时限速和紧急区域及同时激活的临时调车区域。

2. 临时限速服务器(TSRS)

临时限速服务器集中管理临时限速命令，分别向 RBC、TCC 传递临时限速信息。

在非只运行动车组列车的 CTCS-2 级线路区段，临时限速命令直接通过列控中心 TCC 来执行，再由 TCC 将临时限速命令转为应答器报文信息，通过地面电子单元 LEU 传输给有源应答器，在列车经过应答器上方时传递给列控车载设备。在只运行动车组列车的 CTCS-2 级铁路区段，系统装配临时限速服务器，执行临时限速命令。

在 CTCS-3 级列控系统中，地面设备引入了无线闭塞中心 RBC，RBC 与 TCC 都需要获取临时限速命令，为了保证 CTCS-3 级和 CTCS-2 级列控系统的临时限速信息具有一致性，必须设置临时限速服务器同时向 RBC 和 TCC 传输临时限速命令，并检查命令执行状态，对全线的临时限速命令进行统一集中管理和维护。

CTC 系统负责拟定临时限速调度命令，临时限速服务器 TSRS 进行临时限速规则校验，并将校验结果反馈给 CTC。校验成功以后，调度员通过 CTC 系统终端人机界面选取相应的限速命令传输给临时限速服务器，由临时限速服务器将限速命令进行处理，传输给相应的 RBC 和 TCC。命令下达后，临时限速服务器还负责收集 RBC 和 TCC 的命令执行情况，并将综合结果反馈给 CTC 系统。

3. 轨道电路

轨道电路实现列车占用检查，为 CTCS-2 级列控车载设备提供列车前方轨道区段空闲及进路信息，实现自动闭塞。

4. 列控中心 TCC

列控中心实现轨道电路编码、站间安全信息传输等功能，并向 RBC 传送列车占用信息；通过地面电子单元 LEU 及有源应答器向 CTCS-2 级列控车载设备传送限速信息和进路信息。

5. 应答器

应答器向车载设备传送点式报文信息，无源应答器提供固定信息，有源应答器与地面电子单元 LEU 连接时能提供可变信息。

6. 地面电子单元 LEU

地面电子单元根据 TCC 提供的信息生成应答器所需要的报文信息，并通过专用接口将信息传递给有源应答器。

(二)车载设备

CTCS-3 级列控系统车载设备由安全计算机 VC、GSM-R 无线通信单元、轨道电路信息读取器 TCR、应答器信息接收单元 BTM 及应答器天线、列车接口单元 TIU、司法记录单元 JRU、人机界面 DMI、测速测距单元 SDU 等组成。

1. 车载安全计算机 VC

车载安全计算机是列控车载设备的控制核心，负责从其他模块及相关地面设备获取信息，根据列车参数、线路参数、行车许可、临时限速信息生成动态速度监控曲线；将列车运行速度与动态速度监控曲线相比较，必要时输出相应制动，确保列车安全运行。

车载安全计算机是列控车载设备的核心运算单元，采用安全设计结构。整个系统由两套独立运算的主备系统组成。车载安全计算机主备系统分别包括两套运算处理模块：CTCS-3 级控车模块和 CTCS-2 级控车模块，分别完成 CTCS-3 级和 CTCS-2 级的逻辑处理功能，两个模块的运算功能是独立的，在 CTCS-3 级区段，根据 CTCS-3 级模块运算结果监控列车运行。当不满足 CTCS-3 级控车条件时，根据 CTCS-2 级模块运算结果监控列车运行。

2. GSM-R 无线通信单元

GSM-R 无线通信单元通过车载电台 MT 与 RBC 建立地面设备与车载设备之间的信息

双向传输通道，完成车载数据的加密和解密，实现地面设备与车载设备之间的信息安全通信。车载电台主要完成信号的调制和解调，实现列控车载设备与GSM-R的接口。

GSM-R无线通信单元包括中央处理单元和通信接口。GSM-R无线通信单元与无线电台相连。无线电台提供两个数据通道，这样从一个RBC区域转入到另一个RBC区域时，可同时连接两个RBC，并以此实现无制动的RBC交权过程。

3. 轨道电路信息读取器TCR

轨道电路信息读取器TCR通过轨道电路接收天线读取轨道电路信号，经过处理获得轨道电路的载频信息和低频信息。

4. 应答器信息接收单元BTM及应答器天线

应答器信息接收单元BTM通过应答器天线激活地面应答器，接收地面应答器发送的信号，并解码得到应答器报文。

5. 列车接口单元TIU

列车接口单元TIU是车载设备与动车组的接口。车载设备通过列车接口单元获得来自动车组的各种开关量和反馈信息，并通过它将制动和相关控制命令输出至动车组。

6. 司法记录单元JRU

司法记录单元用于记录车载设备的工作等级、工作模式、设备状态、司机的操作及车载设备与地面设备间的交互等信息。

7. 人机界面DMI

人机界面DMI是司机与车载设备的交互接口，司机可通过人机界面输入司机号、车次号、列车长度等信息，以图形、文本及语音等方式向司机提示列车运行速度、允许速度、工作等级和模式、车载设备状态和报警信息。

人机界面主要由显示屏、键盘、扬声器、航空插座及电源板、主板、嵌入式CPU板组成。显示屏用于显示各种图形信息；键盘用于司机进行各种操作和输入数据；扬声器用于向司机输出语音或声音提示信息；航空插座用于连接车载设备的电源，A系通信插座用于连接车载设备的A系，B系通信插座用于连接车载设备的B系；电源板将输入电压转换成DMI内部各个部分所需的工作电压；主板为CPU提供各种连接通道，包括通信接口、键盘采集接口等；嵌入式CPU板是DMI的核心计算部分，内有嵌入式操作系统。

8. 测速测距单元SDU

测速测距单元SDU通过处理速度传感器或速度传感器加雷达信号获得列车的运行速度和走行距离。

测速测距单元主要由测速测距处理单元和速度传感器组成，速度传感器安装在动车组两端第一轮对的两侧车轴上，将车轴转速变成电信号输出，传递给测速测距模块，得到列车运行速度信息和运行距离信息，传输给车载主机。

(三)GSM-R无线通信网络

CTCS-3级列控系统通过GSM-R实现车—地之间连续、双向的信息传输，地面系统可以实时接收列车发送的列车数据、列车状态等信息，用于地面系统的运算及与列车的监控，系统性能显著提高。

1. GSM-R系统结构及其功能

GSM-R系统主要包括：基站子系统BSS、电路域的移动交换子系统SSS、分组域的通用无线分组业务子系统GPRS、移动智能网子系统IN、运行与支持子系统OSS。GSM-R系统结构如图4-7所示。

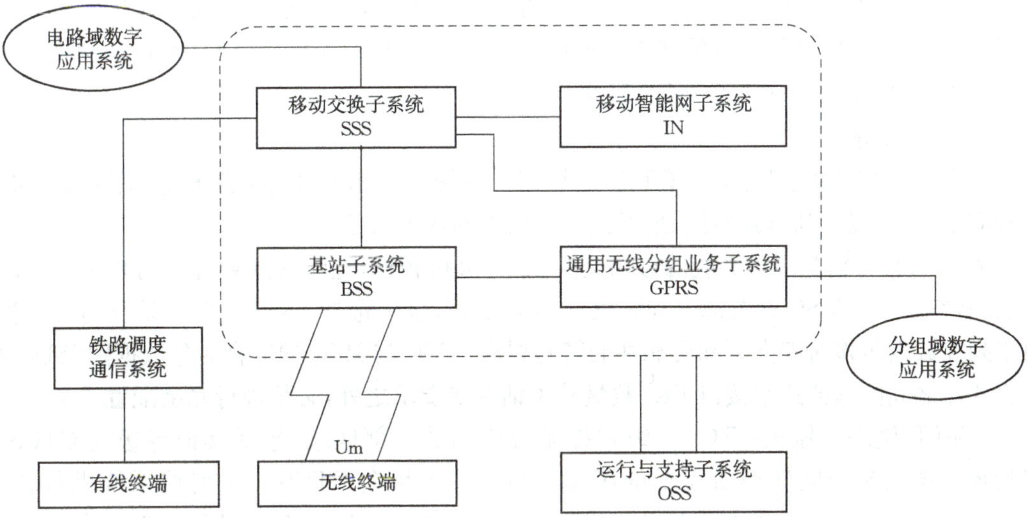

图4-7　GSM-R系统结构

GSM-R系统通过移动交换子系统SSS中的网关移动交换中心GMSC实现与其他通信网络电路域业务的互通互联，通过通用分组无线业务系统GPRS中的网关GPRS业务支持节点GGSN实现与其他数据信息网络分组域业务的互联互通。

基站子系统BSS通过无线接口Um与移动台交互，负责无线发送/接收和无线资源管理；通过A接口与网络子系统交互，实现移动用户之间或移动用户与固网用户之间的通信连接，并且传送系统信令和用户信息等。

移动交换子系统SSS主要完成用户的业务交换功能及用户数据与移动性管理、安全性管理所需的数据库功能，负责端到端的呼叫、用户数据管理、移动性管理和固定网络的连接。

通用无线分组业务子系统GPRS为用户提供分组数据承载业务，与GSM-R系统共用频率资源；利用GSM-R系统的基站实现无线覆盖，不单独增加GPRS系统基站。

移动智能网子系统IN是交换子系统中引用的智能网实体，将网络交换功能和业务控制功能相分离，实现对呼叫的智能控制，提供铁路相关特色业务的支持。

运行与支持子系统OSS包括网络设备维护管理系统和用户管理系统。其中，网络设备维护管理系统为操作人员提供对系统设备的维护接口，收集、监视网络的运行信息和状况，并按照操作人员的要求生成系统运行报告，为网络规划和调整提供依据。用户管理系统负责管理本网内用户的相关数据，提供开户、销户及用户业务权限更改等操作功能，以支撑业务的正常运行，包括SIM卡管理系统及计费、结算、营账和客服系统等。

无线电台是接入 GSM-R 网络的用户设备，包括移动式(手持式和车载式)、固定式等。无线电台通过无线接口接入到 GSM-R 系统，传输车—地信息，同时为用户提供人机接口。

2. CTCS-3 级列控系统对 GSM-R 系统的要求

(1)业务要求

GSM-R 网络承载列控车载设备与无线闭塞中心之间安全信息的双向实时传输，是保证列车在线路上安全、高效运行的基础。列控车载设备通过 I_{GSM-R}接口接入 GSM-R 网络，无线闭塞中心通过 I_{FIX}接口接入 GSM-R 网络。

(2)配置要求

GSM-R 网络的配置应支持 CTCS-3 级列控系统的应用条件，隧道、桥梁、车站、枢纽等各种应用场合，以及列车到地面、地面到列车的透明数据通信。

RBC 与其管辖范围内响应的移动交换中心 MSC 相连，连接方式要综合考虑 RBC 设置地点和管辖区域、MSC 设置地点和管辖区域等因素，合理选择，尽可能提高系统的可靠性。由于列控数据传输对安全型和可靠性的特殊要求，MSC 与 RBC 的综合业务数据网 ISDN 接入服务器之间的基群速率接口 PRI 数量除了话务量要求之外，必须进行冗余配置。

GSM-R 网络应覆盖 CTCS-3 级列控系统应用的全部区域，包括其他等级与 CTCS-3 级列控系统实现级间转换所需要的区域。当其他等级向 CTCS-3 级列控系统进行转换时，GSM-R 网络无线覆盖要满足从 GSM-R 电台开始注册网络至具备等级转换条件的时间要求；当 CTCS-3 级列控系统向其他等级转换时，GSM-R 无线网络覆盖应保证从转换边界开始到车站设备释放与 RBC 连接这段时间内列车的运行距离。在满足设计的前提下，GSM-R 网络设计应尽量控制越区切换发生的频率，以避免频繁越区切换对数据传输造成不良影响。

CTCS-3 级列控系统中，每辆列车在两端机车内各设置一个 GSM-R 通信电台，通常运行中使用一个电台，在进行 RBC 切换时，在一定距离范围内两个电台同时使用。在一些大站或枢纽地区，列车数量较多，列控电台数量随之增多，因此 GSM-R 网络设计中应考虑 CTCS-3 级列控系统在一般区间、RBC 切换区、大站、枢纽地区对无线资源的需求，进行容量设计。

(3)对服务质量 QoS 的要求

服务质量是指发送端和接收端的用户之间及用户和传输信息的集成服务网络之间关于信息传输质量的约定。对于 CTCS-3 级列控系统来说，对 QoS 指标的要求适用于列车在各种运行状态下的端到端连接，与网络负荷无关。需要考虑的参数主要包括：

①网络注册时延。

②连接建立时延。

③连接建立失败概率。

④用户数据帧传输时延。

⑤链路断开概率。

⑥传输干扰。

3. CTCS-3 级列控系统与 GSM-R 无线网络之间的通信接口

(1)I_{FIX}接口

I_{FIX}接口是指 RBC 与 GSM-R 系统交换机移动交换中心 MSC 之间的基群速率接口 PRI。在工程中，RBC 与 MSC 不同址，需要通过传输系统连接，为了保证可靠性，连接 RBC 和 MSC 之间的传输系统由物理路由互为备份的两条光缆构成。在 100%冗余的情况下，每个 RBC 可以管理 60 个车载移动终端，需要 4 个 2 M 的 PRI 接口。在实际工程应用中，系统为每个 RBC 配置 5 个接口，4 个主用接口，1 个备用接口，当 4 个主用接口中的一个发生故障时倒接至备用接口。

(2)$I_{GSM\text{-}R}$接口

$I_{GSM\text{-}R}$接口是指 CTCS-3 级列控系统车载设备中安全通信单元与移动终端 MT 之间的接口。$I_{GSM\text{-}R}$接口为信令和用户数据的传输提供了不同的操作模式。

(四)信号系统安全数据网

信号系统安全数据网主要负责 CTCS-3 级列控系统地面设备之间安全信息的传输，接入网络的设备包括：无线闭塞中心 RBC、列控中心 TCC、计算机联锁 CBI、临时限服务器 TSRS 及调度集中 CTC。高速铁路信号安全数据网保证了车站、中继站(无道岔车站)及其与中心信号设备之间的安全传输，同时还要确保 RBC、TSRS 等中心设备与其他相邻线路安全数据网之间的安全信息可靠传输。安全信息数据网设置有网络管理系统，实现数据记录、故障报警、状态监测等功能，确保安全信息通信具有高度的可靠性、可用性和可维护性。

1. 信号安全数据网的通信业务内容

信号系统安全数据网承载地面列控系统的安全数据通信，各中心设备之间的通信信息主要有：

(1)TCC 与 TCC 之间的通信

TCC 设备通过信号安全数据网向相邻 TCC 传输信息，主要包括：

①轨道区段边界信息。

②边界信号机状态。

③区间闭塞分区状态信息。

④区间改变运行方向信息。

⑤设备状态信息。

(2)TCC 与 CBI 之间的通信

TCC 向 CBI 传输的信息主要包括：

①区间方向信息。

②区间闭塞分区状态信息。

③信号降级命令信息。

CBI 向 TCC 传输的信息主要包括：

①列车进路状态信息。

②调车信号状态信息。

③区间改变运行方向命令信息。

④车站信号机点灯状态信息。

(3)CBI 与 CBI 之间的通信

CBI 与相邻 CBI 之间通过信号系统安全数据网传输站联信息。

(4)TCC 与 TSRS 之间的通信

TSRS 服务器向 TCC 传输的信息有：

①临时限速命令信息。

②校时时钟信息。

TCC 向 TSRS 服务器传输的信息有：

①临时限速命令状态信息。

②区间闭塞分区状态信息。

③站内正线轨道区段信息。

(5)RBC 与 TSRS 之间的通信

TSRS 服务器向 RBC 传输临时限速命令信息；RBC 向 TSRS 服务器传输临时限速命令状态信息

(6)RBC 与 CBI 之间的通信

CBI 向 RBC 传输信号授权 SA 信息；RBC 向 CBI 传输列车相关信息。

2. 组网结构

根据 CTCS-3 级列控系统管辖范围及相邻线路连接方式，信号安全数据网的网络结构有基本网络结构、子网划分结构、不同线路网络连接结构、网络分支连接结构四种形式。

信号系统安全数据网结构

(1)基本网络结构

信号系统安全数据网采用在每个车站或中继站设置的工业以太网网络设备构成冗余双环网，双网间采取物理隔离，网络设备间采用专用单模光纤连接，如图 4-8 所示。

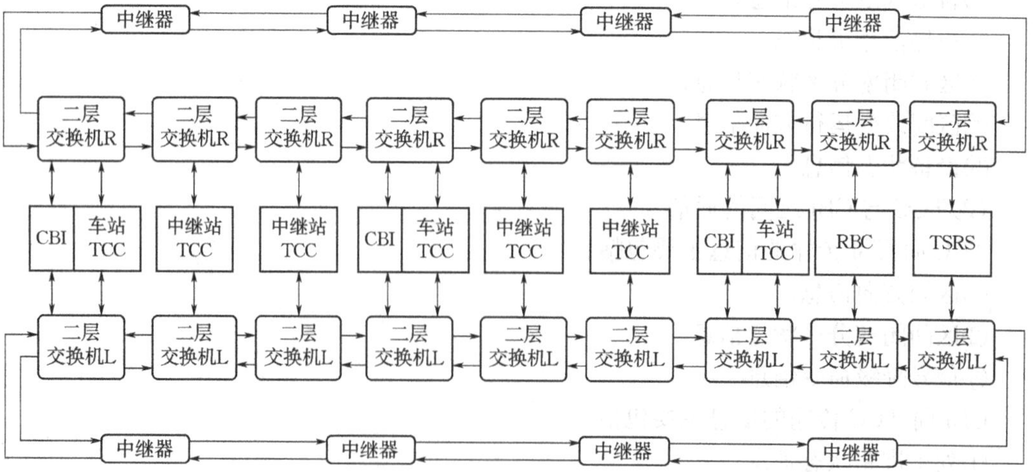

图 4-8　信号系统安全数据网结构

每侧环网由 4 芯光纤构成，并预留 2 芯作为备用。利用工业以太网交换机的环网冗余协议，实现在每侧环网中一处光纤中断后，不影响网络中的设备通信。

为了提高通信通道及通信设备的可靠冗余，两环网设备间互联光纤（设备端—设备端）采用不同物理路径，即在每个环网中，采用不同路径的光纤构成环，在两个环网相同的网络路径处也采用了不同路径的光纤来实现。同时为了避免车站设备停电后造成网络中断，两个环中用于组成环网的中继设备也不应在同一个车站或中继站设置，最大限度地保障信号系统安全数据网的通信可靠性。

（2）子网划分结构

为了确保网络通信的安全性和可靠性，避免由于广播风暴数据引起整个网络瘫痪，对于单一环网交换机数量超过 60 台时，应划分成不同的子环网。子环网划分利用三层工业以太网交换机实现，三层交换机之间采用双冗余光缆进行连接并开启链路聚合功能，双通道冗余光缆采用不同路径铺设，以提高通道的物理冗余性。同时，左、右网的子网划分界面不能设在同一个车站或中继站，避免车站或中继站设备停电后造成通信中断。

（3）不同线路网络连接结构

不同线路的网络连接应在线路分界处附近车站设置三层交换机实现，三层交换机之间采用双冗余光缆进行链路聚合连接，双通道冗余光缆应采用不同路径铺设，左、右两侧的三层交换机不设在同一车站或中继站。

（4）网络分支连接结构

对于一侧为高速铁路信号系统安全数据网，另一侧为独立信号设备的情况，应采用网络分支方式接入信号系统安全数据网，分支车站的网络连接设备不纳入信号系统安全数据网的环网中。分支上的车站设置独立的交换机与相邻信号安全通信网连接，交换站间通信数据，光纤通道采用物理位置不同的双通道冗余光缆连接两条线路上的设备。

3. 通信接口

信号系统安全数据网根据接口设备类型的不同，提供了用于双绞线连接的 RJ45 接口和用于光纤连接的光接口。

（1）RJ45 接口

列控中心、联锁系统、无线闭塞中心和临时限速服务器通过 RJ45 接口接入到信号系统安全数据网中，接口采用冗余设计，各设备与交换机的接口为百兆电接口，连接电缆采用 6 类标准屏蔽双绞电缆，电缆长度不能超过 50 m。

（2）光纤接口

信号系统安全数据网由通信专业提供的线路左、右两侧主干网光缆构成，每束光缆中分配 6 芯光纤为信号系统安全数据网所用，其中 4 芯用于数据通信，2 芯备用。

车站和中继站的光缆在光纤配线架 ODF 上接入方式不同，车站的信号机械室内设有独立 ODF 子架，光缆成端在信号 ODF 子架上；中继站的通信专业和信号专业设备共有一个 ODF 架，光缆成端在通信 ODF 架上。

车站列控中心相关的光纤在通信机房进行熔接，通过 ODF 架光缆终端盒与 4 条 6 芯尾缆熔接之后，通过尾缆直接接到信号机械室的 ODF 子架上进行成端，列控中心设备通过尾纤从 ODF 子架上接入到数据环网当中。

三、CTCS-3级列控系统车载设备功能及工作模式

CTCS-3级列控系统车载设备构成如图4-9所示。

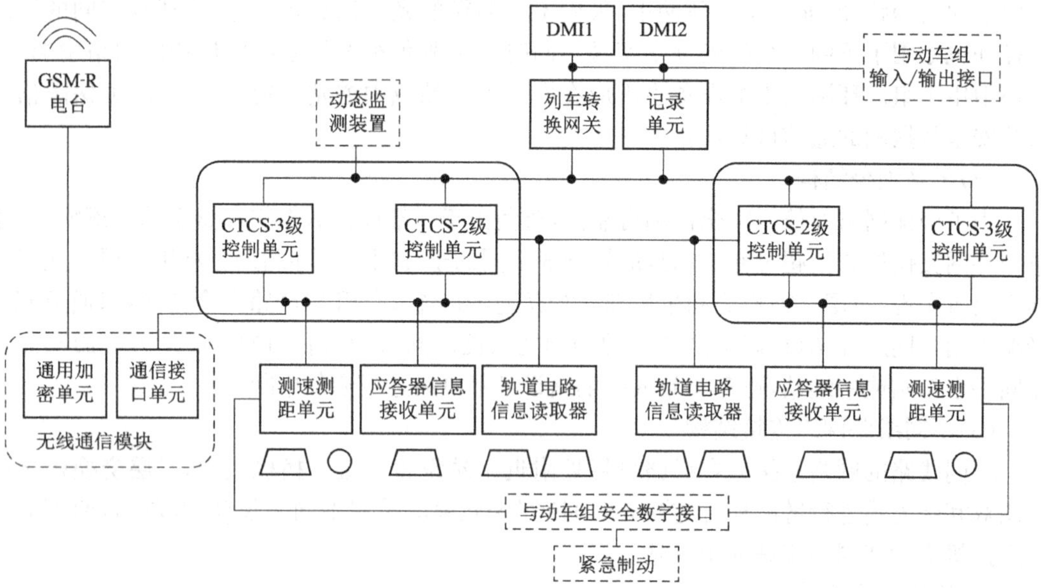

图4-9　CTCS-3级列控系统车载设备构成图

(一)CTCS-3级列控系统车载设备主要功能

CTCS-3级列控系统车载设备构成图

1. 测速测距

列控车载设备和测速测距单元配合,通过处理速度传感器脉冲和雷达信号,在判断列车是否处于空转和打滑的基础上,实时计算列车的运行速度和累计走行距离。车载设备通过接收到的应答器组信息,修正测距累计误差,实现列车精准定位。

2. 无线通信管理

列控车载设备通过GSM-R无线通信系统与RBC进行信息交互,因此车载设备需要对无线通信进行管理,包括无线网络注册、通信会话建立、通信会话维持、通信会话终止等主要过程。

3. 应答器信息接收与处理

列控车载设备通过应答器信息接收天线和应答器信息接收单元,从地面应答器组获取无线注册、等级切换、通信管理和RBC切换等信息。

4. 速度监控

列控车载设备根据动车组构造速度、线路允许速度、临时限速和行车许可,生成相应的动态速度监控曲线,通过与列车运行速度比较,监控列车运行。

列车制动输出有四挡,分别是1级制动、4级制动、最大常用制动和紧急制动。

5. 溜逸及退行防护

溜逸防护是指列控车载设备在列车停车的状态下，对列车的不恰当移动进行防护。当列控车载设备检测到列车溜逸距离超过 5 m 后，车载设备立即实施紧急制动。

退行防护防止列车向与允许方向相反的方向运行。当检测到退行距离超过 5 m 后，列控车载设备立即实施紧急制动。

6. 等级转换

等级转换是指 CTCS-3 级和 CTCS-2 级之间的转换。列控车载设备根据应答器和 RBC 的等级转换信息进行 CTCS-3 级和 CTCS-2 级之间的等级转换。

需要进行等级转换的情况主要有：

(1)从 CTCS-3 级区域进入 CTCS-2 级区域。

(2)从 CTCS-2 级区域进入 CTCS-3 级区域。

(3)在 CTCS-3 等级区域内，由于无线通信超时，从 CTCS-3 级转为 CTCS-2 级或从 CTCS-2 级转回到 CTCS-3 级。

CTCS-3 级控车模块与 CTCS-2 级控车模块进行实时通信，传递速度等信息，确保列车不因等级转换实施制动。

7. 车载设备工作方式选择

列控车载设备有设备制动优先和司机制动优先两种工作方式。通过初始参数设定，列控车载设备在上电后即得到一个配置好的优先级属性，并会根据实际情况进行自动转换。

8. 人机交互

司机可通过人机界面设备输入司机号、车次号、列车长度等信息，并进行模式转换、等级转换等操作；同时 DMI 以图形、文本和声音的方式向司机提供列车运行速度、目标速度、允许速度、目标距离、地理信息、文本信息、确认信息、警示信息等。

9. 紧急停车消息处理

列控车载设备处理来自 RBC 的紧急停车消息，当收到无条件紧急停车消息时，列控车载设备将输出紧急制动，并进入冒进防护状态；当收到有条件紧急停车消息时，列控车载设备将根据实际情况选择接受或拒绝此紧急停车消息，并输出相应的控制命令。

10. 数据记录

利用列控车载设备配置的记录单元记录司机操作、车—地交互信息、制动输出及车载设备工作状态等信息。

(二)CTCS-3 级列控系统车载设备工作原理

1. 制动模式曲线计算

CTCS-3 级列控车载设备根据列车制动性能参数、线路参数及行车许可的位置和长度等信息计算速度控制模式曲线。

CTCS-3 级列控系统工作原理

列车制动性能参数由车辆运营商以制动减速度的方式提供，制动减速度数据至少应包含紧急制动减速度参数和最大常用制动减速度参数。

线路参数包括线路坡度、曲线等信息和静态限速信息等。

车载设备根据 RBC 发来的信息，每隔一定时间、距离或特定触发条件向 RBC 申请行车许可。若申请来的行车许可经过判断是有效的，则按当前位置为行车许可的开始位置，车载设备根据行车许可的长度作为目标—距离计算制动模式曲线。制动模式曲线以当前位置开始，以列车最大安全前端到达行车许可终点结束。

制动模式曲线由顶棚速度监控（CSM）区和目标速度监控（TSM）区两部分组成，CSM 区根据列车制动性能计算，TSM 区根据前方目标和顶棚速度确定，如图 4-10 所示。

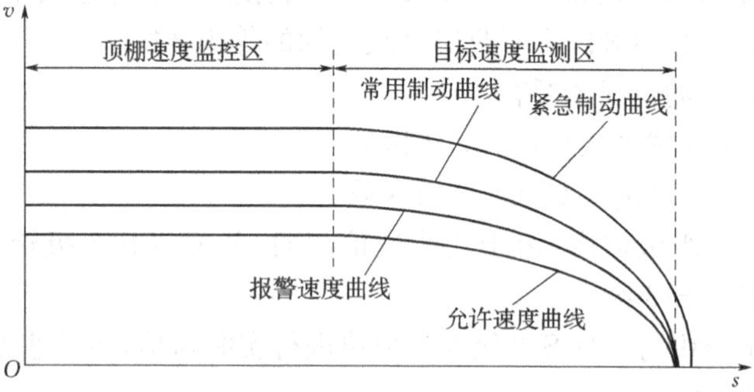

图 4-10　制动曲线示意图

紧急制动模式曲线的终点以列车最大安全前端为基准，因此可以消除测速测距误差等因素对列车运行安全带来的影响。

2. 无线通信管理

（1）无线网络注册

车载设备在上电或接收到注册命令后，命令 GSM-R 车载电台注册到默认的无线网络。

（2）通信会话建立

车载设备在上电或接收到呼叫 RBC 命令后，建立与 RBC 之间的通信会话。

（3）通信会话维持

当通信会话建立以后，如果安全连接突然中断，但地面设备未发出断开连接的指令时，车载设备将认为通信会话仍然是建立的。当安全连接完全中断时，车载设备将进行反复的连接尝试。

（4）通信会话终止

当接收到终止通信会话命令，系统自动判断接收到的信息，若不符合传输要求，即认为该信息是错误信息，或在任务开始阶段 RBC 拒绝列车呼叫时，车载设备终止此次通信会话。或在任务开始阶段 RBC 拒绝列车呼叫时，车载设备将终止此次通信会话。

（三）CTCS-3 级列控系统车载设备工作模式与转换

CTCS-3 级列控车载设备（含 CTCS-2 级功能）有 9 种主要工作模式，其中通用的模式有待机模式（SB）、完全监控模式（FS）、引导模式（CO）、目视行车模式（OS）、调车模式（SH）、隔离模式（IS）、休眠模式（SL）等，仅适用 CTCS-2 级的模式有部分监控模式（PS）和机车信号模式（CS）。CTCS-3 级列控系统车载设备在控车时不同工作模式之间的关系和转换条件见表 4-1。

表 4-1　CTCS-3 级列控系统车载设备模式转换表

	完全监控(FS)	部分监控(PS)	调车(SH)	引导(CO)	目视行车(OS)	待机(SB)	隔离(IS)	休眠(SL)	机车信号(CS)
完全监控(FS)		缺少线路数据	停车&调车键	引导授权&降到允许速度&司机确认	停车&目视键	停车&关闭驾驶台	隔离开关"隔离"	—	等级转换信息或手动切换
部分监控(PS)	线路数据完整		停车&调车键	引导授权&降到允许速度	停车&目视键	停车&关闭驾驶台	隔离开关"隔离"	—	手动切换
调车(SH)	—	—		—	—	停车&关闭驾驶台或退出"调车"键	隔离开关"隔离"	—	—
引导(CO)	接收到FS行车许可	轨道电路允许信息	停车&调车键		停车&目视键	停车&关闭驾驶台	隔离开关"隔离"	—	手动切换
目视行车(0S)	接收到FS行车许可	轨道电路允许信息	停车&调车键	引导授权&司机确认		停车&关闭驾驶台	隔离开关"隔离"	他端车载设备激活为本务端&关闭驾驶台	手动切换
待机(SB)	—	启动键	停车&调车键	引导授权&司机确认	停车&目视键		隔离开关"隔离"	—	—
隔离(IS)	—		—	—	—	隔离开关"正常"		—	—
休眠(SL)	—	—	—	—	—	车载设备激活为本务端或所有驾驶台关闭	隔离开关"隔离"		—
机车信号(CS)	等级转换信息&完全监控授权	等级转换信息&轨道电路允许信息	—	等级转换信息&引导授权&降低到允许速度&司机确认	等级转换信息&停车&目视键	停车&关闭驾驶台	隔离开关"隔离"	—	

1. 待机模式

当列控车载设备上电时，执行自检和外部设备测试正确后，或司机选择从调车模式退出，或驾驶台关闭时，系统转入待机模式。在该模式下，车载设备禁止列车移动。当司机开启驾驶台后，列控车载设备中的DMI投入正常工作。

2. 完全监控模式

当车载设备具备列控所需的全部基本数据（包括列车数据、行车许可和线路数据等）时，车载设备自动进入完全监控模式。在该模式下，列控车载设备生成目标—距离连续速度控制模式曲线，并通过人机界面显示列车运行速度、允许速度、目标速度和目标距离等信息，并监控列车安全运行。

3. 引导模式

当开放引导信号进行接发车时，列控车载设备进入引导模式。在待机、完全监控模式和冒后状态下，系统收到引导行车许可且司机确认后，或在目视行车和完全监控模式下，收到引导行车许可，列车最大安全前端进入MA所指示目视行车模式区域后，系统转入引导模式。在该模式下，列控车载设备生成目标—距离连续速度控制模式曲线，并通过DMI显示列车运行速度、允许速度、目标速度和目标距离等，车载设备按固定限制速度40 km/h监控列车运行，司机负责在列车运行时检查轨道占用情况。

4. 目视行车模式

当地面设备故障、列控车载设备显示禁止信号且列车停车后需继续运行时，根据行车管理办法，经司机操作，列控车载设备进入目视行车模式。在待机模式和冒后状态下，司机按压"目视"功能键后，或在完全监控和引导模式下，司机按压"目视"功能键后，系统进入目视行车模式。在该模式下，列控车载设备按固定限制速度40 km/h监控列车运行，列车每运行一定距离（300 m）或一定时间（60 s）司机需确认一次。

5. 调车模式

在待机、完全监控、目视行车、引导模式和冒后状态下，停车后司机选择调车并得到RBC"允许调车"信息后，系统转入调车模式。进入调车模式后，列控车载设备断开与RBC的连接，待转出调车模式后再重新开始连接，并按照固定限制速度40 km/h监控列车前进或折返运行。

6. 隔离模式

当列控车载设备停用时，需在停车情况下，经操作隔离列控车载设备的制动功能，列控车载设备进入隔离模式。在隔离模式下，车载设备不具备安全监控功能，列控车载设备需要监测隔离开关状态。

7. 休眠模式

当列控车载设备上电时，执行自检和外部设备测试正确后首先自动处于待机模式。当本务端的驾驶台开启后，非本务端列控车载设备进入休眠模式。在休眠模式下，列控车载设备仍执行列车定位、测速测距、记录等级转换及RBC切换信息等功能，但不负责列车安全防护功能。

8. 部分监控模式

该模式仅用于CTCS-2级控车。当车载设备接收到轨道电路允许行车信息,而缺少应答器提供的线路数据或列车位置不确定时,车载设备产生固定限制速度,监控列车运行。在部分监控模式下,车载设备负责监控列车的最高运行速度,司机负责驾驶列车运行并根据地面情况进行相应处理。

9. 机车信号模式

该模式仅用于CTCS-2级控车。当列车运行到地面设备配置未装备CTCS-3/CTCS-2级列控系统的区段时,根据行车管理办法(含调度命令),经司机操作后,列控车载设备按固定限制速度80 km/h监控列车运行,并显示机车信号。当列车越过禁止信号时触发紧急制动。在机车信号模式下,司机负责以地面信号显示为行车凭证驾驶列车运行,并根据地面情况采取相应措施。

第四节 列控系统设备维护

一、CTCS-2级列控系统的维护与检修

(一)车载设备检修

CTCS-2级列控系统是在移频自动闭塞基础上增加列车自动控制功能的信号防护系统,由车载ATP设备和地面设备组成,车载设备由于机车类型和设备生产厂家的不同而存在一定差异,导致系统的维护与检修也没有统一的标准。车载设备包括车内设备和车外设备,车内设备包括LKJ、机车信号设备、人机界面、ATP机箱等;车外设备是指车底轨道电路信息接收天线、应答器信息接收天线、测速测距设备等。

1. 车载ATP设备检修(以CTCS-200H型车载设备为例)

CTCS-2级列控车载设备的检修修程、周期和检修内容见表4-2。不同修程对应的检查项目见表4-3。

表4-2　CTCS-2级列控系统车载设备检修修程、周期与检修内容

修　程	周　期	检修内容
日常维护	2天	机车出/入库检查,通过观察ATP各模块工作指示灯,确认设备状态
月检	1个月	通过专用设备检测ATP设备的性能和功能是否正常
大修	3年	将各模块的箱体和印制板从机柜中卸下清洁,确认模块印制板、配线的状态、功能是否完好

表4-3　车载ATP设备检修项目

序号	检修项目	检修修程		
		日常维护	月检	大修
1	分解清扫	—	—	○
2	确认设备内部配线	—	—	○
3	确认接地线安装状态	—	○	○

续上表

序号	检修项目	检修修程		
		日常维护	月检	大修
4	确认 FAN 动作状态	—	○	○
5	检查设备外观	—	○	○
6	检查设备主体螺丝	—	○	○
7	检查箱体固定螺丝	—	○	○
8	检查继电器固定螺丝	—	○	○
9	检查面板安装螺丝	—	○	○
10	测试定压电源的输出电压	—	○	○
11	使用试验器确认工作状态	—	○	○
12	检查连接器连接状态	—	○	○
13	隔离开关切换试验	—	○	○
14	检查 LED 工作状态指示灯	○	○	○

2. 车外设备检修

检查车外设备时，须使用录像手电，形成全程视频文件进行存档，检查的内容主要包括：

(1)检查轨道电路信息接收天线、应答器信息接收天线和速度传感器等设备外观清洁无异状、无破损，防护设施完整。

(2)设备各部件安装螺栓紧固，无松动。

(3)设备各部件连接电缆固定，绑扎良好，无破损，弯曲无异状，插头与插座之间无松动和虚接。

(4)设备密封及防水、防潮作用良好。

(5)设备集中检修时还须测量 FSK 线圈的电气参数。

(二)应答器及地面电子单元检修

1. 无源应答器的维修

无源应答器的维护内容见表 4-4。

表 4-4　无源应答器的维护内容

检修内容及标准	维护工具	备注
应答器组成完整，无损伤	—	每个季度不少于一次
安装紧固，无松动	扭矩扳手 应答器专用紧固扳手	
应答器表面及周围(0.3 m)无杂物，尤其无任何金属覆盖	卷尺	
应答器周围无较厚粉尘	扫把、抹布	
应答器安装符合标准	卷尺、水平尺、量角器	

2. 有源应答器的维修

有源应答器在完成安装调试之后即可投入使用，使用时无须进行任何设置或操作，检修时与无源应答器的检修内容及标准一致，只需增加对应答器和 LEU 之间电缆及其接头状态的检查。

当现场使用的有源应答器故障时，直接用备用应答器换下对应的故障应答器，同时利用报文读写工具检查有源部分和无源部分的报文是否正确。

3. 地面电子单元 LEU 的维修

对 LEU 的日常维护工作主要是检查主机工作状态指示灯是否正常和信号集中监测系统(可选配置)监测到的 LEU 状态是否正常。LEU 的室内设备每日检查一次，无人值守的车站每月不少于两次；室外设备每月不少于两次，主要检查设备的安装状态、清洁状态、电缆连接状态等。

LEU 属于不间断工作设备，定期上电复位可以有效消除其故障积累，帮助工作人员及时发现系统隐患，同时能够延长设备使用寿命。一般情况下，每 6 个月进行一次整机复位操作，同时进行电路板检查，确保 LEU 保持正常工作状态。

(三)列控中心设备的检修

TCC 具有故障自诊断功能，系统故障定位可达到模块级或者电路板级，辅助维护单元可以自动记录 30 天之内的运行数据，并对记录数据进行回访，同时提供下载分析功能。检测和记录的设备状态数据包括：

(1)TCC 各个设备单元的工作状态。

(2) TCC 的系统连接及工作状态，包括 TCC 设备各个单元之间的连接及 TCC 与 CBI、CTC、TSRS、轨道电路、LEU、相邻 TCC 之间的通信通道状态。

当监测到故障状态时，系统自动向各系统发送报警信息，并导入设备安全侧进行工作。

维护作业人员平时的维护作业主要以巡查为主，作业内容主要有设备检查和测试实验等。日常检查包括设备外观检查和工作状态检查。

1. 设备外观检查

外观检查一般要求每月进行一次，检查内容有：

(1)检查各部件外观是否清洁；风扇、机箱、机柜通风是否正常；各种标签是否完整、正确、清晰。

(2)各部螺丝紧固，机柜门、锁无破损。

(3)通信电缆的紧固性检查。

(4)应答器电缆的紧固性检查。

(5)备品备件完整性检查。

2. 工作状态检查

设备工作状态检查每天进行一次，检查的内容有：

(1)检测电源模块是否有报警，记录每路电源的电压和电流是否正常。

(2)检测通信接口单元的工作指示灯颜色和闪烁是否正常，是否有异常指示。

(3)检测主机单元的工作指示灯颜色和闪烁是否正常，是否有异常指示。

(4)检测主备机状态，是否有离线状态，记录主备机位置。

3. 测试试验

对列控中心设备的测试试验一般每年进行一次，测试试验的内容有：

(1)测试列控机柜接地电阻。

(2)测试各模块供电电源是否符合相应型号标准。

(3)进行主备系切换试验。

(4)TCC 与 CTC 之间通信接口倒切试验。

(5)安全数据网双环通道断网和切换试验。

(6)测试应答器室外尾缆电压。

二、CTCS-3 级列控系统的维护与检修

(一)车载设备检修

列控车载设备的检修维护工作涉及运输、机务、车辆等部门，与动车组开行时刻表、动车组运用维修规程紧密结合，在加强日常运用数据的(运行日志数据、动态监测数据、信号集中监测数据)统计分析基础上，实行月(年)检修、库检测及故障应急处理的维护工作制度。

不同类型的列控车载设备，其维护和检修的规范和要求也存在差异，这里以 CTCS-300T 型列控车载设备为例进行说明。

1. 设备维护

CTCS-300T 型列控系统车载设备的维护工作主要包括预防性维护和更正性维护。

(1)预防性维护

预防性维护是一种周期性维护作业，主要目标是保持系统的运行性能。预防性维护的作业内容有：

①定期检查。

②车轮尺寸数据检查与修改。

③保持天线表面清洁，以保持其传输性能。

④清洗各个模块，以保持空气流动，预防模块高温。

⑤根据配件寿命周期更换各部分的电池。

(2)更正性维护

在常规运营过程中由系统启动检测或运行时间内测试检测出设备故障时，需要对车载设备进行更正性维护。更正性维护可以根据辅助信息的提示进行：

①司机控制面板提示的故障信息。

②各个装置上设置的 LED 指示灯状态。

③便携式检测设备提示信息。

(3)维护原则

在进行车载设备维护时，需要遵循以下原则：

①将新的部件正确安装在原部件安装的位置。

②如果替换一个被标记的部件或者电缆时，必须用同样的方式标记新的部件和电缆，并且新的标识信息要求与车辆备件清单及接线图描述一致。

③更换部件时，附带的小部件应随之一起更换，如垫圈及垫片。

④不要松动车辆内部的任何部件。

⑤要确保车底的车载设备部件符合紧固标准，如 BTM 天线、TCR 天线、测速测距设备等。

2. 高级检修

按照车载设备各个部件的寿命周期和检修工作量，CTCS-300T 型车载设备的高级修程分为三级修、四级修和五级修三个修程，当动车组实施三级修时，列控车载设备要进行配合检测。整机车载设备的更新改造与动车组的高级检修配套实施。

三级修：列控车载设备在新出厂后，随动车组运行 120 万 km(CRH2C——一阶段动车组 90 万 km)进行的检修。

四级修：列控车载设备在新出厂后，随动车组运行 240 万 km(CRH2C——一阶段动车组 180 万 km)进行的检修。

五级修：列控车载设备在新出厂后，随动车组运行 360 万 km(CRH2C——一阶段动车组 270 万 km)进行的检修。

车载设备高级检修实行插件板、模块等配件更换修及维修相结合的方式，发现设备故障或者状态不良时，由承修单位通知送修单位，原则上同步更换。整机设备达到寿命期进行更新改造时，对未达到寿命期的部分配件交由设备配属单位集中管理，调配作为维修备件。车载设备进行高级检修以后，必须与动车组同步安排厂内动态测试和线路动态测试。

3. 数据下载与分析

CTCS-300T 型列控车载设备常用的数据主要包括运行事件记录数据和司法记录数据。运行事件记录数据主要记录对应模块单元在列车运行过程中的重要事件和信息；司法记录数据主要记录车载设备运行过程中的关键数据，如列车速度、运行等级、控车模式、司机操作、无线消息和应答器消息等。

运行事件记录数据下载可用相应的硬件单元或便携式 PC 机通过专用软件进行操作得到数据，也可以使用专用的便携式检测仪表实现数据下载和基本分析。司法记录数据可使用 U 盘自动完成下载。

(二)无线闭塞中心检修

为认真落实 RBC 设备维护管理，确保 RBC 设备的正常运用，铁路运维部门按照维护管理规则设立相应管理机构，RBC 中心机房设置 RBC/TSRS 工区，实行轮班工作制，负责 RBC 设备维护、日常巡视监测、运行数据分析和故障应急处理等。

RBC 设备维护工作实行维修、中修、大修三大修程，坚持以安全和质量为主的原则，依据电子设备技术状态变化规律和故障率情况做好大修、中修和维修工作，保证 RBC 设备符合技术标准，在规定的寿命周期内性能良好、质量稳定、安全可靠地运用。

RBC 日常维修分为集中检修、日常巡检两种方式，其中集中检修每年一次，日常巡检每日两次，同步完成必要的功能检测，保证设备正常运用。日常巡检项目由设备管理单位根据实际情况进行。每年应结合设备集中检修，进行 RBC 设备的鉴定工作，并根据当年设备缺陷，列入下一年整治计划，保证 RBC 中心设备运行质量达标。

目前我国铁路上投入使用的 RBC 设备分为 RBC-TH、RBC-HS、RBC-2-HS 三种型号，设备日常维护根据设备配置的不同而存在差异，但都包括机柜检查、系统检查和运行数据下载分析三项操作内容，并且均遵守如下的一般规定：

(1)必须在可能存在危险的区域内放置警告信号。

(2)无经验的维护员必须在有经验且完全熟悉设备维护员的监督下进行维护工作。

(3)任何情况下都要严格遵守安全规章制度。

(4)在可能滑倒的区域内，地面应铺设防滑材料。

(5)对于每个维护操作，只允许使用专用的工具。

(6)检查工具和仪器应存放在合适的环境条件下。

(7)维护人员应完全掌握发生火灾时的应急方法和流程。

(8)定期检查室内环境(包括室内温度)：RBC 机械室是否清洁，是否满足防尘条件；温度是否满足要求(推荐长期稳定运行温度为 18 ℃～28 ℃)。

(三)临时限速服务器检修

临时限速服务器 TSRS 投入运营之后，在系统工作期间，应周期性检查设备工作状态，主要包括以下方面：

(1)根据设备厂家提供的维修手册对 TSRS 各个单元进行日常检修维护，包括：检查主机是否处于双机热备运行状态；维护终端显示界面是否与主机正常通信并正确显示了相关内容；接口单元的指示灯是否正常；线缆接头有无脱落等。

(2)根据设备厂家的设备说明书检查 TSRS 设备面板指示灯颜色和闪烁是否正常；设备是否处于工作状态。当 TSRS 发生故障处于死机或停机状态时，各 TCC/RBC 仍维持执行 TSRS 故障前的限速命令。若有新的限速命令需要下发，应临时采用人工调度限速的方式下发至列车司机。发生故障后，应按要求保存临时限速维护终端 TSRM 的历史记录信息。

(3)检查 TSRS 是否发生过主备系切换，若发生过切系现象，应予以记录并通知调度员检查当前限速命令执行情况是否与计划一致，通过临时限速维护终端确认设备的限速执行情况。

(4)应周期性通过临时限速维护终端检查 TSRS 初始化状态是否正常。当 TSRS 报警自身未初始化，应及时通知调度员对当前限速状态进行确认并下发初始化确认命令。

(5)TSRS 重启后，会读取存储于设备中的历史限速命令，所有限速命令初始化为未激活状态，与各 TCC/RBC 建立连接后刷新各设备的限速执行状态进行比对，生成当前限速执行列表。TSRS 设备处于未初始化状态，等待调度员对当前限速状态进行确认并下发初始化命令。

(6)调度员下发初始化命令时，应确认界面提示的当前限速命令执行状态是否与计划的一致，对于不在计划内的限速，可以取消。若出现限速丢失的情况，应及时进行补发。若出现有限速命令处于未知状态(或部分执行状态)时，应先确认 TSRS 与 TCC/RBC 的通信是否正常，通信正常则进行人工补发。若存在部分执行的限速命令或 TSRS 上电后刷新未完成时，TSRS 不予处理 CTC 下发的初始化命令。

(7)调度员下发初始化命令后，TSRS 需要对各连接上的 TCC 进行初始化确认，对未执行的 TCC/RBC 自动下发初始化命令，直到所有连接的 TCC/RBC 均初始化后，完成 TSRS 的初始化确认。

(8)通过临时限速维护终端的显示界面检查 TSRS 系统工作状态，TSRS 与各外部接口(CTC/TCC/RBC/邻 TSRS)的通道状态。当 TSRS 报警与设备通信故障时，应立即检查对应设备的状态，若同时多个设备出现通信故障，应及时检修网络设备或TSRS设备的网口。

(9)通过临时限速维护终端的显示界面检查当前限速命令的执行状态是否与TCC/RBC/邻TSRS及CTC一致。当TSRS报警某条临时限速命令为部分执行状态时，应检查相关设备是否通信正常及是否正确执行限速命令，确认通信正常后若限速仍为部分执行状态，尝试重新下发限速执行命令。

(10)通过临时限速维护终端的显示界面检查所管辖TCC/RBC的初始化状态。当TSRS显示某所辖TCC/RBC为未初始化状态，检查该设备是否连接正常或发生过重启。若当前存在与之相关的限速命令处于部分执行状态时，应先通知调度员处理临时限速命令执行或取消完成。

(11)检查临时限速维护终端报警界面的内容。若出现新的报警信息，应根据设备厂家提供的维护说明处理，并保存好临时限速维护终端的历史记录信息。

(四)信号系统安全数据网检修

根据交换机及网络管理系统的寿命周期及维护检修工作量，信号系统安全数据网的维护分为日常维护、年度巡检和设备更新。

1. 日常维护

当一条高速铁路开通后，安全数据网日常维护的大部分工作可以通过网管系统来完成。网管系统可以反映出丰富的信息，如交换机的工作状态、网络链路状态等。一般情况下安全数据网的工作状态会比较正常。工作状态正常时，网管系统的界面上不会显示告警信息。当出现告警时，将以消息事件的形式上报网管服务器，并以醒目的形式显示在网管终端上，事件显示区域中显示告警的类型、级别、设备名称和时间。操作维护人员需要对告警信息予以确认并安排人员排除故障。

网络状态需要操作维护人员实时监控，当发现有告警时，应将告警信息导出并备份，发给相应责任人进行处理。

2. 年度巡检

维护人员进行的年度系统维护工作内容包括：

(1)设备工作状态全面检查。需要在实地进行交换机工作状态的检查，包括检查指示灯是否正常、供电是否正常等。

(2)设备除尘。可使用除尘设备对网络设备进行除尘作业。

(3)传输通道光功率测量。对设备收、发光功率进行测量，检查是否符合规范要求。

(4)网线及接头可用性检查。对网线接头、光尾纤接头进行紧固检查，防止虚连。

3. 设备更新

网络设备达到寿命期(或性能下降阶段)需进行更换或升级，若部分设备未达寿命期，为保证网络中设备硬件和软件的一致性，可将这些设备交由设备配属单位集中管理，调配作为维护备机。各种网络设备寿命期(或性能下降阶段)年限见表4-5。

表4-5　网络设备寿命期限

序号	设备名称	寿命期(年)
1	交换机	5

续上表

序号	设备名称	寿命期(年)
2	路由器	5
3	网管服务器(含显示器及其他输入输出设备)	5
4	网管终端(含显示器及其他输入输出设备)	5
5	协议转换器	5

网络设备更换后,须与信号设备同步安排厂内动态测试和线路动态测试。

复习思考题

1. 什么是CTCS?简述不同级别的CTCS系统的设备配置情况。
2. 列控中心TCC可以实现哪些功能?
3. 有源应答器与无源应答器有何异同?
4. 对CTCS-200H型车载设备进行车外设备检查的内容有哪些?
5. CTCS-2级与CTCS-3级列控系统有何异同?
6. CTCS-3级列控系统车载设备主要包括哪些?
7. CTCS-3级列控系统车载设备的功能有哪些?
8. CTCS-2级列控系统由哪些设备组成?各有什么作用?
9. 按照车载设备各个部件的寿命周期和检修工作量,CTCS-300T型车载设备的高级修程如何分类?
10. CTCS-3级列控系统与GSM-R无线网络之间的通信接口有哪几种?
11. GSM-R系统由哪些部分组成?各能实现什么功能?

第五章

高速铁路调度集中系统

高速铁路调度集中(CTC)系统是高速铁路必须装备的行车指挥核心设备,是高速铁路信号系统的重要组成部分。本章重点介绍了高速铁路调度集中的系统结构、控制模式与控制模式转换基本操作,对比分析了高速铁路 CTC 与普速铁路 CTC 的差异性及调度集中系统接口,并简要介绍了高铁调度集中系统维护基本情况。

第一节　调度集中系统概述

调度集中系统 Centralized Traffic Control(简称 CTC),是控制中心(调度员)对某一调度区段的信号设备进行集中控制,对列车运行进行直接指挥、管理的技术装备。

我国铁路行车调度控制系统的发展,经历了继电系统、半导体分立元件、集成电路和微机化四个阶段。由于种种原因,我国铁路传统的调度集中发展缓慢,1970 年投入使用的调度集中,有的已停止使用,有的仅用其表示部分,所剩无几。

为了适应信息化发展的需要,1996 年开始建设调度指挥管理信息系统(DMIS)。它采用现代计算机技术、网络技术、通信技术及数据库技术,实现了全国铁路系统内有关列车运行、数据统计、运行调整及数据资料共享、自动处理和查询,提高了运输生产效率,改善了劳动条件,也提高了信号系统的技术、管理和维护水平。

2005 年铁道部体制改革,实行铁路局直接管理站段的三级调度体系,并将 DMIS 和 TMIS(运输管理信息系统)结合,改称 TDCS(列车调度指挥系统),实现了从“信息”系统向功能更强大的“指挥”系统的飞跃。

TDCS 实现了自动采集列车运行时刻,自动绘制列车实绩运行图,车次号自动采集和跟踪,实现了调度从计划、命令下达、实际运输到统计分析等功能,大大减轻了劳动强度,提高了调度指挥的信息化程度。

高速铁路信号系统采用分散自律调度集中(CTC)系统,以 TDCS 为平台,以调度指挥为核心,以行车指挥自动化为目标,实现铁路运输指挥现代化。该系统在实现列车进路自动控制的同时,将调车进路控制也纳入统一管理,避免了行车调度人员与车站行车人员频繁交接控制权的问题,提高了系统的使用效率。该系统反映了铁路信息化建设的新内容,体现了铁路运输组织的新模式,是铁路行车指挥现代化的重要标志。

中国高速铁路调度集中系统是我国自主研发和设计生产的,满足我国高速铁路运输组织需要的新一代调度集中系统,综合了铁路信号、通信、运输等专业技术和计算机网络等各种现代信息技术,采用智能化分散自律设计原则,以列车运行调整计划为中心,以车站、运行线路信息与相关管理细则为约束条件，兼顾列车与调车作业、高度自动化、智能化的调度指挥系统。

高速铁路调度集中系统作为核心的信息来源，可与列控、运营、客服、统计分析等外部信息系统共享信息、协同工作，共同组成新技术条件下的一种新的行车组织方式。

第二节　高速铁路调度集中系统的结构

一、CTC 系统结构

调度集中系统由 CTC 中心子系统、车站子系统、网络通信子系统三部分构成，系统结构如图 5-1 所示。

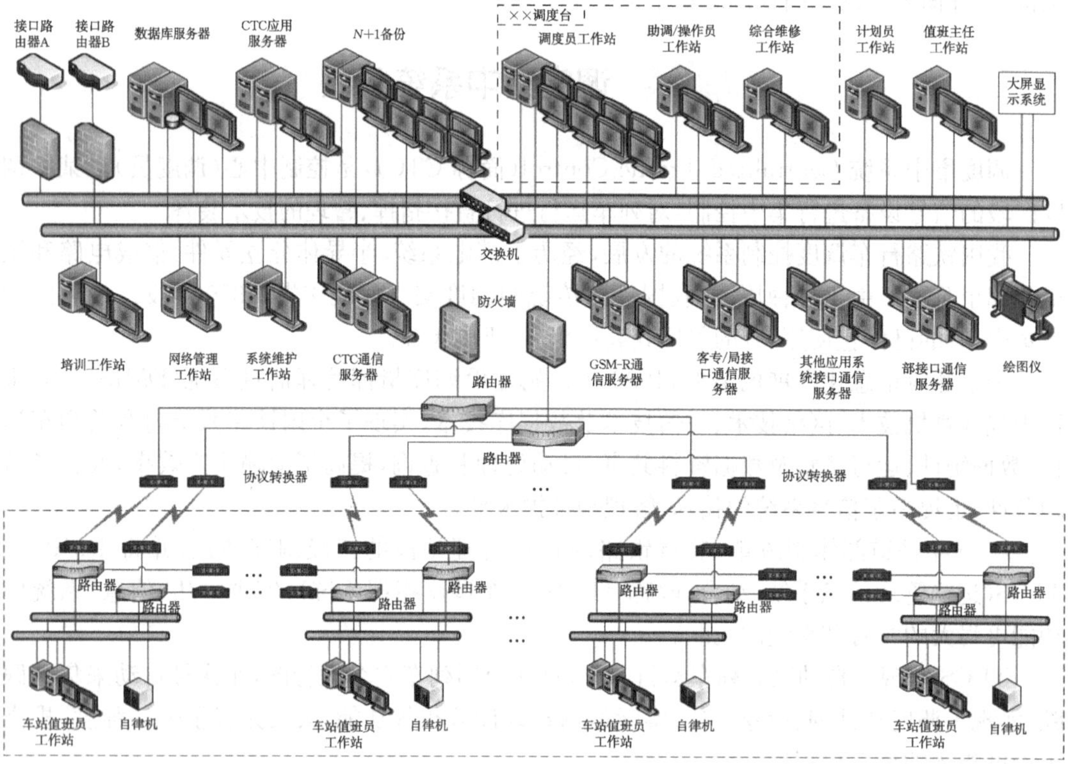

图 5-1　调度集中系统结构图

(一)高速铁路 CTC 中心子系统

CTC 中心子系统主要提供调度所各相关工种的操作界面和培训功能，主要设备包括：列车调度员工作站、助理调度员(兼控制工作站)、综合维修工作站、值班主任工作站、计划员工作站、统计员工作站、培训工作站和必要的打印机和绘图仪等，主要具有制定、调整和下达列车阶段计划，维护实绩运行图，下达调度命令，与相邻区段列车调度员交换信息及实时监视管辖范围内车站信号设备状态及列车运行位置等的功能，具体功能如下：

列车调度员工作站的主要功能包括：实时监控管辖范围内列车运行状态，制定、调整和下达列车阶段计划，查阅实绩运行图，调度命令的下达和维护，与相邻区段列车调度员信息交换。

助理调度员工作站（兼操作员台）CTC系统配置，主要功能包括：无人车站的零星调车作业计划的编制、调整及调车工作的领导工作，根据列车调度员安排的运行调整计划和调度员的口头指令进行车站的列车进路自动排路的监督和必要的人工干预，提供车站的按钮操作界面，可直接遥控车站的进路和其他信号设备。

高速铁路
CTC中心系统

综合维修工作站中，综合维修调度员在列车调度员的领导下，通过此工作站完成车站设备日常维护、天窗修、施工及故障处理方面的登（销）记手续办理，并具有设置临时限速，区间、股道封锁等功能。

多屏调监工作站用于显示管辖范围内站场图的实时调监画面。

数据库服务器用于存储关键性数据，如运行图计划、列车到发点、表示信息等。

应用服务器主要用于系统基本图、日班计划、阶段计划、实绩运行图、调车作业计划及其他各项数据的存储；处理内部数据与业务流程，包括列车阶段计划的维护及冲突检测和调整、调车作业计划的生成等，是系统的核心处理设备。

CTC通信前置机主要用于完成调度中心系统与CTC车站系统的数据交换和通信隔离。

TDCS通信前置服务器主要用于完成调度中心系统与TDCS车站系统的数据交换和通信隔离。

TD通信服务器主要用于完成CTC/TDCS和TMIS的信息交换，接受TMIS的基本图、日班计划、施工计划等信息，向TMIS发送实时的实际图、报点、存车等信息。

分界口通信服务器主要用于完成本局集团公司和邻局集团公司或者和局集团公司内其他厂家的CTC/TDCS之间的信息交换。交换的信息主要有：调监表示、车次报点、速报、存车、邻台信息、邻站信息、列控信息等。

国铁集团通信服务器主要用于完成CTC/TDCS和国铁集团TDCS的信息发送，主要有调监表示、运行图、速报、存车等。

接口服务器包括TSR接口服务器和RBC接口服务器等。

日志服务器CTC系统配置，用于记录CTC系统日志。

电源设备采用集中供电方式。

系统维护工作站主要用于对调度中心及车站的计算机设备、网络通信设备的运行状态进行监视。主要包括对故障设备进行报警、记录和回放进路的排放出清、现场计算机设备和网络设备的诊断和维护等，配置数据的修改等系统的维护工作。

网管工作站主要用于网络诊断报警、提供网络拓扑图状态、通道的流量和网络连接等，便于系统网络故障的快速定位。

高速铁路CTC
车站子系统

（二）高速铁路CTC车站子系统

高速铁路CTC车站子系统结构如图5-2所示，主要由自律机组成，完成进路选排、冲突检测、控制输出等核心功能。自律机是 CTC 系统的车站核心设备，其硬件选用专用的工业级计算机设备，在可靠性、数据处理能力等方面有严格要求。采用专用工业级的 CPU、内存不低于 256 M 并采用工业大容量 CF 卡作为数据和程序存储介质、内置 2 个以太网口和 6 个 RS-232/RS-422 串行通信口，另外还支持 PC104 总线的扩展。车站自律机的操作系统则是特殊定制的实时多任务操作系统，在软件设计上保证高效、简洁、严密且经过完整全面的测试。自律机的功能主要包括：接收存储调度中心的列车运行计划，并可以自动按计划进行进路排列，驱动联锁系统执行；接收调度中心和本地值班员（信号员）的直接控制操作指令（按钮命令），经与列车计划及联锁关系检查，确认无冲突后，驱动联锁系统执行；对信号设备的表示信息进行分析，确认进路的完整性和信号的正确性，并能对不正常情况进行处理；对车次号进行安全级管理；接收邻站的实绩运行图和计划运行图；接收调度中心和本站值班员的进路人工干预，并调整内部处理流程。

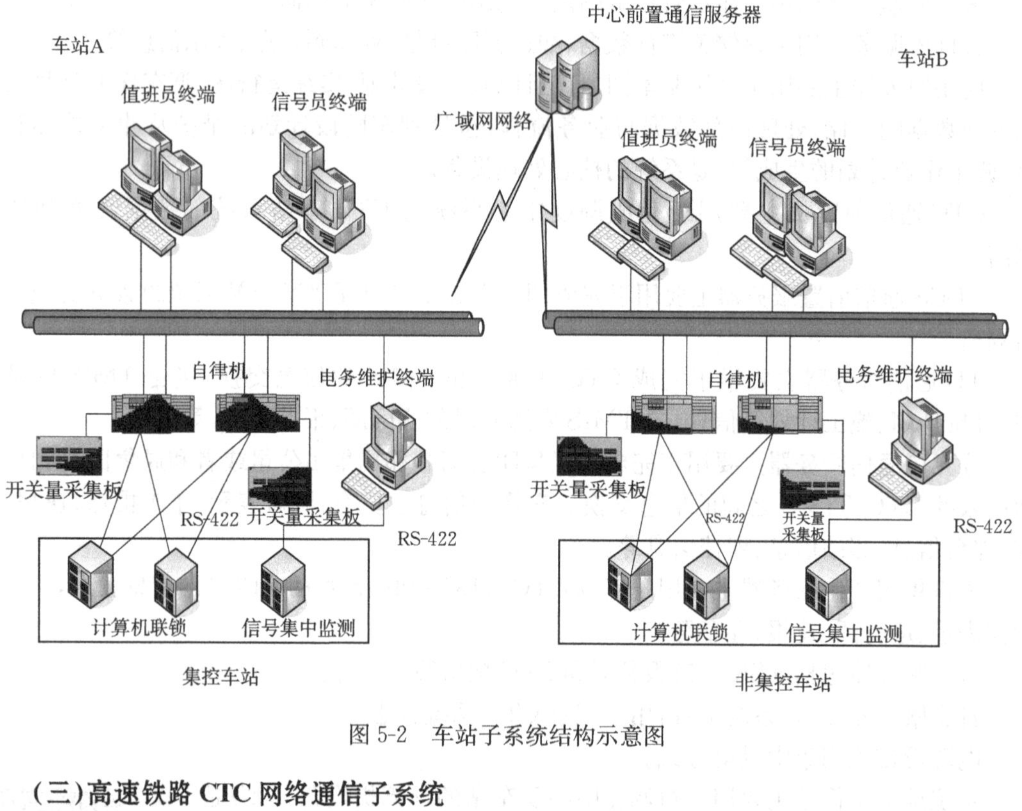

图 5-2　车站子系统结构示意图

（三）高速铁路 CTC 网络通信子系统

网络通信子系统由三部分构成：CTC 中心网络系统、车站网络系统、无线网络通信系统。CTC 中心网络系统为中心局域网，车站网络系统包括车站局域网和车站基层广域网。车站基层广域网连接 CTC 中心局域网和各车站局域网，基层广域网结构如图 5-3 所示。无线通信网络系统包括：无线车次号校核、无线调度命令系统、无线调车机车监控系统。

二、调度集中系统控制模式

调度集中系统的控制模式包括：分散自律控制模式和非常站控模式。

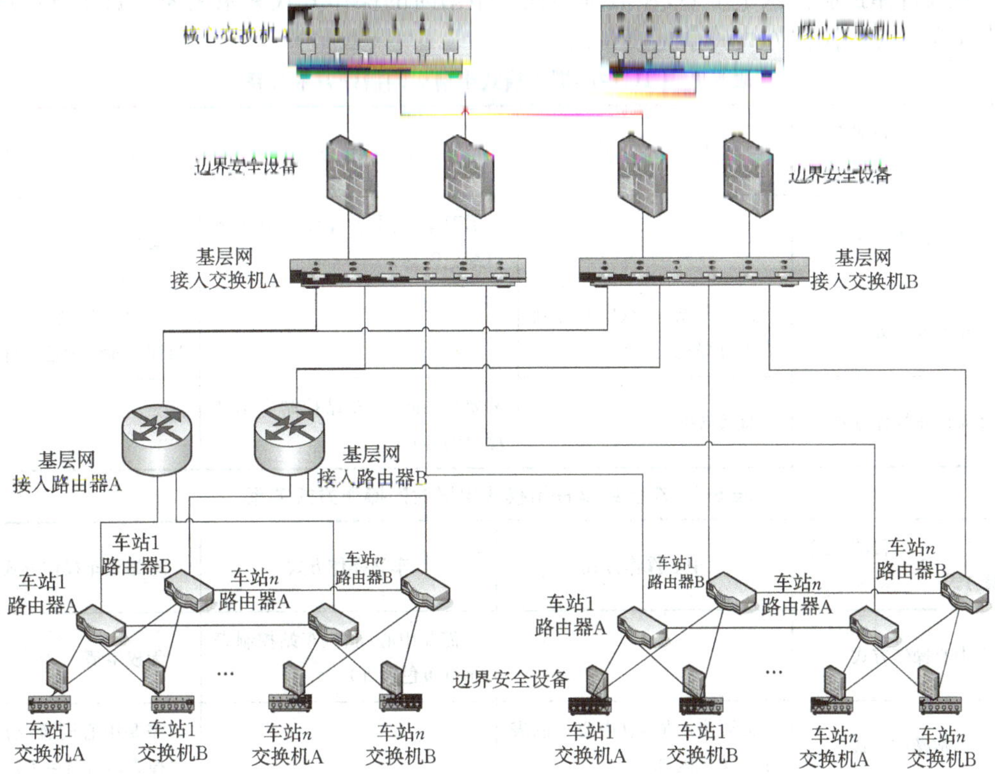

（a）采用G.703接入的基层网环　　（b）采用Fe接入的基层网环

图 5-3　基层广域网结构示意图

(一)分散自律控制模式

由 CTC 中心以技术手段将列车运行调整计划下达给所辖各站的自律机。在分散自律控制模式下,CTC 中心具备人工办理列车、调车进路,车站具备人工办理调车进路的功能。对于区段站和编组站等作业量大且复杂的车站,将列车进路的办理及操作权限也设置在车站。

分散自律控制模式下的操作方式分为三种,分别为:中心操作方式、车站调车操作方式、车站操作方式。

(1)中心操作方式,指 CTC 中心负责该站的列车控制和调车控制,助理调度员负责该站所有的作业。一般在无人值守站使用这种方式。

(2)车站调车操作方式,指 CTC 中心负责该站的列车控制,车站负责该站的调车控制。调度员制定列车运行调整计划,安排车站的股道运用,车站制定调车计划,办理调车进路。一般在有人值守站使用这种方式。

(3)车站操作方式,指调度员负责列车运行计划的调整和下达,车站可以修改列车运行调整计划的内容,包括接/发车顺序、到发线、进路始/终端按钮、进路被触发的方式(自动或人工)等,车站人员可以直接操作列车按钮,车站制定调车计划,办理调车进路。这种操作方式与前两种操作方式的根本区别在于车站值班员是否能够修改列车进路指令信息(含接/发列车股道、进路始/终端按钮等)及是否具备人工直接操作列车按钮的权利。

分散自律控制模式下CTC中心提出模式申请时的操作方式关系见表5-1；车务终端提出模式申请时的操作方式关系见表5-2。

表5-1　CTC中心提出模式申请时的操作方式关系

目的方式 / 源方式	中心操作方式	车站操作方式	车站调车操作方式
中心操作方式		需要车站同意（车站控制表示灯绿色闪烁）	直接转换
车站操作方式	需要车站同意（中心控制表示灯绿色闪烁）		需要车站同意（分散自律表示灯绿色闪烁）
车站调车操作方式	直接转换	需要车站同意（车站控制表示灯绿色闪烁）	

表5-2　车务终端提出模式申请时的操作方式关系

目的方式 / 源方式	中心操作方式	车站操作方式	车站调车操作方式
中心操作方式		需要中心同意（车站控制表示灯黄色闪烁）	无权申请
车站操作方式	需要中心同意（中心控制表示灯黄色闪烁）		需要中心同意（分散自律表示灯黄色闪烁）
车站调车操作方式	无权申请	需要中心同意（车站控制表示灯黄色闪烁）	

（二）非常站控模式

非常站控模式是指当调度集中设备故障、发生危及行车安全的情况或设备天窗维修、施工需要时，脱离系统控制转为车站传统人工控制的模式。也就是说，在非正常情况发生时，将分散自律调度集中系统的控制模式转为在联锁操作台上通过操作按钮办理进路的控制方式。相对于分散自律控制模式而言，此时联锁系统将不接收分散自律调度集中输入的命令。

（三）模式转换

调度集中系统控制模式转换如图5-4所示。分散自律控制模式转为非常站控模式是无条件的，分散自律控制模式下，当发生紧急情况时，通过按下联锁操表机上“非常站控”按钮，可以将调度集中系统的控制模式转为非常站控模式。非常站控转分散自律控制是有条件的，必

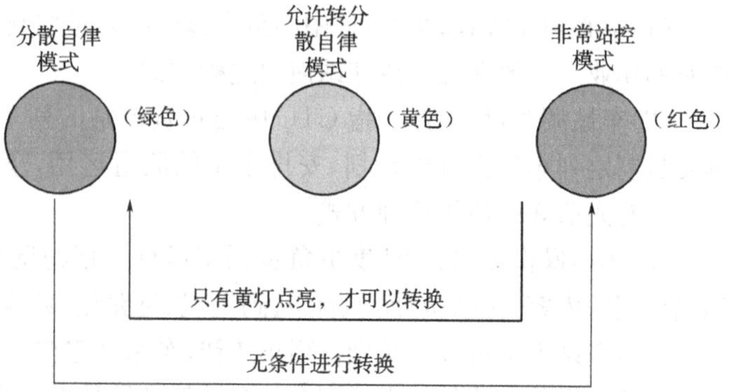

图5-4　调度集中系统控制模式转换

须在 CTC 设备正常，并且非常站控下没有正在执行的按钮操作时，通过再次按下联锁操表机上"非常站控"按钮，可以将调度集中系统的控制模式转为分散自律控制模式。

三、高速铁路 CTC 与普速铁路 CTC 的差异性

(一)临时限速设置方式

普速铁路区段在线、桥、隧改造或站后施工作业期间的限速运行是以调度命令通知司机、车站，通过修改车载列车运行监控装置(LKJ)基础数据，最终由司机人工减速操作等手段实施的。既有线提速 CTCS-2 级区段的临时限速命令通过 TDCS/CTC 系统下达到车站车务终端，如图 5-5 所示，人工确认后再由铁路局集团公司调度所 CTC 系统调度台下发正式临时限速命令，该命令通过 CTC 网络和终端设备传至车站列控中心予以校验、执行，临时限速命令编制范围以闭塞分区为单位。而高速铁路必须通过客专调度所 CTC 调度台拟定临时限速命令，该命令通过 CTC-TSRS 接口服务器传递给临时限速服务器，如图 5-6 所示，经其验证、校核后通过信号安全数据网传至车站列控中心/无线闭塞中心。由于列控中心数据报文采用实时组帧方式，因此临时限速命令编制范围可以按任意点里程计算，限速长度和地点更灵活，命令传递、确认、校核及执行过程均由设备自动实现。

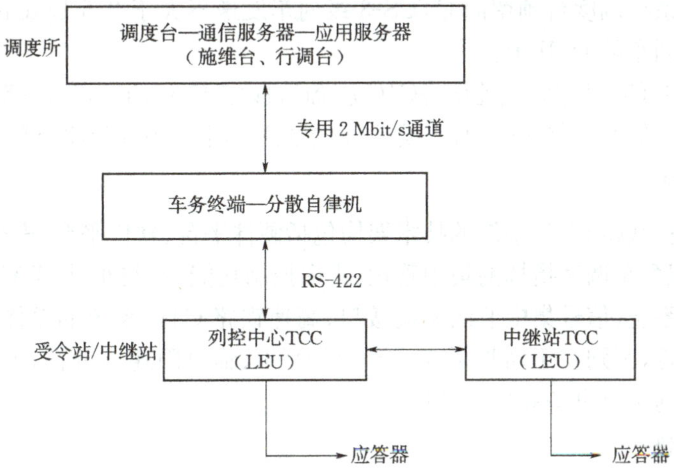

图 5-5　提速 CTCS-2 级区段 CTC/TDCS 与临时限速下达关系图

(二)CTCS-3 级条件下新增加的功能

(1)由于高速铁路平时地面信号机灭灯，只有 ATP 系统故障或未装配 ATP 系统车载设备的维护作业车开行时要进行进、出站信号机的开/关灯操作，因此，CTC 系统控制台要增加点灯或灭灯操作按钮和状态监督功能；同时，进站信号机增加黄、双黄、绿黄、黄闪黄、红闪，出站信号机增加引导和红闪显示。

(2)高速铁路调度中心/高速铁路调度所新增各种列控信息监督功能。300～350 km/h 高速铁路增加列车运行速度的监督显示，用速度曲线方式展示列车速度的历史变化信息；监视动车组是否处于 CTCS-3 级列控系统的控制模式和工作模式；动车组行车许可显示：当列车由 CTCS-3 级列控系统控车时，在站场图上可显示对应该列车行车许可信息的移动闭塞分区状态及该列车行车许可的终点公里标；闭塞分区低频信息显示：系统根据区间低频发码

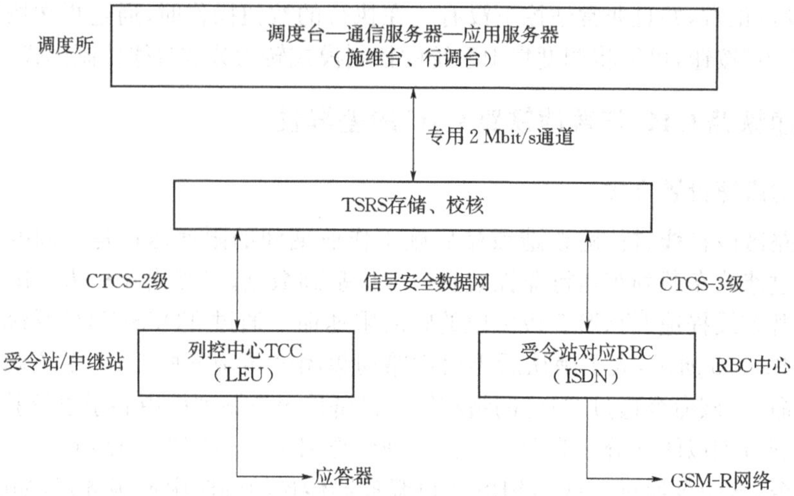

图 5-6　高速铁路 CTCS-3 级区段 CTC 与临时限速下达关系图

值，在站场或区间示意图上表示闭塞分区可通行状态；在站场图上显示区间中继站、分相区、RBC 切换点位置；紧急停车命令：在 CTC 系统调度台上预留向 RBC 系统发送紧急停车命令的功能；在 CTC 系统调度台预留向 CTCS-3 级列车发送不大于 255 Byte 的文本信息，并显示在 CTCS-3 级列车的 DMI 上。

(3)与 RBC 接口的新功能。高速铁路 CTC 系统通过设置 CTC-RBC 接口服务器，增加与 RBC 的接口功能，实现行车许可和列车位置、控车模式、车次号、列车停稳、动车组注册等交互信息的传递。

(三)系统架构

普速(含提速)铁路 CTC 系统的技术架构包括硬件平台、软件平台、安全平台、管理平台和数据存储，实现列车调度指挥的集中管理、集中控制功能，并与车站 CTC 分机、TDMS、联锁系统、GSM-R 系统、信号集中监测系统接口；高速铁路 CTC 系统的总体技术架构与普速(含提速)铁路相近，区别在于增加了与 RBC、GSM-R、临时限速服务器(TSRS)、运营调度、旅客服务等系统的接口设备和新的数据交互内容。

(四)硬件配置

国铁集团调度中心及各铁路局集团公司普速铁路 TDCS/CTC 系统基本采用 PC 服务器和普通交换机等设备，容量和信息处理速度较低；高速铁路新的组网要求对原有 CTC 系统的网络配置和硬件均提出了更高要求。硬件设备要求具有处理速度更快、存储容量更大、可靠性更高、可用性更强的高级别设备，局域网要求具有更高的网络带宽和反应速度。因此，高速铁路 CTC 系统硬件的选择原则应按照既有铁路 TDCS/CTC 系统、高速铁路 CTC 系统独立组网、独立运行，通过接口交换信息，相对于其他运营调度系统组建独立的软硬件平台、安全平台和管理平台。高速铁路 CTC 系统硬件配置技术标准高，全路标准统一，有利于加快工程实施，便于专业化管理、联网及系统扩展。

(五)应用服务器配置按功能分类细化

铁路局集团公司 TDCS/CTC 系统应用服务器一律按综合功能配置设备，功能划分不明确，系统配置不尽优化，而高速铁路调度所 CTC 总机的应用服务器按照运行图管理、调度命令管理、站场显示功能分类设置应用服务器群，组成的应用服务器群每套管理的线路（一条或几条高速线路）可达 1 000～1 500 km。

（六）高速铁路 CTC 系统具有的其他显示信息

为调度员提供列车牵引类型、高/低站台位置、电力区段接触网供电状态显示、分相点里程等实时监视信息。

第三节 调度集中系统接口

一、与列控中心的接口

车站列控中心或无岔站列控中心与 CTC 系统直接通信，而中继站列控中心则通过其所属车站列控中心与 CTC 系统间接通信。列控中心与 CTC 系统间采用 RS-422 电缆双通道交叉冗余连接，并采取隔离措施，如图 5-7 所示。

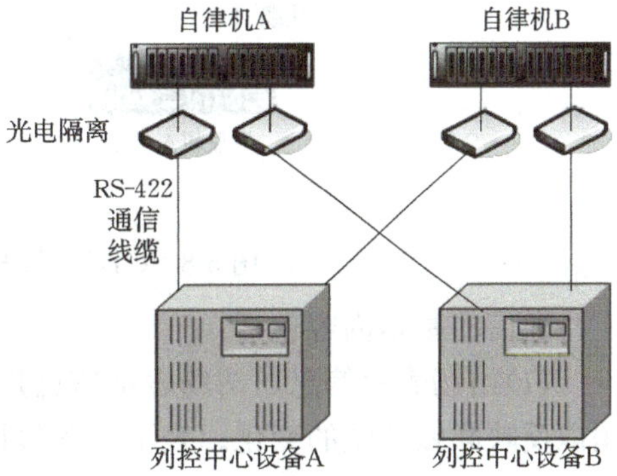

图 5-7 CTC 系统与列控中心接口示意图

车站自律机和车站列控系统使用光电隔离器进行电气隔离，以实现两套系统间电气上的有效隔离。车站自律机和车站列控系统采用带交叉的四线连接，保证通信的可用性。

CTC 系统向列控中心发送的信息包括时钟信息和无岔车站信号控制命令。列控中心向 CTC 系统发送的信息包含车站综合状态。

通信的基本内容包括：

（1）时钟信息。该信息用于统一列控系统的维护记录时钟，列控中心每日 18:00 校准一次，若因通信故障等原因无法校时成功时，保持原有时钟计时，直至下一次收到 CTC 系统的校时点。

（2）无岔车站信号控制命令。该信息仅用于直接控制各个无岔车站的进、出站信号。列控中心需检查信号开放的许可条件及各个信号开放的时序。

（3）车站综合状态。由车站列控中心负责收集其所管辖范围内的中继站信息，然后将本车站及其中继站的综合状态信息转发给 CTC 系统。CTC 系统利用该信息，在车务终端上显示各站的综合状态信息，车站 TCC 只报告区间上的闭塞分区信息。

二、与计算机联锁系统的接口

分散自律调度集中系统与计算机联锁之间进行通信，传递分散自律调度集中对计算机联锁下达的命令；计算机联锁将站场实时信息、命令执行结果等发送给分散自律调度集中系统。仅仅武广 CTC 使用网络连接，其他都使用 RS-422 串口连接。

按照运基信号〔2006〕312 号文《调度集中车站自律机与计算机联锁接口通信协议（V1.1）》连接方式应符合下列要求：

（1）调度集中系统通过车站自律机与计算机联锁设备连接。

（2）采用带光电隔离的 RS-422 串口与计算机联锁系统交叉冗余连接。

通信内容应满足下列要求：

(1)调度集中系统向计算机联锁系统发送时间同步信息、控制指令。

(2)计算机联锁系统向调度集中系统发送信号设备状态信息、设备报警信息。

(3)双方应保证控制指令的完整传送和完整执行。

CTC 系统与计算机联锁系统的结合由车站自律机和计算机联锁系统的联锁上位机进行接口，其连接示意图如图 5-8 所示。

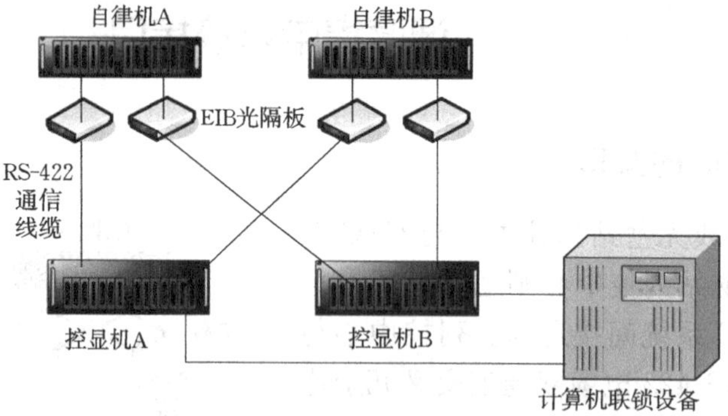

CTC 系统与
计算机联锁
系统的接口

图 5-8　CTC 系统与计算机联锁系统的连接示意图

通信的基本内容包括：

(1)站场表示信息。站场表示信息是由计算机联锁系统发送给车站自律机的表示数据，用以反映联锁系统的变化。表示信息包括信号状态、道岔状态、区段状态、按钮状态、表示灯状态和各类报警信息等。

(2)控制状态信息。控制状态信息是上位机与自律机相互沟通运行状态的数据，包括联锁上位机或下位机的主备运行状态和当前控制模式、自律机主备运行状态和允许转回自律状态。

(3)控制命令信息。控制命令是自律机向计算机联锁系统发送控制命令的唯一方法，数据帧中包括命令类型、命令按钮序列及按钮状态。

(4)控制模式转换信息。联锁系统由非常站控模式向自律控制模式进行转换时的数据交换。

三、与 RBC 的接口

RBC-CTC 接口协议采用分层结构，双方的协议层保持在对等逻辑连接状态。RBC-CTC 接口任一层连接的建立以其下一层的连接为基础，CTC 系统在调度中心通过无线闭塞中心(RBC)接口服务器和 RBC 系统通信接口。RBC-CTC 接口结构如图 5-9 所示。

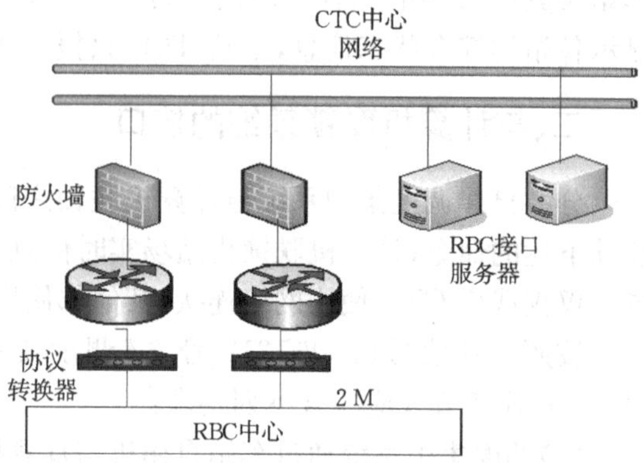

图 5-9　RBC-CTC 接口结构

CTC 系统发送给 RBC 的应用层消息包括：

(1)紧急停车命令。指由列车调度员下达给某列车或所有列车的紧急停车命令或撤销紧急停车命令。

(2)文本信息。指列车调度员向某列车或所有列车发送的文本信息。

(3)时钟消息。CTC系统应向RBC提供时钟信息。

RBC发送给CTC系统的应用层消息包括：

(1)列车数据。包括当前RBC管理列车的数量及列车的车次号、列车长度、车载设备工作模式、列车速度、列车位置及行车许可的终点位置。

(2)连接报警以及诊断信息。指RBC向CTC系统发送有关RBC与RBC、RBC与联锁、RBC与TSRS的连接状态信息。

(3)未执行命令报告信息。指RBC未执行CTC系统命令的数量及原因。

四、与TDCS的接口

CTC系统在TDCS基础上构建，由铁路局集团公司、车站两级构成。

TDCS已在国铁集团和各铁路局集团公司建成，CTC系统建设时应考虑接入既有TDCS数据库服务器。

CTC系统除实现TDCS的全部功能外，还实现列车编组信息管理、调车作业管理、综合维修管理、列车/调车进路人工和计划自动选排、分散自律控制等功能。CTC系统与TDCS结合示意图如图5-10所示。

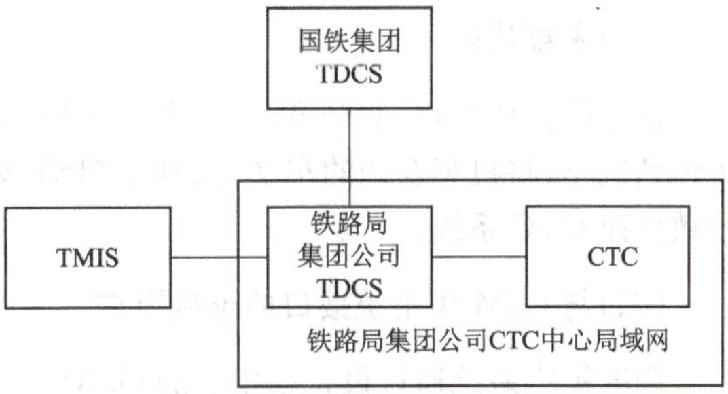

图5-10 CTC系统与TDCS结合示意图

CTC系统与TDCS互传信息包括：运行图数据(基本图、日班计划、阶段计划、列车运行调整计划)、列车编组顺序表、站存车、小编组、甩挂计划、调度命令及调车计划、站场实时信息、车次号信息及列车报点等信息。

五、与临时限速服务器(TSRS)的接口

CTC系统与TSRS的接口如图5-11所示，CTC系统在调度中心通过临时限速(TSRS)接口服务器和临时限速服务器接口。

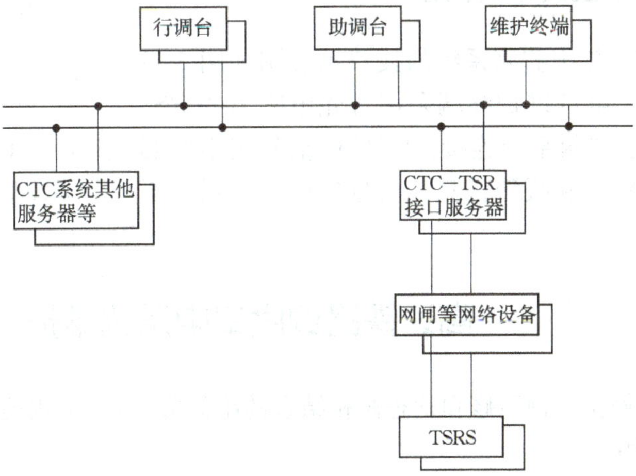

图5-11 CTC系统与TSRS的接口

CTC 系统与 TSRS 交互信息有：

(1)由 CTC 系统发送到 TSRS 的信息。TSR 命令拟定、TSR 命令执行、时钟同步信息。

(2)由 TSRS 发送到 CTC 系统的信息。临时限速状态信息、报警提示信息、操作反馈信息。

六、与 GSM-R 系统的接口

铁路全球移动通信系统(Global System for Mobile Communications for Railway，简称 GSM-R)是一种基于时分多址(Time-Division Multiple-Access，简称 TDMA)方式的数字移动通信技术。GSM-R 是在 GSM 基础上发展的铁路综合移动通信系统，其中包括与车载设备的通信与控制。调度中心系统配置了与 GSM-R 模式的无线传输系统接口，用于实现无线车次校核和无线调度命令、接车进路预告功能。

(一)主要功能

把分散自律 CTC 的调度命令(含许可证)、接车进路预告信息、调车作业通知单可靠地传送到机车；将机车发送的车次号、列车启动、列车停稳、调车请求、信息回执等信息发送回分散自律 CTC 系统。

(二)与 GSM-R 系统接口的连接要求

调度集中系统通过设置在中心的 GSM-R 接口服务器与 GSM-R 系统连接；采用专用数字通道或以太网与 GSM-R 系统连接，同时设置安全隔离设备。

(三)通信内容满足要求

调度集中系统向 GSM-R 系统发送无线调度命令、无线进路预告、无线调车作业通知单等信息；GSM-R 系统向调度集中系统发送无线车次校核信息及调度命令、进路预告、调车作业通知单的接收、签收状态信息。

七、与信号集中监测系统的接口

CTC 系统与信号集中监测系统的接口示意图如图 5-12 所示，CTC 系统通过电务维护终端采用带光电隔离的 RS-422 串口与信号集中监测系统连接。CTC 向信号集中监测系统提供信号设备状态和报警信息。信号集中监测系统不为 CTC 提供信息。

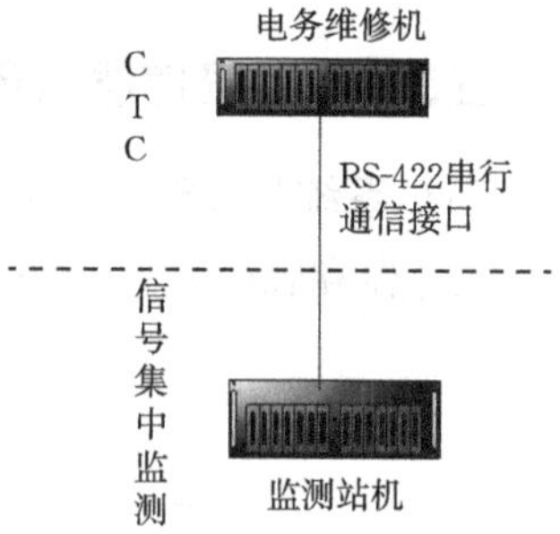

图 5-12　CTC 系统与信号集中监测系统的接口示意图

第四节　高速铁路调度集中系统维护

CTC 设备的维修实行预防修和状态修相结合的维修方式，以巡视检查、定期测试为主，以保证设备正常运用。

一、CTC 车站子系统设备的日常维护

CTC 车站子系统设备的日常维护内容一般包括日常巡检、季度巡检及测试、半年巡检及测试、年度巡检及测试。

(一)日常巡检(表 5-3)

表 5-3　CTC 车站子系统日常巡检工作

项目	作业流程	工作内容及标准	作业方法
日常巡检	检查系统	1. CTC 系统设备灯无异常状态 2. CTC 系统运行正常 3. CTC 系统设备无异常发热情况 4. 处理 CTC 电务维修机的报警信息	1. 观察 CTC 系统设备灯显示 2. 通过电务维修机查看车站设备网络连接状态 3. 处理电务维修机界面报警信息 4. 检查 CTC 系统硬件设备有无异常过热 5. 询问车站值班人员，系统各功能的使用是否正常

(二)季度巡检及测试(表 5-4)

表 5-4　CTC 车站子系统季度巡检及测试工作

项目	作业流程	工作内容及标准	作业方法
季度巡检及测试	检查自律机、车务终端、电务维修终端、信号员终端	1. 检查显示器视屏线、电源线是否插接牢固 2. 检查工控机电源线、网线、视频线是否插接牢固 3. 检查自律机电源线、网线及 RS-422 通信线是否插接牢固 4. 检查打印机网线、电源线是否插接牢固	
	检查网络设备	1. 检查路由器电源线、网线或其他通信线是否插接牢固 2. 检查交换机电源线、网线或其他通信线是否插接牢固	
	检查电源	1. 检查 UPS 电源线、主机与电池连接线是否插接牢固 2. 检查机柜输入电源的电源线、机柜内电源端子上各电源线缆是否插接牢固	
	检查采集设备	1. 检查采集机笼电源线、RS-422 通信线、区间信息采集线是否接触牢固 2. 检查 DIB 面板上通信状态表示灯显示是否正常	
	设备清扫除尘	1. 工控机、显示器、打印机、音箱除尘清扫，路由器、交换机、UPS、采集机笼清洁无灰尘 2. 对工控机进行一次磁盘碎片清理	
	检查自律机电源模块输出电源	自律机电源模块输出电压范围正常(4.85 ～5.15 V)	用数字万用表直流电压挡测试电源板+5 V与 GND 测试孔

续上表

项目	作业流程	工作内容及标准	作 业 方 法
季度巡检及测试	检查其他电源	220 V交流电源正常电压值在231～209 V之间	用数字万用表交流电压挡进行测试

(三)半年巡检及测试(表5-5)

表5-5　CTC车站子系统半年巡检及测试工作

项目	作业流程	工作内容及标准	作 业 方 法
半年巡检及测试	UPS充放电	测试目的:测试UPS及电池是否正常,延长UPS电池寿命 进行UPS放电试验,测试UPS持续供电能力	UPS充放电测试和ATS切换测试应在天窗点内进行,A、B系电源分开测试 1. 断开UPS输入电源,UPS发出“嘀嘀”声音报警,UPS开始放电 2. 当UPS前面板电池指示灯到第三格(正常放电时间应不少于8 min)时,重新连接UPS输入电源,UPS开始充电 需注意:UPS异常或无输出时,应立即恢复。UPS随时间推移,可能出现电池老化等,测试时需仔细观察UPS面板电池容量,电池容量不足时应立即恢复输入电源
	ATS电源切换	测试目的:测试ATS电源切换器是否正常 测试系统能够满足电源屏直供电与UPS供电间的正常切换,切换过程及切换后系统内负载设备无断电情况	1. 确认UPS工作正常,按压ATS切换器“preference”按钮,查看ATS面板是否切换至B路输出,并且切换过程无设备断电发生 2. 测试完成后重新按压ATS切换器“preference”按钮,查看ATS面板是否切换至A路输出,切换过程无设备断电发生 另需注意,双系电源应该分开测试

(四)年度巡检及测试(表5-6)

表5-6　CTC车站子系统年度巡检及测试工作

项目	作业流程	工作内容及标准	作 业 方 法
年度巡检及测试	检查系统性能	重启工控机、路由器、交换机、自律机	1. 按照正常关机流程关闭工控机,30 s后再开机 2. 关闭路由器、交换机、自律机电源,10 s后再打开电源
	自律机切换试验	自律机热备测试,确保自律机单机故障时能够正常切换	自律机切换测试需要在天窗点内进行,切换前观察自律机的主备状态,热备板开关应处于“自动”位置按照以下两种方法进行测试: (1)将热备板开关扳动至备系侧,此时自律机备系能转换为主机,站场图显示正常。测试完成后将热备板开关扳动至“自动”位置 (2)关闭主系自律机CPU板,自律机能自动切换至备系做主,站场图显示正常。测试完成后开启主系自律机,恢复正常状态

二、调度集中系统常见故常处理

（　）常见故障处理流程

1.“邻站站死本站显示正常”故障处理流程（图5-13）

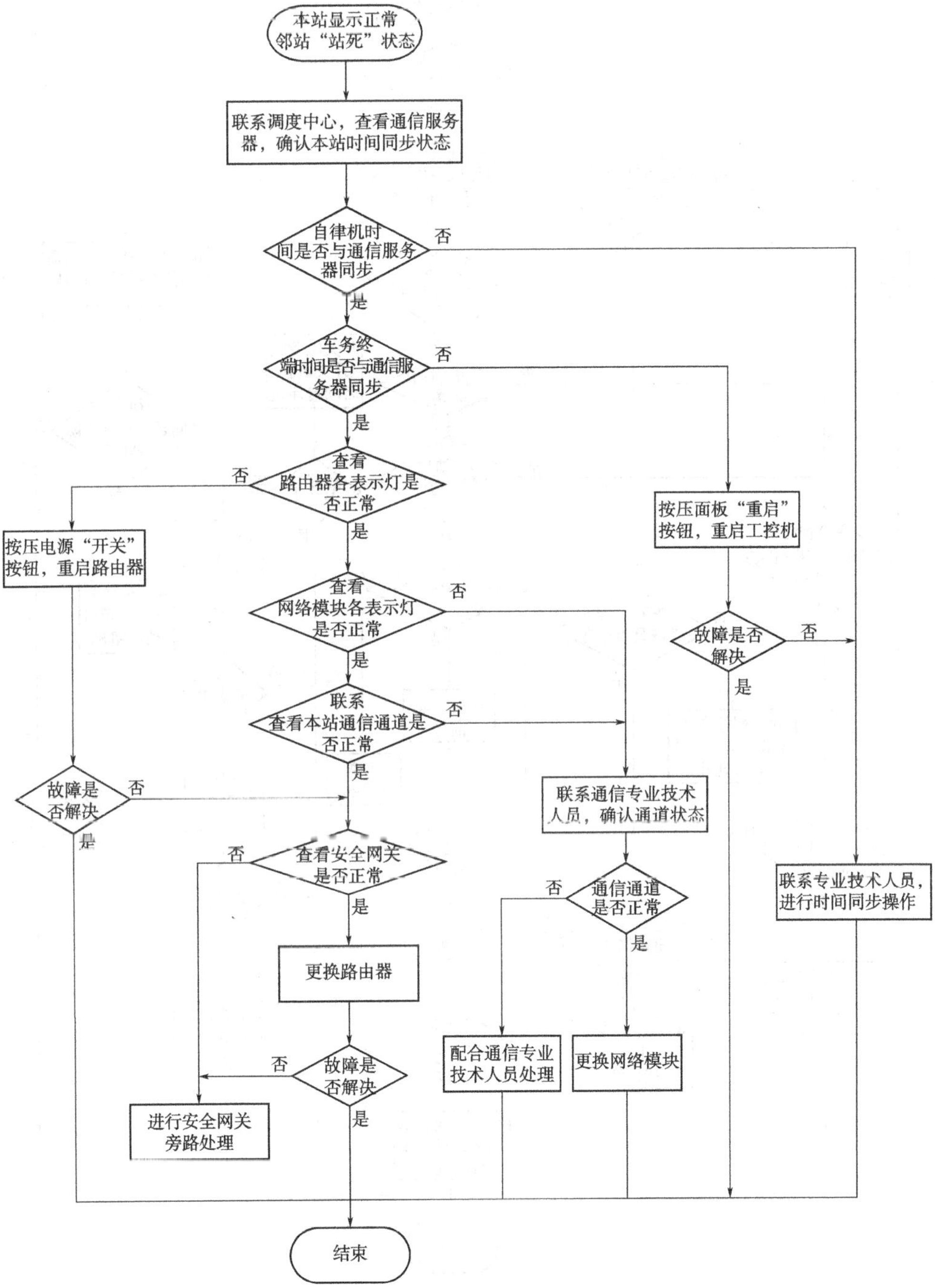

图5-13　“邻站站死本站显示正常”故障处理流程图

2."本站站死邻站显示正常"故障处理流程(图 5-14)

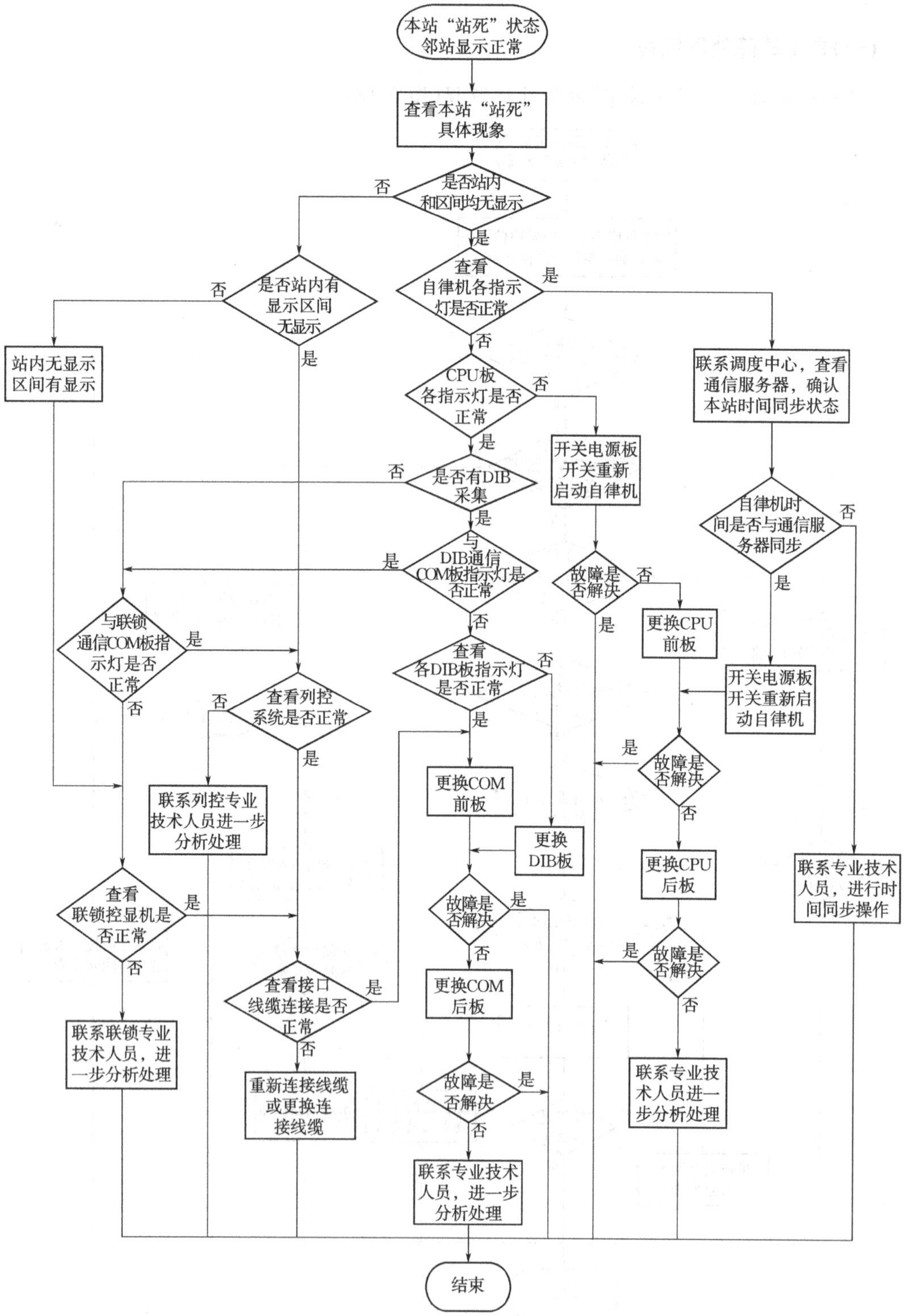

图 5-14 "本站站死邻站显示正常"故障处理流程图

3."本站站死邻站站死"故障处理流程(图 5-15)

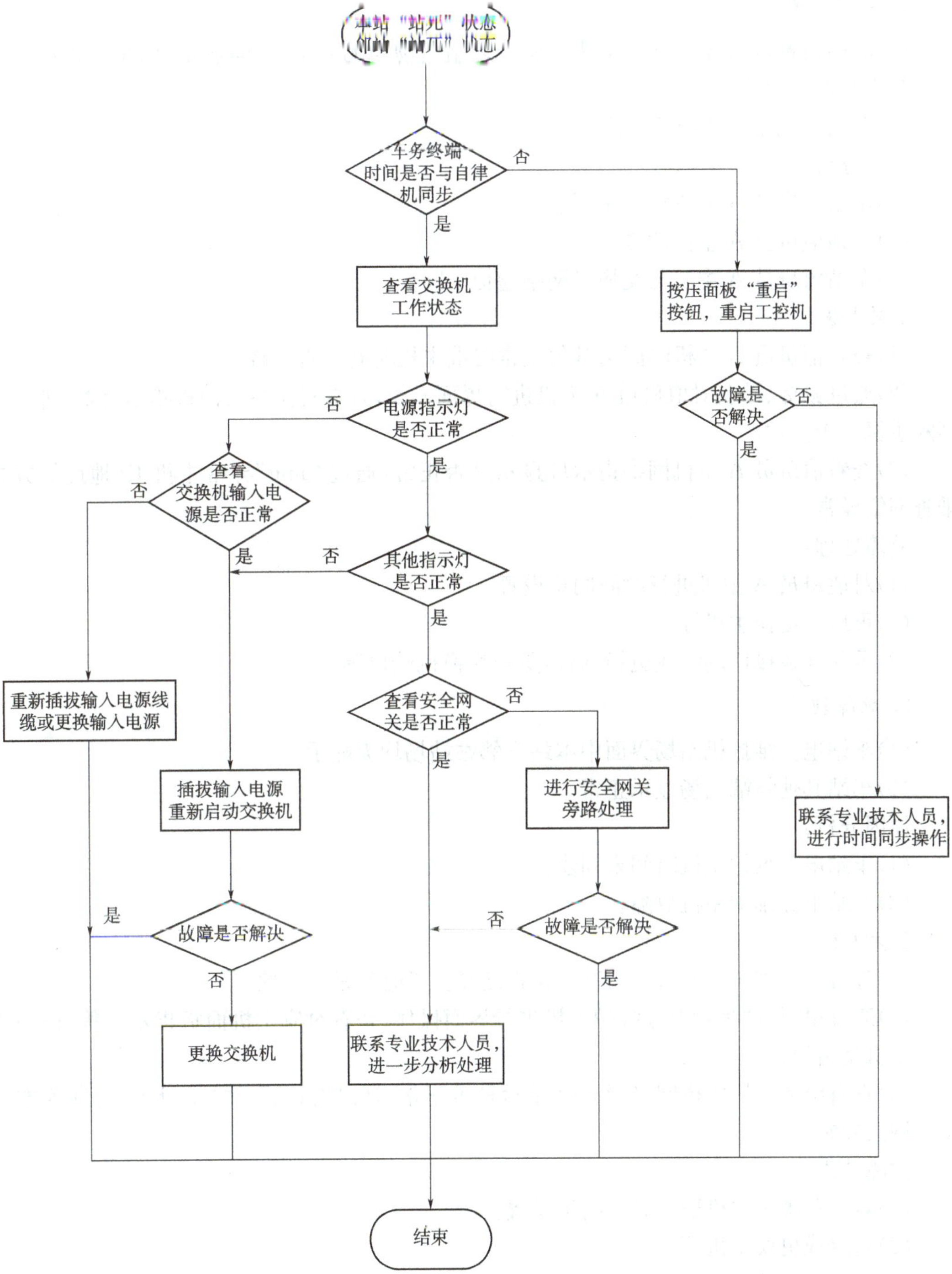

图 5-15 "本站站死邻站站死"故障处理流程图

(二)车站常见故障的分析与处理

1. 故障现象

(1)车站值班员A机站场界面中本站+邻站站场均无显示,界面显示"同步站机通信中断""与中心通信中断"。

(2)车站其他终端站场显示正常。

原因分析:

(1)车站值班员A主机时间未同步。

(2)车站值班员A主机故障。

(3)车站值班员A主机与交换机网络通信中断。

故障判断:

(1)查看值班员A主机时间与其他正常终端主机时间是否一致。

(2)通过鼠标、键盘对值班员A主机进行界面操作,查看对应主机面板指示灯等,进一步判断主机是否异常。

(3)查看值班员A主机网络指示灯显示是否正常,通过"ping"异常主机IP地址等方式排查网络异常。

故障处理:

(1)对值班员A主机进行时间同步设置。

(2)重启或更换主机等。

(3)重新插拔接口网线或更换网线,更换交换机端口等。

2. 故障现象

(1)车站电务维护机站场界面中本站+邻站站场均无显示。

(2)车站其他终端站场显示正常。

原因分析:

(1)车站电务维护主机时间未同步。

(2)车站电务维护主机故障。

故障判断:

(1)查看电务维护主机时间与其他正常终端主机时间是否一致。

(2)通过鼠标、键盘对电务维护主机进行界面操作,查看对应主机面板指示灯等,进一步判断主机是否异常。

(3)查看电务维护主机网络指示灯显示是否正常,通过"ping"异常主机IP地址等方式排查网络异常。

故障处理:

(1)对电务维护主机进行时间同步设置。

(2)重启或更换主机等。

(3)重新插拔接口网线或更换网线,更换交换机端口等。

3. 故障现象

(1)车站值班员A机、B机和信号员终端站场界面中本站站场无显示,邻站显示正常。

(2)电务维护机、车务终端文本报警“自律机与采集板通信中断”。
原因分析：自律机与 DIB 采集板通信异常。
故障判断：
(1)查看采集机笼各 DIB 板件是否异常。
(2)查看对应接口线缆是否有断线、接口是否松动等。
(3)查看自律机与 DIB 采集机笼通信 COM 板件是否异常。
故障处理：
(1)更换备用 DIB 板件。
(2)接插各接口、更换备用通信线缆等。
(3)更换备用自律机板件。

4. 故障现象

(1)车站值班员 A 机、B 机和信号员终端站场界面中本站站场区间信息无显示。
(2)车站终端报警“列控通信中断”。
原因分析：自律机与列控系统接口通信中断。
故障判断：
(1)查看列控系统是否异常。
(2)查看自律机与列控系统接口线缆是否有断线、接口松动等。
(3)查看自律机与列控系统通信 COM 板件是否异常。
故障处理：
(1)参考列控系统维护内容进行处理。
(2)接插各接口、更换备用通信线缆等。
(3)更换备用板件。

复习思考题

1. 调度集中系统由哪几部分组成？
2. 调度集中系统的控制模式有哪几种？
3. 分散自律控制模式有几种操作方式？如何控制？
4. 如何实现分散自律控制模式与非常站控模式的转换？
5. CTC 系统与计算机联锁系统通信的基本内容有哪些？
6. CTC 系统发送给 RBC 的应用层消息包括哪些？
7. RBC 发送给 CTC 系统的应用层消息包括哪些？
8. CTC 系统与 TDCS 互传信息包括哪些？
9. CTC 系统与 TSRS 交互信息有哪些？

第六章

信号集中监测系统

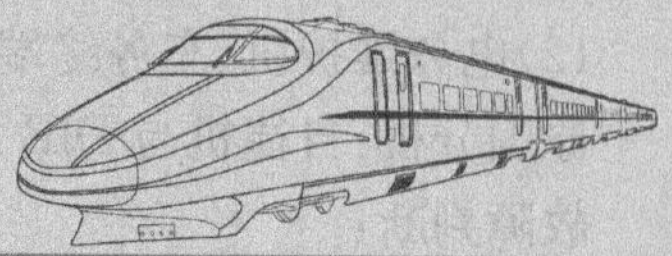

铁路信号集中监测系统是保证行车安全，加强信号设备管理，监测信号设备状态，发现信号设备隐患，分析信号设备故障原因、辅助故障处理，反映设备运用质量，指导现场维修，提高电务部门维护水平和维护效率的重要行车设备。信号集中监测系统涉及计算机技术、测量技术、传输技术及通信网络技术等现代最新技术。该系统监测的对象可分为模拟量和开关量。模拟量的监测包括对各种信号设备电气参数的监测。开关量的监测包括对信号设备的按钮状态、控制台表示状态、关键继电器状态、区间轨道及信号机运用状态等变化实施监测。监测过程中发现异常及时进行报警并做出记录。

第一节 信号集中监测系统概述

信号集中监测系统严格遵守 TB/T 2496—2020《信号集中监测系统技术条件》和《铁路信号维护规则》技术标准的要求，系统具有模拟量测试和开关量测试的功能，能够满足电务部门对监测系统的使用要求。

信号集中监测系统由车站子系统、服务器子系统、终端子系统、维护工作站子系统组成。车站子系统是整个信号集中监测系统的基础部分，采集现场数据，并进行初步处理；服务器子系统是整个监测系统的中心，采用双机热备方式运行，负责与所辖车站站机、监测终端等节点进行网络通信和数据交互、存储，并实现数据流调度和信息路由等功能；终端子系统一般由 PC 机、打印机、网络设备等组成，使用它调看管内车站信号设备状态、监测信息和网络状况，为各级电务调度和电务维修管理部门日常所使用；维护工作站子系统主要具备网管功能，根据需要可以在维护工作站上配备监测终端的功能，由高性能 PC 机、显示器、打印机和网络设备组成。

一、系统结构

信号集中监测系统结构分成三级四层。三级即：国铁集团、铁路局集团公司、电务段；四层即：国铁集团电务监测中心、铁路局集团公司电务监测中心、电务段监测中心（含车间和工区监测点）、车站监测网。整个系统是基于 TCP/IP 协议之上的广域网络模式。系统体系结构如图 6-1 所示。

信号集中监测系统设备分为三层：铁路路局集团公司、段设备；车站机；采集机。

（一）铁路局集团公司、段及车间设备

用于铁路路局集团公司、电务段，其中电务段管理系统是信号集中监测系统的管理中心，负责管理电务段管内各站信号集中监测数据和网络通信系统，主要任务是实时收集、存

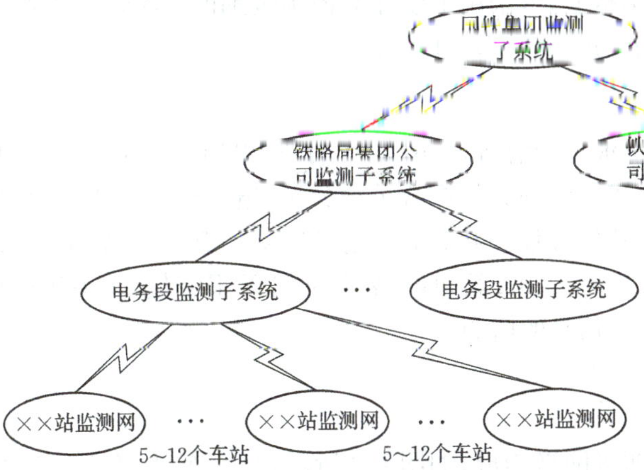

图 6-1　信号集中监测系统体系结构图

储各站机产生的监测信息；向上级、段内各终端提供数据查询，便于上级及段管理部门，掌握信号设备的全面状态；管理网络中各计算机的联网请求；转发终端到各站机的命令和数据；监视记录系统网络的运行状态。

段机由一台服务器和若干台终端（如调度、信号试验室监测及维修终端、车间监测终端等）、打印机等计算机外围设备及交换机（集线器）、调制解调器（协议转换器）、路由设备等网络通信设备构成。

系统主要设备功能

服务器负责接收站机发送的实时数据，存储在服务器的数据库中，并将接收到的数据发送给监测终端；接收并执行监测终端服务器管理联网车站的数据，对于向服务器查询的命令，直接从服务器的数据库中查询到数据返回给监测终端，对于向站机查询的数据，服务器把查询命令转发给站机。

终端（即监视器）用于人机操作，查看车站数据并做报表汇总。数据报表和图形可由打印机打印输出。同时，终端机能够显示网络通信拓扑图及通信状态，可进行网络管理。

车间设备作为专用终端，用于管理和查看所辖各车站的数据，具有终端的所有功能，主要为一台工控计算机（配路由器）。该机与车站机的主要区别是配置的软件不同。车间机没有采集机，以终端方式连至段服务器或站机，以人机对话的方式查看所管理站机的所有数据。根据需要，车间可配置打印机等外围设备。

（二）车站机

车站机是系统主要设备，设于基层车站，完成车站基本数据的采集、处理、存储、统计及网络管理工作，信号集中监测系统的性能基本由站机决定。

站机由一台工控计算机（作为主控机）、若干台采集机（开关量采集机和模拟量采集机，采集机的数量由各个车站具体情况决定）、一台或多台绝缘测试机、一台电源采集机、一台路由器及两台调制解调器（协议转换器）等广域网路由设备组成。站机系统与下层网络设备相同。

为适应模拟量监测需要，对有模拟量采集功能的采集机配置模拟量板，同时必须配置电压、电流等传感器组件。

车站设备采用全分散结构安装，采用工业环境控制级别的 CAN 总线网，该网络连接采用双芯屏蔽绞线，完成现场数据采集、命令传递任务。

(三)采集机

采集机是系统应用数量最大的设备，采用通用、标准化的设计，完成全部开关量、模拟量数据的采集、预处理功能。按功能划分为综合采集分机、道岔电流采集分机、接口通信分机及各类采集单元，完成对车站信号设备状态和信息的采集。其他设备，如信号电源系统、计算机联锁系统、列控系统、ZPW-2000A 轨道电路、智能灯丝报警仪，均采用通信接口的方式同站机相连，实现对此类相关信息的监测。

二、系统网络结构

本系统内数据通信由两级网络构成，如图 6-2 所示，分为车站、车间(工区)与电务段之间的通信基层网和电务段对铁路局集团公司、国铁集团的上层网。基层网和上层网之间互联互通，确保新建线路车站监测信息接入既有电务段、铁路局集团公司监测系统中。

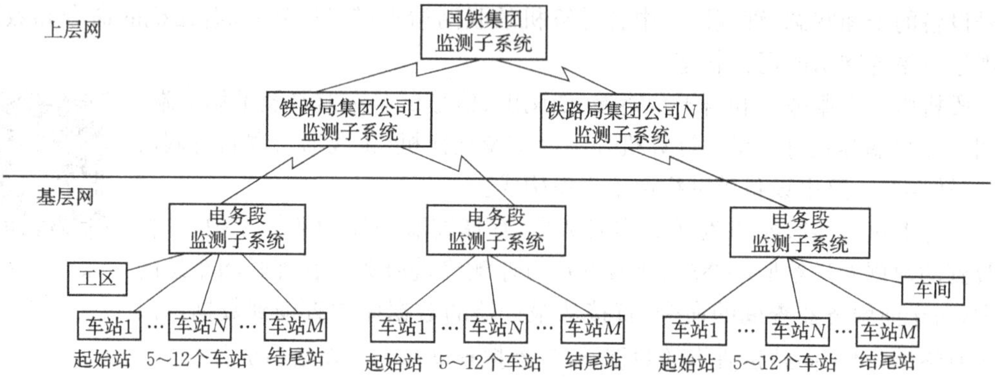

图 6-2 信号集中监测系统的网络结构图

(一)上层网络

上层网络通过专用路由器、调制解调器(使用光缆作为传输通道时使用协议转换器)构成环形或星形广域网，具有通用性好、抗干扰能力强、能适应比较恶劣的环境等特点。信号集中监测系统通过广域网数据传输系统把车站系统、电务段管理系统和上层网络的各终端连接起来。广域网数据传输系统完成 IP 数据包在各个计算机间的传输，包括路由器、调制解调器(协议转换器)、集线器等。路由器完成 IP 数据包的寻址和转发，调制解调器实现模拟信号和数字信号的相互转换，使传输信号与通信线路相匹配，交换机(集线器)用于电务段局域网中连接各计算机。

信号集中监测组网采用成熟的监控技术，高可靠性和稳定性技术通信；适应性强，其对环境的适应性强，能适应各种通信条件。当通道改进时，通信性能自动提升；具有网络诊断、管理、维护功能；具有较高的通信效率，能满足系统实时性的要求。信号集中监测系统的组网采用了 TCP/IP 的标准协议和统一的数据格式，具有一定的可靠性、通用性，有利于信号集中监测和国铁集团数据网接轨，而第一代 TJWX 型监测系统采用了自定义的专用通信系统。表 6-1 是两者的性能对比。

表 6-1 专用通信方式与 TCP/IP 标准协议方式的比较

项　目	专用通信方式	TCP/IP 标准协议方式
通信程序	自编专用程序	国际标准，商用成熟软件
通信的可靠性	低	高
通道要求	针对特定通道	适应各种通道
通信和应用程序关系	互相依赖、耦合度大	松散耦合，独立好
通道改进时	重新编程	性能自动提升，与物理通道无关
开发其他应用	须专门开发	有成熟商用软件可用；远程控制、文件传输、对话、讨论、邮件、音频、视频等
网络诊断和维护	专门编程	本身具有，无须开发
初次投入设备费	低	较高

TCP/IP 网络中，任何两台计算机均可自由进行 IP 通信。各个级别的机器全部连接在此网上，不同的网络功能由系统对各个级别机器设定。在物理上，标准 TCP/IP 广域网可采用星形或其他形式的拓扑结构，各种通道如：模拟、数字、专线、拨号、光纤等可混合使用，对线路没有任何特殊要求，可解决长途通信问题，并保证系统网络的可靠性。为节省通道，信号集中监测系统采用站—站路由的方式。为提高可靠性，采用了串联加环路及中间抽头与电务段服务器连接的方式，即一条线路上的各站仅需一条通道，在该通道上站站开口，将沿线各站串联在一起，线路末端再增加一条通道至电务段，使网络成环，如图 6-3 所示。

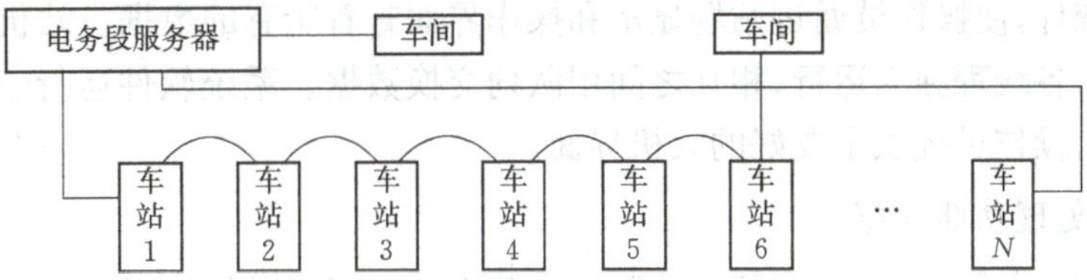

图 6-3 电务段服务器与各站机的连接方式

网络上的数据到达某一站后，由该站的路由器对数据的传输进行路由选择，确定最佳的传输路径并将数据传递给下一站，站站接力一直到达目的地。使用这种通信方式的目的是当通信中断时仍能保持正常通信，而在正常工作时，可以提高通信速度，使得上层网的通信速率为 33.6 kbit/s。在这种方式中，每一个车站只设一台路由器，专门管理通信，在电务段设一台多口路由器。

信号集中监测系统同时具有网络管理功能，在任意一台终端上，均可以图形方式直接显示网络中各节点的连接状态，并可同时显示监测程序的连接状态。

上层网预留了通信接口，可以通过各种标准的网络通信协议和上级网络连通。

(二)基层网络

基层网络采用 CAN 总线通信网。CAN 总线是成熟的工业控制用标准总线，最早用于德国汽车制造工业，具有完善的两层管理协议。该协议为定型产品，有一定的纠错能力，性能稳定，抗干扰能力强，通过采用总线仲裁技术可以处理总线竞争等问题。CAN总线系统用户容量较大，完全满足系统工作需要。

车站工业控制计算机、数据采集机、电源采集机和绝缘测试机用CAN总线连接在一起，完成所有的现场数据采集、命令传递任务。由于CAN总线本身的通信协议比较完善，所以基层网络中采集机的扩充、变更都很容易，使得系统具有极强的灵活性。

第二节 信号集中监测系统的功能及与其他系统的接口

信号集中监测系统软件分为站机软件、服务器软件、终端软件。站机软件完成各种信息的采集、显示、存储，并将信息传送到服务器等。服务器软件实现管内各站信息的收集和存储等。终端软件为用户提供远程查询功能。人机界面是操作人员和监测系统的人机交互窗口，根据对信号设备监测的结果，人机界面实现车站作业状态和设备运用状态的实时显示和各种数据的查询功能。

一、站机系统功能

站机作为一个车站的集中管理设备，集中处理各采集机采集的实时信息，并进行显示和存储，同时为操作人员提供了人机界面，可根据对信号设备监测的结果通过人机界面实现对车站作业状态及信号设备运用状态的实时显示和数据查询功能。站机可以将本站监测信息传送到段服务器，为实现远程监测和管理提供基础。

站机的程序是一个多任务系统，其功能是采集各采集机中的数据，同时完成本站数据的处理、存储和统计，使操作员通过站场显示和操作界面查看所有的数据。站机程序使用了多线程编程技术，各线程独立运行，相互之间用队列交换数据。系统软件运行于Windows NT操作系统上，为操作员提供了友好的人机界面。

(一)数据处理功能介绍

信号集中监测系统采集的对象为控制台全部表示灯、各种铅封按钮、关键继电器等开关量及各种电源电压、道岔动作电流、发码电流、电源对地平衡电压及漏电流、电缆绝缘等模拟量，并对采集的对象进行数据处理，按照设定的门限参数给出报警。在对基本数据进行采集、处理的基础上，生成各种报表、曲线，便于查询。对超限的参数及时给出报警，并对信号设备的维护数据进行统计，以便于信号设备维护工作。

1. 采集内容

(1)开关量采集内容

①控制台进路按钮、轨道电路区段光带、全部信号复示器、道岔位置表示灯、铅封按钮、报警信号表示灯状态。

②一启动继电器、轨道继电器或轨道复示继电器、方向继电器、锁闭继电器、电码化发码及传输继电器、区间占用条件、区间点灯状态等关键继电器状态。

(2)模拟量采集内容

电源屏各路输入电压、输出电源电压、轨道电路电压、道岔表示电压、区间发送电压、区间接收电压、电源对地电压、电码化发送电压、发送电流、道岔动作电流、电源对地漏电流。

(3)绝缘测试采集内容

全部轨道电路、信号机、电动转辙机电缆对地绝缘电阻。

2. 报表、曲线自动生成的内容

信号集中监测软件按标准数据库结构设计，现场数据的采集、存储和数据处理等，都是围绕数据库进行的，所以系统可灵活的生成各种数据报表，各种数据曲线、数据图形，使得数据的查询非常灵活。因此，在对电气特性模拟量及有关开关量等基本数据采集处理的基础上，能够自动生成各种报表、曲线。报表、曲线可以在屏幕上显示，也可以将结果打印输出，同时系统采用图形软件平台，屏幕上各种曲线大小可以随意缩放。

(1)模拟量参数生成的各种报表、曲线

①站内轨道电路、区间轨道电路的参数的状态表、日报表、月报表、年报表、日曲线、月曲线、年曲线、日平均直方图、月平均直方图。

②电动转撤机的电流曲线，道岔动作次数月报表、年报表。

③电源屏的状态表、日报表、月报表、年报表、日曲线、月曲线、年曲线、瞬间断电记录表。

(2)控制台表示灯、铅封按钮动作参数的开关量表

显示开关量的“0”“1”状态表，供调试时使用。

(3)功能性关键继电器的状态

显示关键继电器的当前状态，查询某一时刻关键继电器的状态。

(二)超限报警功能

按照《高速铁路信号维护规则》及《信号集中监测系统技术条件》的要求，信号集中监测设备必须具备对各种超限参数自动发出报警的功能，并根据要求生成三级不同的报警信号。

为提高报警处理能力，系统对部分模拟量及开关量在采集机内进行初步判断，生成超限报警信号，并通过 CAN 总线直接写入站机工控机数据库。其他报警信号的产生在车站工控机进行，工控机综合采集到的数据，根据系统设计要求及输入的各种门限参数，生成全部报警信号。

报警信号表现形式有声音和屏幕提示框，所有的报警皆弹出屏幕提示框，指出报警项目的细项。操作人员必须用鼠标在屏幕提示框相应位置确认后，报警信息框内的相应条目消失。所有的报警信息都存入系统数据库。

(三)数据自动统计功能

系统具有对采集的参数进行自动统计的功能。统计的内容包括：每台转撤机的动作次数、破封按钮使用次数、进路按钮运用、轨道电路区段占用、信号机开放及设备故障统计。

二、段机、车间机功能

段服务器负责接收站机发送的实时数据，存储在服务器的数据库中，并将接收到的数据发送给监测终端；接收并执行监测终端的命令，对于向服务器查询的命令，直接从服务器的数据库中查询到数据返回给监测终端，对于向站机查询的数据，服务器把查询命令转发给站机，其功能包括：

(1)接收站机发送的实时数据并存储。

(2)向站机发送控制命令。

(3)实时显示报警信息。

(4)根据需要生成汇总报表。

(5)接收并执行监测终端的监测命令。

(6)段监视机—站机间的网络管理。

(7)向监测终端传送数据。

(8)定时发送校对时钟命令。

三、信号集中监测系统信息采集接口及连接方式

信号集中监测系统通过接口通信,对智能电源屏、计算机联锁、CTC、列控中心、ZPW-2000A轨道电路设备、RBC、智能灯丝报警装置等自身具备监测能力的设备信息进行采集,获取相关监测信息。集中监测与其他系统接口接线方式如图6-4所示。

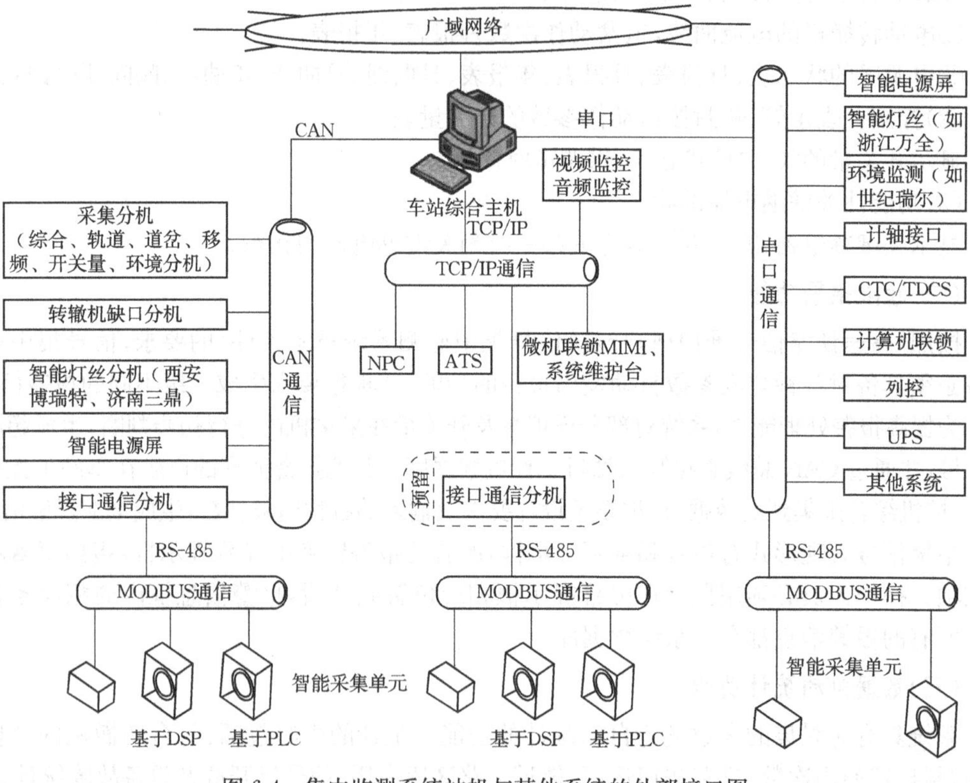

图6-4 集中监测系统站机与其他系统的外部接口图

(一)与智能电源屏的接口

通过智能电源屏的接口采集智能电源屏传来的电源屏电压、电流等模拟量信息,以及电源屏状态等信息。监测站机与CTC/TDCS系统维护机之间通过RS-485方式接口,硬件光电隔离。智能电源屏监测单元与信号集中监测的通信方式为监测单元主动上传模式,定时上传一组信息给信号集中监测站机。信号集中监测站机超时收不到信息,则认为通信中断。

(二)与计算机联锁的接口

站段车站计算机联锁通过电务维护机将联锁的开关量信息和系统报警信息传至信号集中监测系统,联锁电务维护机通过串口与信号集中监测系统进行信息交互,由联锁维护台单向发送信息,监测站机接收。

监测站机从车站联锁系统接收的信息包括:室外信号设备(包括轨道电路、道岔、信号机)状态信息、按钮操作信息、报警信息、表示信息等。监测站机收到这些信息后,就能完成以下功能:复示车站控制台的信息、反映联锁系统内部设备工作状态、显示联锁系统与其他系统的连接状态和故障报警等。

(三)与 CTC 的接口

CTC 系统与信号集中监测设备的接口设置在各 CTC 车站,CTC 系统通过 CTC 维护机与信号集中监测站机连接,交互 CTC 设备状态信息和报警信息等。CTC 向监测系统提供信息,监测系统不为 CTC 提供信息。当电务维护终端发现状态发生变化,则主动发送状态变化信息。监测车站机每隔 1 min,向电务维护终端请求状态信息,电务维护终端则把全部状态信息传输给监测车站机。监测站机与 CTC/TDCS 系统维护机之间通过 RS-422 方式接口,硬件光电隔离。

(四)与列控中心的接口

监测站机从车站列控中心接收区间状态信息、系统维护信息和接口信息,其中接口信息包括车站列控中心状态、接/发车进路信息记录报文、进站信号机降级显示命令报文、临时限速命令记录报文、临时限速执行结果记录、临时限速设置失败记录、发送给 LEU 的报文记录。监测站机与列控中心维护机之间采用 RJ45 方式接口、TCP/IP 网络通信协议进行通信。

(五)与 ZPW-2000 接口

监测站机与 ZPW-2000 系统维护机接口,获取 ZPW-2000A 系统维护机每个区段的电压、电流、频率信息和其他状态信息,以及系统维护信息。通信协议采用统一的接口协议。监测站机与 ZPW-2000 维护终端之间采用 RJ45 方式接口、TCP/IP 网络通信协议进行通信。

(六)与 RBC 系统接口

监测接口服务器与 RBC 的接口,获取 RBC 的状态信息及系统维护信息。通信协议采用统一的接口协议。硬件连接方式是采用 TCP/IP 网络通信方式。采用接收应答及超时重传机制保证通信的可靠性,在无通信数据时定时发送心跳信息,检测通信链路的完整性。

第三节 信号集中监测系统实测案例分析

信号集中监测系统的主要功能是能够对电气集中车站信号设备的电气特性模拟量参数、控制台表示灯开关量和关键继电器状态等开关量参数进行监测、记录,并存储数据。利用信号集中监测系统对被测参数及时进行分析,对分析发现的问题有针对性地开展设备整治,对于预防信号设备故障,特别是隐形设备故障的发生,实现信号设备的状态修,有着重要的意义。对于已经发生的设备故障,使用信号集中监测系统对故障进行辅助分析诊断,也是人工分析诊断所不能替代的。

本节重点采用对比的方法对现场轨道电路、电动(电液)转辙机典型的实测案例进行分析,即通过信号集中监测系统对轨道电路、道岔转辙设备的电气特性参数尤其是电特性曲线,采用与近似标准的曲线进行对比、分析,找出问题点,采取相应的对策进行处理。

一、轨道电路电压数据曲线分析实例

(1)电气化区段 25 Hz 相敏轨道电路受到不平衡牵引电流的干扰,使轨道电路电压曲线出现了断续的尖波干扰。

正常的轨道电路电压曲线应该是平直的,当有车通过该区段时,轨道电路受到列车车轮分路,电压下降到分路电压值以下,曲线出现垂直下降。列车出清该区段,电压立刻恢复到正常值。曲线再次恢复平直状态,如图 6-5 所示。当电压曲线在区段无车占用时,出现断续的尖波(一般是向上,也可能向下)干扰,说明该区段存在不平衡牵引电流的干扰,应通过查找扼流变压器引接线和轨道电路引接线的铆接状态,请求供电部门配合查找供电干扰源或对轨道电路进行平推整治、更换扼流适配变压器等方法及时进行处理,以保证轨道电路的正常工作。轨道电路在受到不平衡牵引电流干扰时的电流曲线如图 6-6 所示。

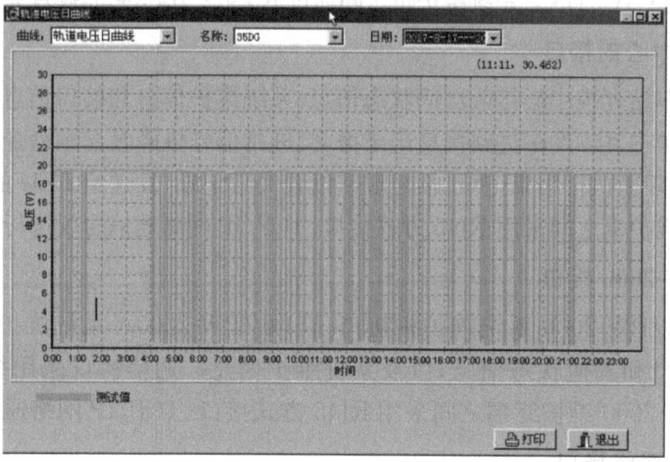

图 6-5 轨道电路正常的工作状态

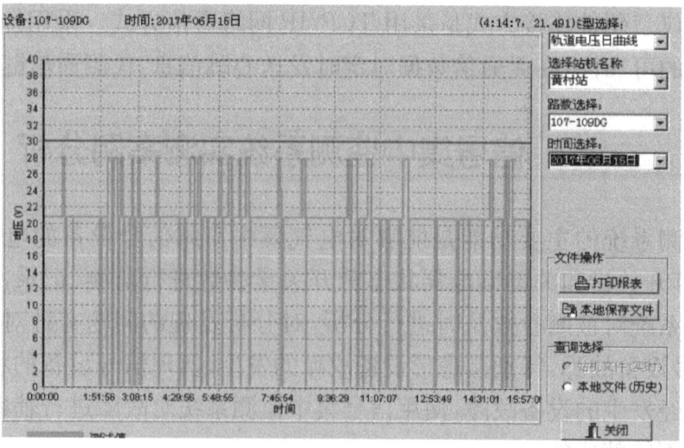

图 6-6 轨道电路在受到电化干扰时的电流曲线图

(2)轨道电路中的轨距杆等轨间绝缘不良时的轨道电路日曲线会出现不规则的干扰，有时出现瞬间的闪红灯现象，如图 6-7 所示。

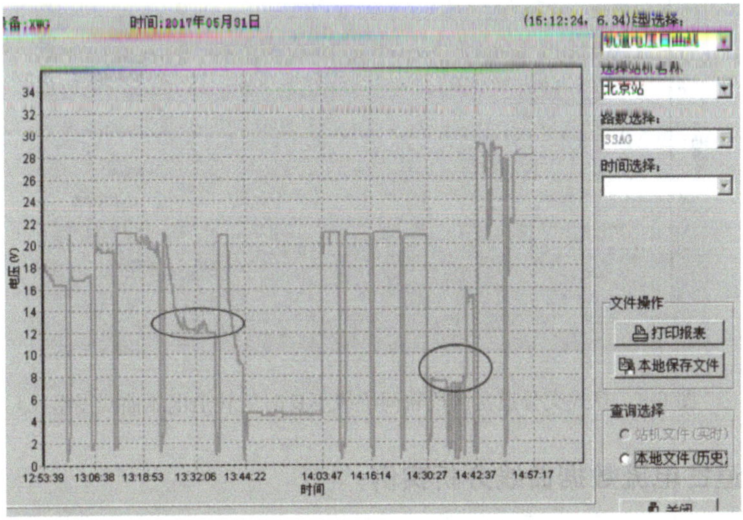

图 6-7　轨间绝缘不良时的轨道电压曲线图

(3)电气化区段轨道电路由于轨端绝缘不良的问题在轨道电路日曲线上表现为相邻两个区段同时出现电压下降或一个区段有车占用，另一个区段轨道继电器电压同时下降，如图 6-8 所示。

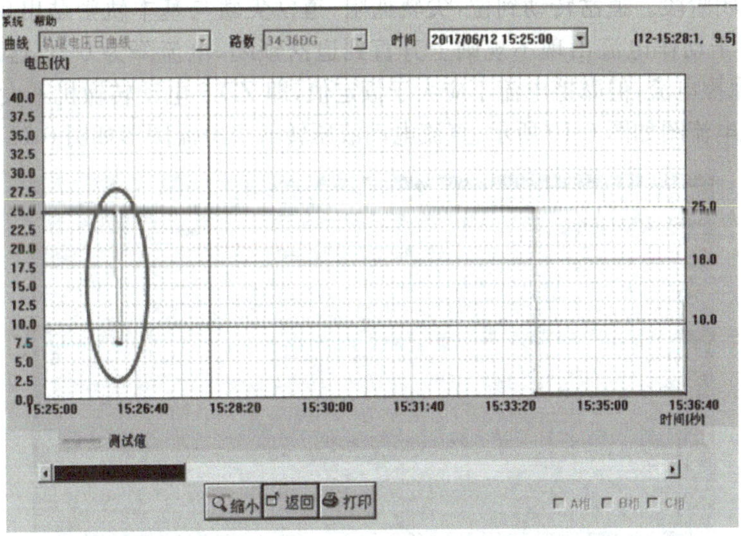

图 6-8　轨道绝缘不良时的轨道电压曲线图

(4)复式交分道岔轨道电路区段由于尖端杆销子蹭轨底等绝缘不良问题造成的轨道电路区段间歇闪红灯的现象，在轨道电路日曲线中的表现形式为曲线出现不规则的下降现象，如图 6-9 所示。

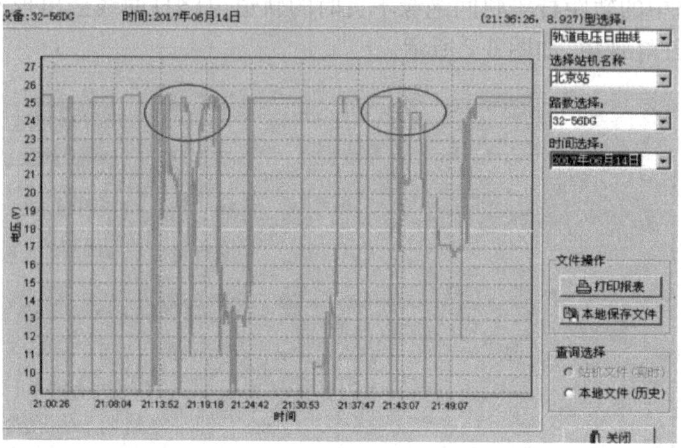

图 6-9　复式交分道岔区段轨间绝缘不良时的轨道电压曲线图形

二、电动道岔电流数据曲线分析实例

(1)正常的道岔电流日曲线可表述为三段。

①道岔启动阶段。道岔启动时,由于一启动继电器线圈电阻、电缆、电动机线圈电阻较小,会出现瞬间的大电流。

②道岔动作阶段。道岔启动后,由于受到电机线圈感抗的影响,电压不变,电阻增大,电流减小。按照维护规则的规定,动作电流应小于或等于 2 A 且电流曲线平滑。

③道岔锁闭阶段。道岔转动到位,尖轨遇阻,道岔尖轨与基本轨密贴出现短时间摩擦,电流曲线相对于动作电流出现不规则上升直到道岔锁闭,电流降为 0 A,道岔出现位置表示,这一段是摩擦电流,但摩擦电流不应大于额定值,即 ZD-6 电动转辙机不大于 2.9 A。交流电动转辙机电流图如图 6-10 所示;直流电动液压转辙机电流图形如图 6-11 所示。

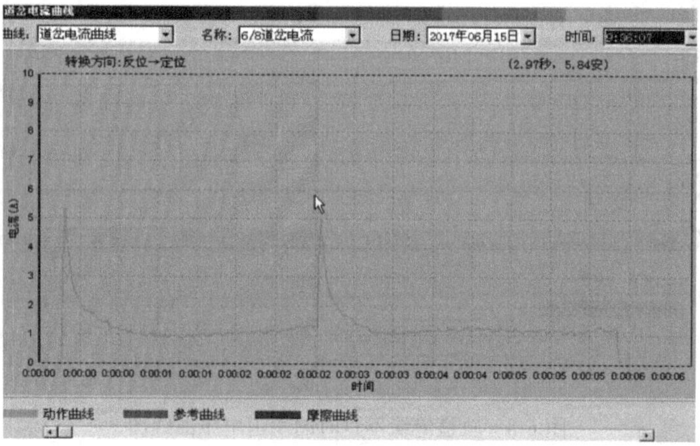

图 6-10　交流电动转辙机电流图形

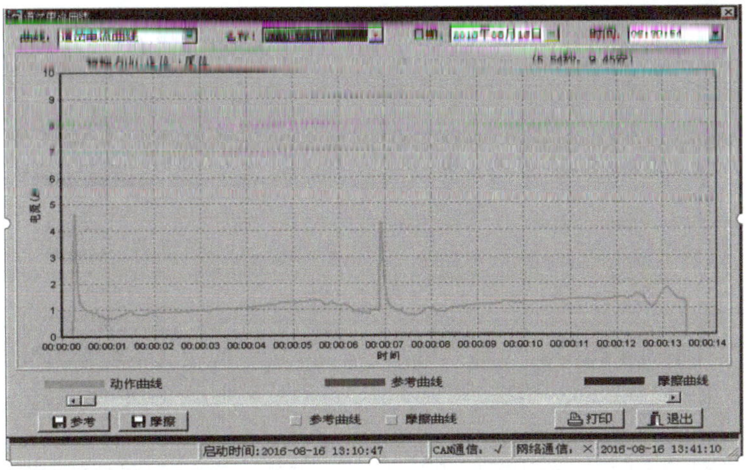

图 6-11　直流电动液压转辙机电流图形

(2)道岔由于电动机碳刷接触不良或换向器不清洁、滑床板不清洁造成尖轨动作过程中受阻,电机动作在转动过程中的曲线出现了不规则甚至跳变的现象,如图 6-12 所示,应对电动机内部利用检修时间进行清扫擦拭,对尖轨受阻应查找受阻的原因及时进行整治。

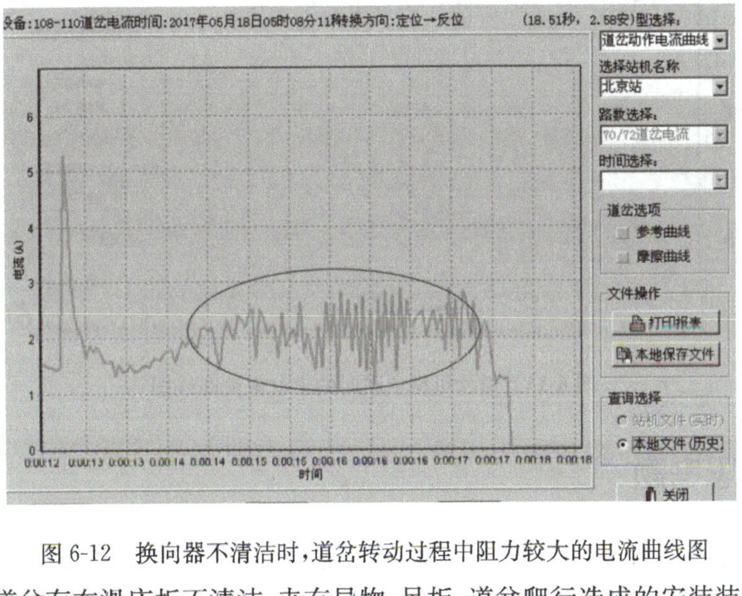

图 6-12　换向器不清洁时,道岔转动过程中阻力较大的电流曲线图

(3)由于道岔存在滑床板不清洁、夹有异物、吊板,道岔爬行造成的安装装置不正确等问题,道岔在锁闭时出现长时间摩擦电流且超标,如图 6-13 所示,应组织有关部门对道岔按照标准进行共同整治,保证各部达到技术标准,电流曲线正常为止。

(4)道岔在转换过程中出现工作电流高于正常值且有瞬间高电流的现象,如图 6-14 所示。说明道岔机械部分存在卡阻,电机瞬间空转,出现瞬间大电流的现象,应仔细查找解决转辙机内部、道岔安装装置及转动滑动有无机械卡阻等问题。

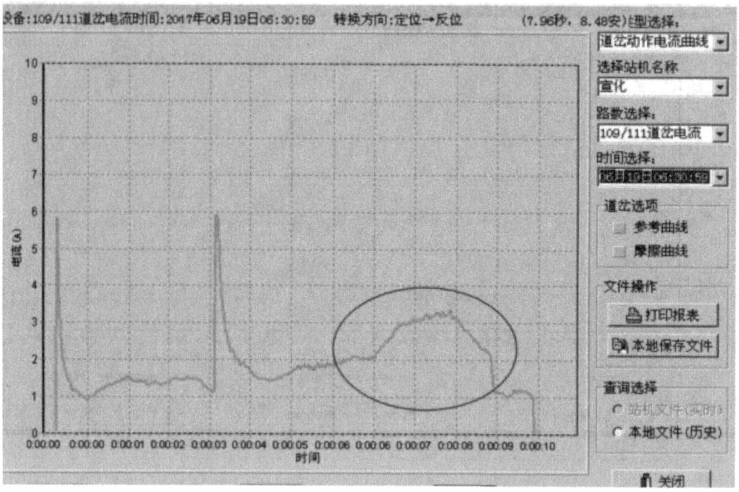

图 6-13　锁闭电流超标时的电流曲线图

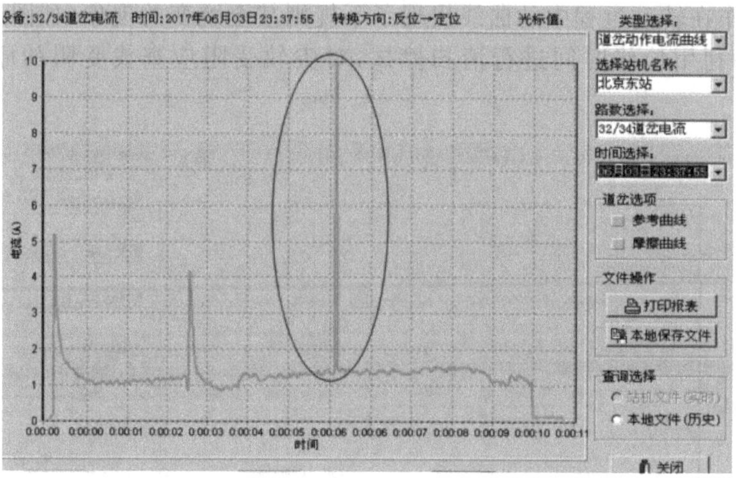

图 6-14　道岔机械卡阻时的道岔电流曲线图

复习思考题

1. 信号集中监测系统的结构由哪几部分组成？各部分结构的作用如何？
2. 信号集中监测系统主要监控了哪些设备？
3. 分析信号集中监控系统在高速铁路运作中的重要性。

附录 I 名称代号对照

缩略词	含义	缩略词	含义
AJ	按钮继电器	LQJ	离去继电器
BHJ	保护继电器	LUXJ	绿黄信号继电器
CAJ	道岔按钮继电器	LXJ	列车信号继电器
DCJ	道岔定位操纵继电器	QDJ	切断保护继电器
DBJ	道岔定位表示继电器	SNJJ	闪光监督继电器
DBQ	断相保护器	SNKJ	闪光开始继电器
DJ	灯丝继电器	TDF	提速道岔辅助组合
DQJ	道岔启动继电器	TJ	时间继电器
DQJF	道岔启动复示继电器	TSD	提速道岔双动主组合
DXJ	调车信号继电器	TXJ	通过信号继电器
FBJ	道岔反位表示继电器	YXJ	引导信号继电器
FCJ	道岔反位操纵继电器	ZBHJ	总保护继电器
GDA	关灯按钮	ZDJ	总定位操纵继电器
KDA	开灯按钮	ZFJ	总反位操纵继电器
KDJ	开灯继电器	ZXJ	正线继电器、主信号继电器

附录Ⅱ 名词术语(缩略语)中英对照

英文缩写	英文全称	中文全称
ATP	Automatic Train Protection	列车超速防护系统
BTM	Balise Transmission Module	应答器传输模块
CBI	Computer Based Interlocking	计算机联锁
CSM	Ceiling Speed Monitor	顶棚速度监测
CSM	Centralized Signaling supervision and Monitoring	信号集中监测
DMI	Driver Machine Interface	人机界面
GPRS	General Packet Radio Service	通用分组无线业务子系统
GSM-R	Global System for Mobile Communications for Railway	铁路数字移动通信系统
IN	Inteligent Network	智能网络
ISDN	Itegrated Services Digital Network	综合业务数字网
LEU	Lineside Equipment Unit	地面电子单元
MA	Movement Authority	行车许可
MSC	Mobile Switching Center	移动交换中心
MT	Mobile Terminal	移动终端
OSS	Operation and Support Subsystem	运行与支持子系统
ODF	Optical Distribution Frame	光纤配线架
PRI	Primary Rate Interface	基群速率接口
QoS	Quality of Service	服务质量
RBC	Radio Block Center	无线闭塞中心
RTM	Radio Transmission Module	无线传输模块
SA	Signal Authority	信号授权
SDU	Speed & Distance Unit	测速测距单元
SIL	Safety Integrity Level	安全完善度
SSS	Switching Subsystem	交换子系统
TCC	Train Control Center	列控中心
TCR	Track Circuit Reader	轨道电路信息读取器
TIU	Train Interface Unit	列车接口单元
TSRS	Temporary Speed Restriction Server	临时限速服务器
VC	Vital Computer	安全计算机
SBI	Service Brake Intervention curve	常用制动干预曲线

参考文献

[1] 贠志松,郑升.高速铁路列车运行控制技术:CTCS-3 级列车运行控制系统[M].北京:中国铁道出版社,2016.

[2] 李凯.高速铁路列车运行控制技术:CTCS-2 级列车运行控制系统[M].北京:中国铁道出版社,2017.

[3] 靳俊.高速铁路列车运行控制技术:调度集中系统[M].北京:中国铁道出版社,2017.

[4] 李文涛.高速铁路列车运行控制技术:ZPW-2000 系列无绝缘轨道电路系统[M].北京:中国铁道出版社,2017.

[5] 段武.高速铁路列车运行控制系统技术:计算机联锁系统[M].北京:中国铁道出版社,2017.

[6] 林瑜筠,谭丽,涂序跃,等.高速铁路信号技术[M].2 版.北京:中国铁道出版社,2015.

[7] 中国铁路总公司.分散自律调度集中系统[M].北京:中国铁道出版社,2014.

[8] 中国铁路总公司.高速铁路道岔转换系统[M].北京:中国铁道出版社,2014.

[9] 刘湘国,季忠红.高速铁路计算机联锁系统[M].北京:中国铁道出版社,2011.

[10] 林瑜筠.区间信号[M].北京:中国铁道出版社,2019.

[11] 中国铁路总公司.区间逻辑检查功能运用暂行办法[S].2016.

参考文献